新手学
Final Cut Pro
快速通

姜旬恂 魏国强 石红波
编著

人民邮电出版社
北京

图书在版编目（CIP）数据

新手学Final Cut Pro快速通 / 姜旬恂，魏国强，石红波编著. -- 北京：人民邮电出版社，2025. -- ISBN 978-7-115-65935-4

Ⅰ．TN94

中国国家版本馆CIP数据核字第2025KB3211号

内 容 提 要

本书以Final Cut Pro软件为核心，构建了一个从基础操作到创意进阶的全面学习框架，细致地剖析了剪辑的核心技巧和流行趋势，目的是帮助读者全面掌握短视频剪辑的关键技术和艺术表现。书中精选了短视频平台上的热门案例，包括卡点效果、合成效果、流行转场效果以及商业应用案例等。本书的宗旨是帮助读者快速熟悉Final Cut Pro的操作，并轻松高效地学习剪辑流程与技巧。

本书共分为8章，章节内容逐步深入。第1至第5章为基础操作部分，系统地向读者展示了Final Cut Pro的基本功能，包括素材导入、视频输出、剪辑、音频处理、字幕添加、色彩调整和画面合成等关键操作。第6至第8章专注于技能提升，从个人创作到商业项目，书中通过分析具体案例，详细阐述了从头至尾的制作流程，涵盖了Vlog视频、婚礼MV、商业广告以及综艺感短片制作技巧，旨在帮助读者迅速精通使用Final Cut Pro制作多样化短视频的能力。本书内容详尽、条理清晰，讲解深入浅出，采用"案例式"教学法，能够有效指导读者轻松、迅速地掌握短视频制作的全流程和技巧。

本书适合短视频爱好者、自媒体运营人员，以及寻求职业发展的新媒体平台从业者、短视频电商营销与运营的个人和企业。

此外，本书附带了丰富的学习资源，如实操素材、效果文件和视频教程，配合详细的步骤解析和快捷键总结，有效降低了学习的难度。

◆ 编　　著　姜旬恂　魏国强　石红波
　　责任编辑　黄汉兵
　　责任印制　马振武
◆ 人民邮电出版社出版发行　　北京市丰台区成寿寺路11号
　　邮编　100164　电子邮件　315@ptpress.com.cn
　　网址　https://www.ptpress.com.cn
　　临西县阅读时光印刷有限公司印刷
◆ 开本：787×1092　1/16
　　印张：13.75　　　　　　　　2025年7月第1版
　　字数：436千字　　　　　　　2025年7月河北第1次印刷

定价：99.80元

读者服务热线：(010)53913866　印装质量热线：(010)81055316
反盗版热线：(010)81055315

PREFACE 前言

在数字化内容蓬勃发展的今天，视频创作已成为个人表达、商业传播与艺术创新的核心形式。Final Cut Pro 作为苹果公司推出的专业级视频剪辑软件，凭借其高效的磁性时间线、强大的多机位剪辑能力与丝滑的渲染性能，持续赋能创作者突破技术边界，释放创意潜能。无论是影视制作、短视频创作，还是商业广告与综艺内容，Final Cut Pro 都能以直观的操作逻辑与专业的功能设计，满足从新手到资深剪辑师的全场景需求。

本书以"基础技能 + 进阶技法 + 行业实战"为核心框架，系统讲解 Final Cut Pro 的核心功能与高阶技巧，通过案例驱动与全流程拆解，帮助读者快速掌握软件操作逻辑，实现从零基础到专业创作的跨越。

· 本书特色 ·

2 大效率工具，解锁专业级创作流

融入智能抠像、智能调色等工具，显著提升复杂项目的制作效率与视觉表现力，助力创作者应对高强度工作需求。

5 大模块精讲，构建工业级知识体系

以"基础操作→素材管理→精剪技术→流行技法→行业实战"为脉络，系统讲解 Final Cut Pro 核心功能，覆盖剪辑理论、磁性时间线编排、音频处理、调色合成与特效制作，帮助读者搭建专业创作框架。

55 场景化案例，实战驱动技能跃迁

涵盖电影感短片、商业广告、综艺化内容等领域，深度拆解绿幕抠像、曲线变速、动态字幕、音乐卡点等技法，通过"一步一图"详解操作步骤，实现技术点与创作需求的无缝衔接。

全媒体学习生态，直观易上手

采用"步骤拆解 + 效果对比 + 视频讲解"的三维教学体系，满足多维度学习需求。

· 内容框架 ·

本书基于 Final Cut Pro 11.0 版本编写，适配主流创作场景。鉴于官方软件每年会进行不同频次的更新，建议读者根据实际版本灵活调整学习。

全书共分为 8 章，内容架构如下。

第 1 章从零起步，详解剪辑的核心逻辑与 Final Cut Pro 基础操作，包括资源库管理、事件创建、媒体导入、磁性时间线编排，为后续学习奠定坚实基础。

第 2 章破解素材管理痛点，涵盖入点和出点设置、音频分离、片段连接、片段插入、片段覆盖等技巧，详细介绍转场、音频基础操作方法，帮读者掌握 Final Cut Pro 的基础剪辑技巧。

第 3 章围绕字幕设计、调色技术、抠像与合成展开，详解动态字幕设计、专业调色技巧与绿幕抠像合成，通过案例实战打造电影级画面质感。

第 4 章聚焦变速剪辑、关键帧动画、卡点技法等流行技法。详细拆解 Final Cut Pro 变速剪辑、关键帧动画与音乐卡点设计，结合动态节奏与创意特效赋能爆款短视频创作。

第 5 章解析视频、音频、字幕 3 大高级特效技术，结合案例演示如何在 Final Cut Pro 中制作特效。

第 6 章通过居家 Vlog、婚礼 MV 实操案例，融合镜头语言、色彩分级、音画同步技巧，介绍如何输出朋友圈大片级作品。

第 7 章聚焦产品广告与品牌宣传片，详解分镜设计、节奏把控、3D 字幕与多角度剪辑，介绍如何输出符合商业标准的高品质成片。

第 8 章揭秘"营销号"短视频、综艺人物介绍视频的创作逻辑，融入动态贴纸与多轨音效，打造沉浸式娱乐体验。

· 读者群体 ·

本书既是视频爱好者从入门到精通的成长手册，也是从业者突破创作瓶颈的实战指南，适用于自媒体博主、影视院校学生、企业宣传人员、商业广告团队等群体。通过系统化训练，读者将掌握"技术实现力 + 艺术表现力 + 商业适配力"三位一体的核心竞争力，在多元化的视频生态中塑造自己独特的创作风格。

编 者

2025 年 4 月

CONTENTS |目录

01

第1章

新手入门，剪辑理论
和剪辑软件两手抓

本章导读

　　Final Cut Pro是苹果公司推出的视频编辑软件。通过该软件，用户能导入整理各类素材，利用多轨道进行基础与高级剪辑，添加特效、专业调色，完成音频剪辑混音及特效添加，最后按多样格式输出或直接分享作品 。本章节聚焦剪辑理论与剪辑软件认知。学习剪辑理论，能让你掌握镜头组接、节奏把控，解决叙事与节奏难题。在剪辑软件学习中，你将熟悉Final Cut Pro 的操作逻辑，打破软件操作壁垒，为专业视频创作提效奠基。

1.1 剪辑第一课，理解为何需要剪辑

1.1.1 剪辑的5个目的

我们在拍摄时得到的素材往往是繁杂且无序的，其中包含了大量冗余的内容，比如拍摄准备阶段、拍摄失误部分或者与主题无关的画面等。如果不进行剪辑，这些内容会让视频显得混乱、拖沓，无法有效地传达核心信息。剪辑的目的贯穿于视频创作的各个环节，它不仅是对素材的简单整合，更是一门综合性的艺术创作手段，其中主要目的分为以下5点。

1. 叙事连贯

通过合理组接镜头，将零散的素材串联成逻辑清晰、情节完整的故事。去除冗余画面，补充关键情节，让观众能顺畅理解创作者意图，例如在电影中通过镜头切换展现主角的冒险历程。

2. 塑造节奏

运用不同时长的镜头切换，以及剪辑点的选择，营造紧张、舒缓等多样化节奏。快节奏剪辑，如动作片中的快速打斗场景切换，可增强刺激感；慢节奏剪辑则用于抒情、沉思场景，把控影片整体韵律。

3. 引导注意力

借助剪辑手段，将观众的目光吸引到关键元素上。通过特写镜头突出细节，或利用画面构图、景别变化，引导观众关注重要角色、场景或情节转折点，提升内容传达效果。

4. 强化情感

依据情节发展与情感基调，选择合适的镜头组合。在悲伤场景中，搭配缓慢、凝重的镜头切换，在喜悦时刻，采用欢快、明亮的画面组接，以此放大情感力量，引发观众共鸣。

5. 风格呈现

不同的剪辑方式能塑造独特风格。如一些导演凭借出色的天赋，对电影有自己独特的理解，通过在电影中运用频繁地跳切、模糊时间线的剪辑技法，形成了其独树一帜的文艺风格；而海外商业片常见的流畅、紧凑剪辑，成就了高观赏性的娱乐风格，帮助作品在众多内容中脱颖而出。

1.1.2 剪辑的5个基本方法

在实际应用中，剪辑的技巧多种多样，但关键在于如何根据叙事的需要和情感的表达来选择合适的组接方式。以下是5个常见的剪辑基本方法。

1. 叙事连贯法则

剪辑时要确保视频叙事逻辑清晰，按故事发展、时间顺序或特定逻辑安排素材。比如讲述旅行，依行程先后拼接景点画面；制作教学视频，按步骤依次展示操作。去除冗余画面，补充关键情节，使观众能顺畅理解内容 。

2. 节奏把控法则

依据视频内容与想营造的氛围，灵活调整镜头时长与切换频率。动作、竞技类视频，多用短镜头快速切换，营造紧张刺激感；抒情、风景类视频，以长镜头缓慢切换，传递宁静舒缓情绪，牢牢抓住观众注意力 。

3. 镜头匹配法则

镜头匹配法则指确保镜头之间的衔接自然流畅，使观众获得连贯的视觉体验，助力视频更有效地传达信息、讲述故事。主要包括位置匹配、动作匹配、视线匹配、形状匹配、色彩匹配和声音匹配等。

4. 转场运用法则

巧妙运用转场能让视频过渡自然、增添趣味。淡入淡出用于开头结尾或场景平稳转换；闪白、闪黑强调强烈情感转折；划像、旋转等特效转场增强视觉冲击。但注意特效不可滥用，以免显得杂乱 。

5. 音画协同法则

音频是视频重要部分，要保证对话清晰、音乐贴合主题、音效增强真实感。解说视频确保人声清晰，影视剪辑挑选适配音乐烘托氛围，添加环境音效（如风声、雨声）让观众更有代入感，使声音与画面完

美融合。

1.1.3　8个让视频更流畅的关键

1. 精准选择剪辑点

依据视频的情节发展、动作变化以及逻辑走向来挑选剪辑点，能让镜头切换毫无违和感。比如在人物对话场景中，在语句停顿、语气转折处进行剪辑，观众的注意力不会被突然的镜头变化干扰，仿佛在看一个连贯的场景，有效避免突兀感。

2. 合理规划景别变化

在连续镜头里，景别要有计划地变化，避免重复相似景别。全景展示整体环境，让观众有全局概念；中景表现人物动作和关系，推进情节；近景特写突出细节，增强感染力。按照这样的规律切换景别，画面层次丰富，观众也不会产生视觉疲劳。

3. 严格遵循轴线规律

拍摄时存在一条无形的轴线，镜头切换时应在轴线一侧进行，否则易出现"跳轴"现象，导致画面中人物或物体运动方向混乱。比如拍摄两人对话，镜头始终在两人连线的同一侧切换，保证人物位置关系和运动方向的连贯性。

4. 巧妙控制镜头时长

根据视频的节奏和想要传达的情感，灵活调整镜头时长。快节奏的运动视频，使用短镜头快速切换，营造紧张刺激的氛围；抒情的文艺视频，用长镜头缓慢展示，让观众细细品味。恰当的镜头时长能让观众的情绪与视频节奏同步。

5. 熟练运用匹配剪辑

让相邻镜头在动作、形状、颜色等方面相互匹配，实现自然的视觉过渡。比如前一个镜头是圆形的车轮滚动，下一个镜头切换到圆形的时钟指针转动，利用形状相似性，让观众的视线平滑过渡，提升视频的流畅度。

6. 谨慎选择转场方式

转场特效能让镜头切换更自然，但要选得合适，不能滥用。淡入淡出适合场景平稳转换，闪白闪黑用于强调强烈的情感转折，旋转、擦除等特效转场能增加视觉趣味。选择符合视频风格和情节的转场，能为视频加分不少。

7. 确保音画完美同步

视频里声音和画面的同步至关重要，尤其是人物对话和动作音效。声音与画面的任何延迟或错位，都会让观众感到不适，影响观看体验，所以一定要保证音频和视频精准匹配。

8. 优化视频输出设置

导出视频时，选择正确的分辨率、帧率和编码格式，能避免视频播放时卡顿、模糊。一般来说，1080p 分辨率、25fps 或 30fps 帧率，搭配 H.264 编码格式，兼容性好，能满足大多数场景的播放需求。

1.2　软件不会用，熟悉界面快速入门

启动 Final Cut Pro 后进入工作界面，界面为空白状态，如图 1-1 所示。工作界面主要由 5 个主区域组成，分别为事件资源库、事件浏览器、监视器、检查器和磁性时间线。

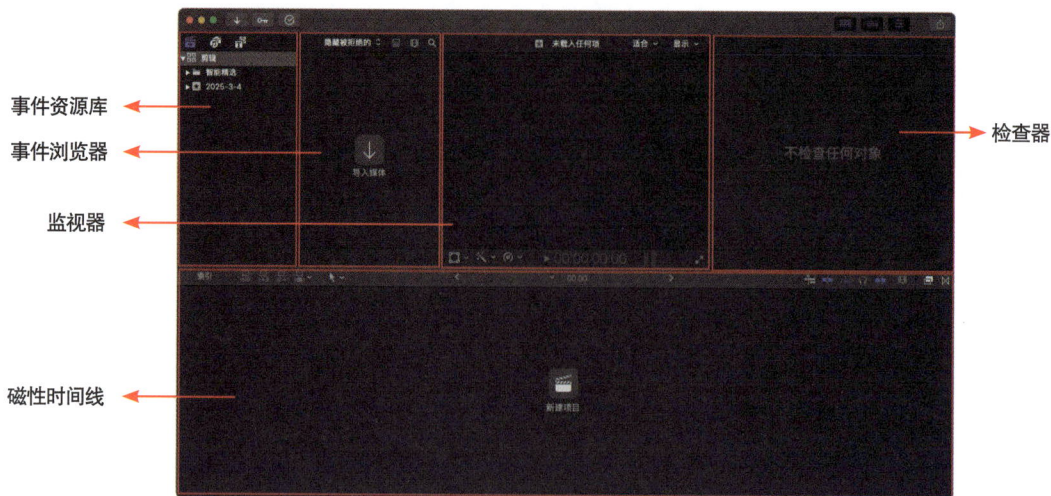

事件资源库

事件浏览器

监视器

检查器

磁性时间线

图 1-1

1.2.1 菜单栏

在 Final Cut Pro 软件的菜单栏中，包括软件的基本属性设置和基本操作命令。在打开菜单栏后，有些命令会附带快捷键提示，灵活地使用快捷键将极大地提高剪辑工作的效率。图为 Final Cut Pro 软件的菜单栏。

菜单栏包括 Final Cut Pro、"文件""编辑""修剪""标记""片段""修改""显示""窗口"和"帮助"菜单，如图 1-2 所示。不同菜单包含不同的选项，下面进行具体介绍。

图 1-2

•"文件"菜单：通过该菜单中的命令，可进行新建项目及事件、导入媒体、查看属性和删除项目等常规性操作。

•"编辑"菜单：该菜单中包含了大量作用于项目整体的命令，如撤销、重做、复制、剪切、粘贴、删除等。

•"修剪"菜单：该菜单中的各项命令主要应用于时间线上的媒体，例如使用"切割"命令，可对片段进行精准修剪操作。

•"标记"菜单：该菜单中的命令可用于对片段进行标记、管理关键词等快捷操作。

•"片段"菜单：该菜单中的命令主要应用于对时间线上的某个片段进行精准调整和修改，例如显示视频和音频动画、分离音频、启用某个片段等。

•"修改"菜单：通过该菜单提供的命令，可对媒体进行分析、修正等操作。

•"显示"菜单：该菜单可实现隐藏或显示媒体的属性、展开或折叠媒体信息、查看颜色通道等操作。

•"窗口"菜单：通过该菜单中的命令，可以调整 Final Cut Pro 软件的界面布局，根据需要隐藏或显示某些工作窗口。

•"帮助"菜单：该菜单可以解决在剪辑过程中遇到的某些问题，也可以快速导航至所需要的某些功能。

1.2.2 事件库

事件库是导入、组织、预览所有素材的地方，通过新建事件，并为素材分类，可确保每个好的素材都处于项目之中。Final Cut Pro 软件的事件库是由资源库和浏览器两个部分组成，如图 1-3 所示。

其中，"事件资源库"窗口主要用来对素材事件进行添加、分类、评价等优化操作；而"事件浏览器"窗口则主要用来导入媒体素材、管理项目文件等。

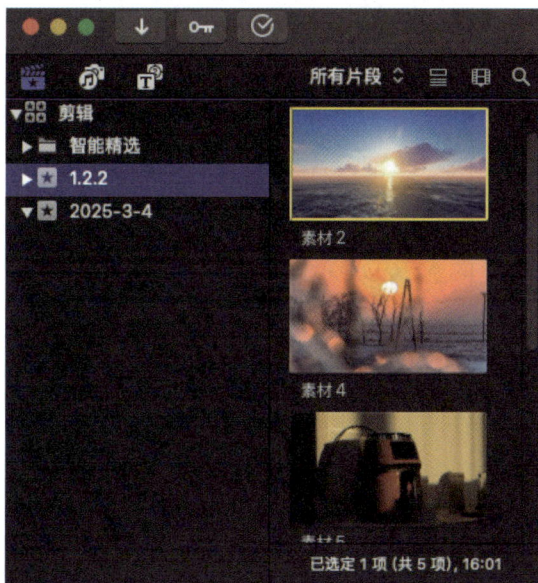

图 1-3

1.2.3　时间线

"时间线"窗口也叫"磁性时间线"窗口，该窗口是完成视频剪辑的主要区域，如图 1-4 所示。Final Cut Pro 软件的时间线与其他剪辑软件一样，都是通过添加和排列片段来完成片段的编辑工作。当预置一条磁性工作线时，时间线会以"磁性"方式调整片段，使其与被拖入位置周围的片段相适应。

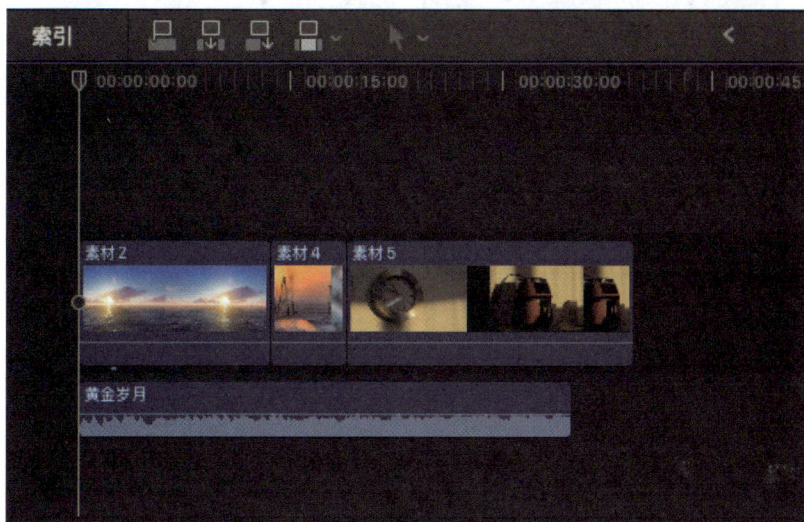

图 1-4

1.2.4　监视器

"监视器"窗口可进行实时效果预览和视频回放，在全屏幕视图或在第二台显示器上，可获得包括 1080p、2K、4K 甚至高达 5K 分辨率的同步视频图像。图 1-5 为 Final Cut Pro X 软件的"监视器"窗口。在 Final Cut Pro 软件中只显示一个监视器，既可以预览事件浏览器中的媒体文件，又可以预览时间线上的项目文件。

图 1-5

1.2.5　检查器

　　"检查器"窗口位于 Final Cut Pro 软件界面的右上方，可以显示所选内容的详细信息。未进行内容选择时为空白状态，选择不同的检查对象会相应地显示不同的信息，其中包括"视频检查器""颜色检查器""音频检查器""信息检查器"，如图 1-6 所示。

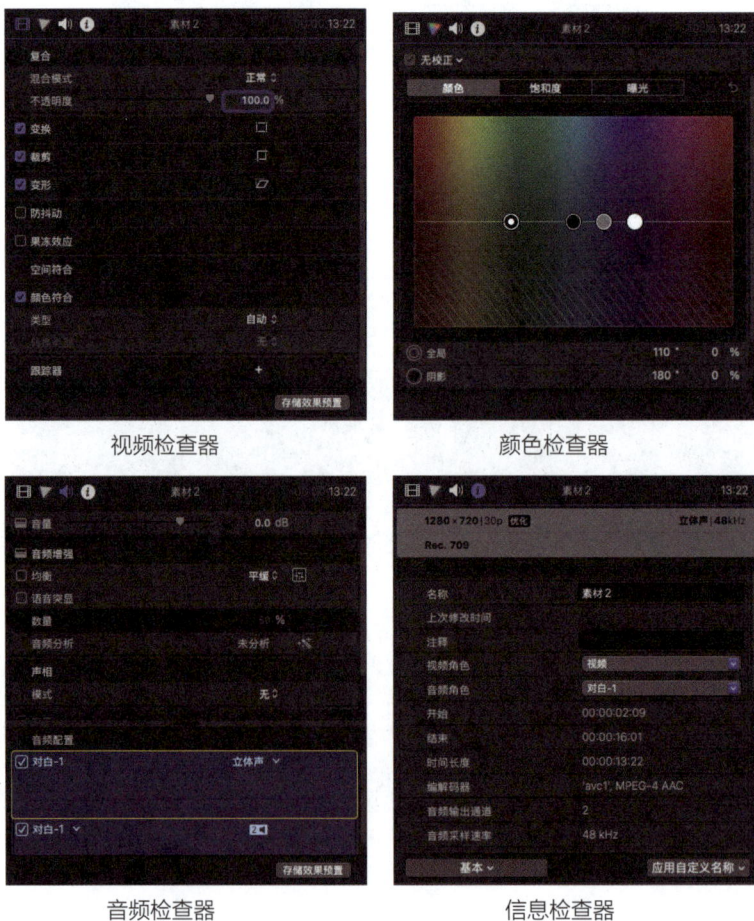

视频检查器　　　　　　　　　　颜色检查器

音频检查器　　　　　　　　　　信息检查器

图 1-6

1.2.6　索引面板

　　默认情况下，索引面板为隐藏状态，单击"索引"按钮，或按快捷键 Command+Shift+2 即可打开，如图 1-7 所示。在索引面板中，可以找到时间线中使用的所有片段和标记。基于文本视图，并通过筛选调节，可仅显示要查看的对象。

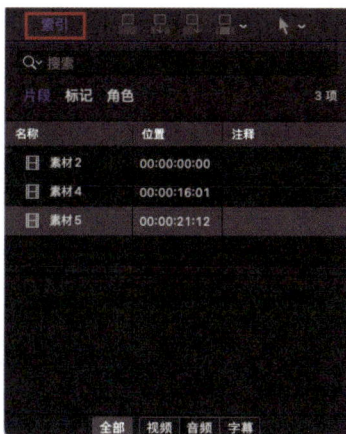

图 1-7

1.2.7　工具栏

Final Cut Pro 软件的工具栏包含了 7 种可用快捷键切换的常用编辑工具。显示 7 种常见编辑工具的方法是：在"磁性时间线"区域的上方，单击"使用选择工具选择项"右侧的指针按钮，展开列表框，即可显示选择、修剪、位置、范围选择、切割、缩放和手等常用工具，如图 1-8 所示。

图 1-8

1.2.8　效果浏览器

"效果浏览器"窗口中包含可应用于视频及音频的 300 多种效果，如图 1-9 所示。

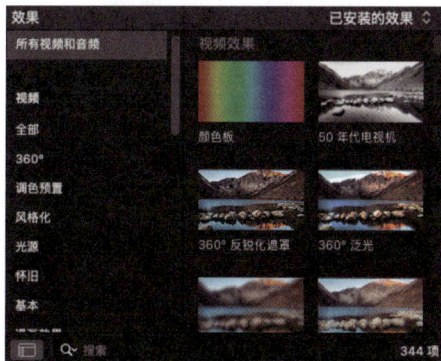

图 1-9

1.2.9 转场浏览器

"转场浏览器"窗口中包含 100 多种转场特效，通过一键操作即可轻松添加，使得视频剪辑过程更加高效便捷，如图 1-10 所示。

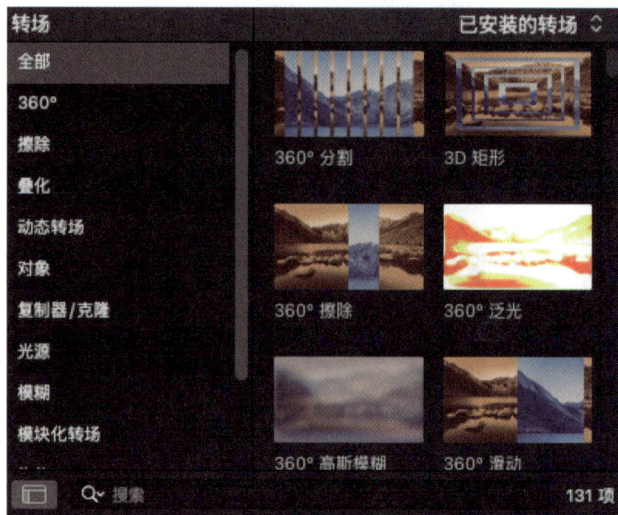

图 1-10

1.2.10 音频指示器

"音频指示器"窗口用于在播放带有音乐的视频或单独的音频片段时，显示音频的电平值，如图 1-11 所示。"音频指示器"在默认情况下为隐藏，单击"监视器"窗口下方按钮 ▮▮ ，即可显示在"磁性时间线"窗口右侧。

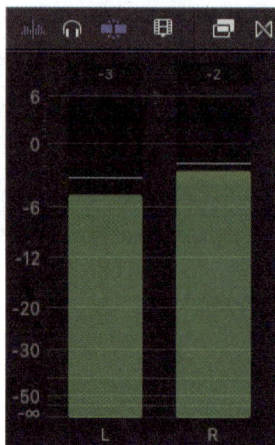

图 1-11

1.3 Final Cut快速上手，掌握软件的基本操作

本节详细讲解 Final Cut Pro 软件中项目与文件的基本操作方法，帮助读者了解并掌握资源库操作、事件与项目的基本设置，以及在时间浏览器中对导入的媒体文件进行整理、筛选与标记等基本操作。

1.3.1 资源库/事件/项目的关系

在 Final Cut Pro 中，资源库、事件和项目构成了一个不可分割的整体。资源库、事件、项目的层次关系：资源库包含多个事件和项目，事件存放多个项目、视频等文件，如图 1-12 所示。

图 1-12

1. 资源库

资源库能够在一个位置整合多个事件和项目。当用户创建新的项目或事件时，它们会自动成为活跃资源库的一部分。资源库记录了用户所有的媒体文件、编辑决策以及相关的元数据。在 Final Cut Pro 软件中，用户可以同时打开多个资源库，并且能够便捷地在资源库之间复制事件和项目。这使得将媒体、元数据以及创意作品转移到其他系统变得简单，确保了在移动设备上的处理，使得协同编辑或归档等任务变得简单快捷。

2. 事件

事件用来存放各种项目、视频等文件，在资源库中需要添加一个事件，才能进行项目的存放。打开资源库后，将会显示该资源库中的所有事件。打开事件后，所有可用于剪辑的片段都会以缩略图的形式排列在"事件资源库"窗口中。

3. 项目

在 Final Cut Pro 软件中，项目是一个将视频制作所需的素材、时间线、效果滤镜、字幕等各类元素及相关设置整合在一起的独立工作单元，为从素材导入到最终输出的整个视频制作流程提供有条理的操作环境。

1.3.2　影片输出

完成剪辑工作后，需要将项目导出，便于直接观看和分享。在 Final Cut Pro 软件中，用户可以根据项目需求和播放环境，选择合适的输出方式。

在 Final Cut Pro 软件中，通过"共享"子菜单中的各个命令，可以将已经制作好的影片输出到移动设备，并实现网络共享；也可以输出整个母版文件，保留原始文件的视频质量；还可输出单帧图像和序列帧；还可以选择将影片导出为视频和音频文件、仅视频文件、仅音频文件、XML 文件等。下面将详细讲解输出方法。

1. 视频输出

Final Cut Pro 可以直接将输出的视频文件导出到 iPhone、iPad、Apple TV、Mac 和 PC 等移动播放设备上，方便用户随时随地进行观看。移动设备的预置输出方法有两种。

01　选择视频片段，执行"文件"｜"共享"｜"Apple 设备 720p""Apple 设备 1080p"或"Apple 设备 4K"命令，如图 1-13 所示。

02　在软件工作区的右上角，单击"共享项目、事件片段或时间线范围"按钮 ，展开列表框，选择"Apple 设备 720p""Apple 设备 1080p"或"Apple 设备 4K"命令，均可打开，如图 1-14 所示。

图 1-13　　　　　　　　　　　　图 1-14

03　用户可以根据需求选择输出视频分辨率，单击"共享项目、事件片段或时间线范围"按钮 ⬆，选择"Apple 设备 720p"，即可打开"Apple 设备 720p"对话框中的"信息"选项卡，可以设置项目文件的描述、创建者和标记信息，如图 1-15 所示。单击"设置"按钮，可设置视频项目格式、分辨率和颜色空间，如图 1-16 所示。

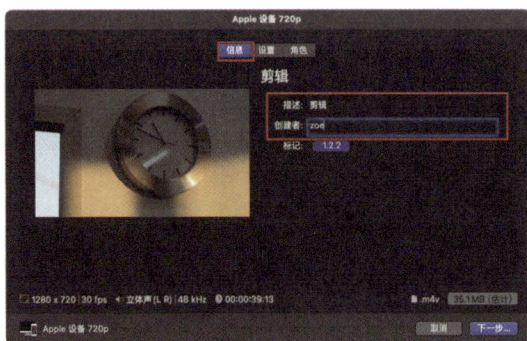
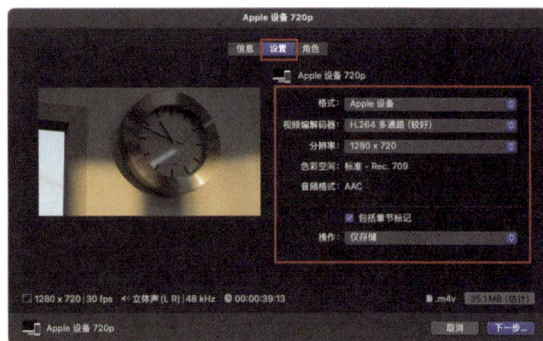

图 1-15　　　　　　　　　　　　图 1-16

04　单击"下一步"按钮，进入存储对话框，设置好存储路径后单击"存储"按钮，如图 1-17 所示。

图 1-17

提示：视频分辨率是用于度量视频图像内数据（像素）多少的一个参数。例如一个视频的分辨率为
　　　1280×720，表示视频在横、纵两个方向上的有效像素分别是 1280 列和 720 行。通常情况下，
　　　在同一个显示设备中播放不同分辨率的视频，大分辨率的视频内容要比小分辨率的更丰富也更
　　　清晰。

2. 导出文件

使用"导出文件"命令，可以将项目导出为 QuickTime 影片。Final Cut Pro 软件提供了优质的 Apple Pro Res 系列编码，该系列编码格式由苹果公司独立研制，具备多种帧尺寸、帧率、位深和色彩采样比例，能够完美地保留原始文件的视频质量。

01　执行"文件"｜"共享"｜"导出文件（默认）"命令（快捷键 Command+E），如图 1-18 所示。或者在软件工作区的右上角单击"共享项目、事件片段或时间线范围"按钮，选择"导出文件（默认）"命令，如图 1-19 所示。

图 1-18　　　　　　　　　　　　　　　图 1-19

02　完成上述任意操作，均可打开"母版导出文件"对话框，如图 1-20 所示。在"设置"选项卡中，"格式"会自动选择"视频和音频"选项，如图 1-21 所示。

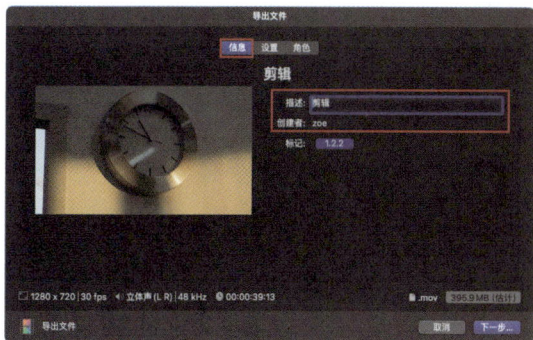
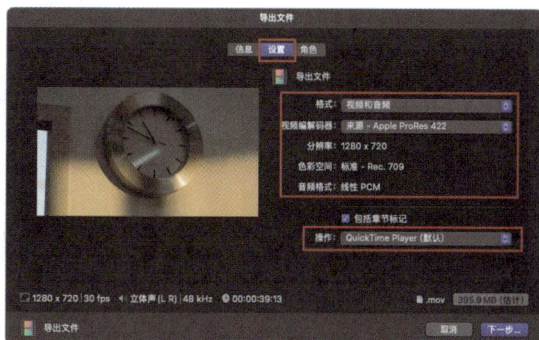

图 1-20　　　　　　　　　　　　　　　图 1-21

03　单击"下一步"按钮后，打开存储对话框，设置好存储路径，单击"存储"按钮，如图 1-22 所示，即可将文件保存在计算机中。

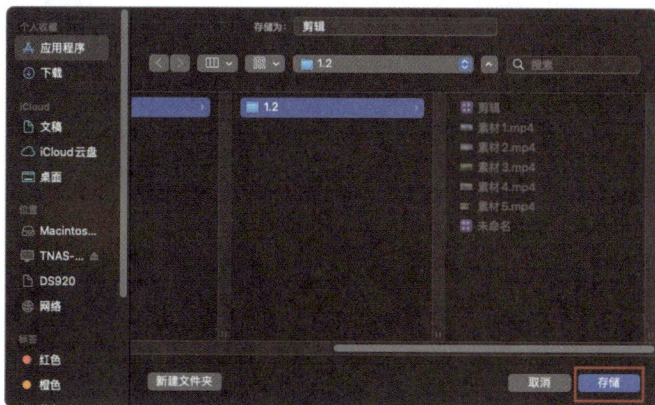

图 1-22

3. 单帧图像

使用"储存当前帧"命令，可以直接将视频中的某一帧导出为单帧图像。

01 单击"共享项目、事件片段或时间线范围"按钮 ⬆️，选择"添加目的位置"，如图 1-23 所示。

02 打开"目的位置"对话框，在右侧的列表框中长按"存储当前帧"选项，将其拖动至左侧列表中，或者双击"存储当前帧"选项，可直接添加至左侧列表中，如图 1-24 所示。

图 1-23   图 1-24

03 完成上述操作后，退出"目的位置"对话框，在"时间线"窗口中将播放指示器移动至需要导出帧的位置，单击"共享项目、事件片段或时间线范围"按钮 ⬆️，选择"存储当前帧"，如图 1-25 所示。

图 1-25

04 即可打开"存储当前帧"对话框，如图 1-26 所示。

图 1-26

05 单击"下一步"按钮，打开存储对话框，设置好存储路径，单击"存储"按钮，即可将文件保存在计算机中。

4. 序列帧

序列帧是一组静止的图像序列串，如果一个影片的帧速率为 25fps，则在导出时，每秒钟将导出 25 张静帧图像。

01　单击"共享项目、事件片段或时间线范围"按钮 □，选择"添加目的位置"，如图 1-27 所示。

02　打开"目的位置"对话框，在右侧的列表框中长按"图像序列"选项，将其拖动至左侧列表中，或者双击"图像序列"选项，可直接添加至左侧列表中，如图 1-28 所示。

图 1-27　　　　　　　　　　　　　　　　　图 1-28

03　完成上述操作后，退出"目的位置"对话框，在"事件浏览器"窗口中设置好视频的入点和出点，如图 1-29 所示。单击"共享项目、事件片段或时间线范围"按钮 □，选择"导出图像序列…"，如图 1-30 所示。

图 1-29　　　　　　　　　　　　　　　　　图 1-30

04　打开"导出图像序列"对话框，由于在"设置"选项卡中已自动选择"TIFF 文件"，可单击"下一步"按钮，如图 1-31 所示。

图 1-31

05　进入存储对话框，设置好存储路径，单击"存储"按钮，如图 1-32 所示，即可将文件保存在计算机中。

06　在计算机中预览导出的帧图像序列效果，如图 1-33 所示。

图 1-32

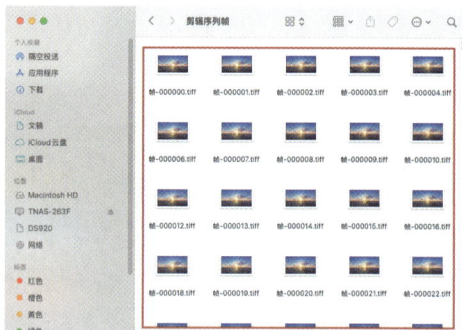

图 1-33

5. 分角色导出

选中视频轨道中的任意片段，打开"信息检查器"窗口，在其中将显示"视频角色"和"音频角色"两个选项，如图 1-34 所示。在"视频角色"和"音频角色"下拉列表中可以选择角色片段。如果需要对角色进行编辑，则可以在"视频角色"下拉列表中选择"编辑角色"选项，打开"资源库'剪辑'的角色"对话框，如图 1-35 所示，在该对话框中可增添角色类型。

图 1-34

图 1-35

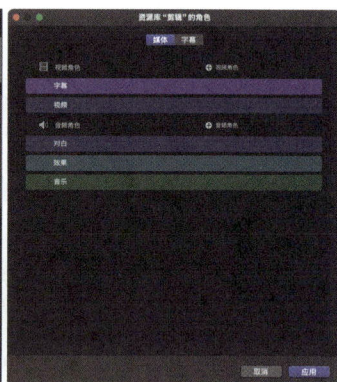

在视频轨道中建立入点和出点后，单击"共享项目、事件片段或时间线范围"按钮，选择"导出文件（默认）"命令，在打开的"导出文件"对话框中，选择"角色"选项卡，在"角色为"下拉列表中选择"多轨道 QuickTime 影片"选项，文件会自动进行分类，如图 1-36 所示，最后进行输出即可。

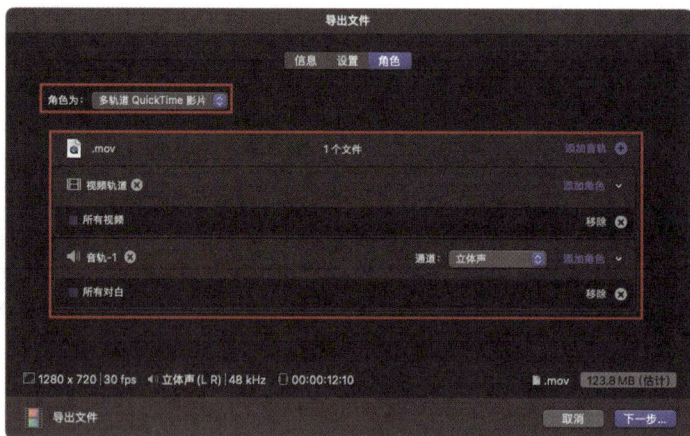

图 1-36

6.XML 文件

XML 是一种常用的文件格式，用来记录轨道中片段的开始与结束点，以及片段的结构性数据。使用 Final Cut Pro 输出的 XML 文件很小，只有几百 KB，它可以很方便地在第三方软件中打开，并且能够完整复原片段在 Final Cut Pro 中的位置结构。

01　打开需要导出的项目文件后，执行"文件"丨"导出 XML"命令，如图 1-37 所示。

02　打开"导出 XML"对话框，如图 1-38 所示。在该对话框中设置好文件名称及存储位置后，单击"存储"按钮，即可导出 XML 文件。

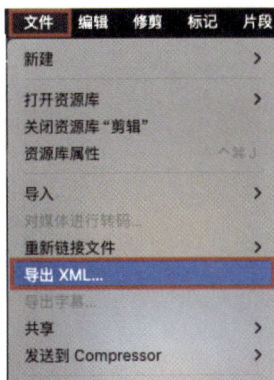

图 1-37

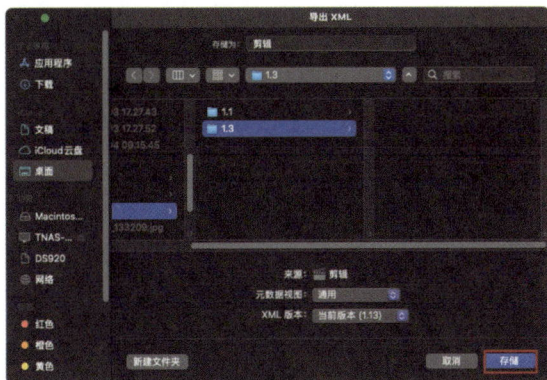

图 1-38

03　导出 XML 文件后，可在存储文件夹中查看，如图 1-39 所示，或启动其他剪辑软件，导入文件并进行剪辑。

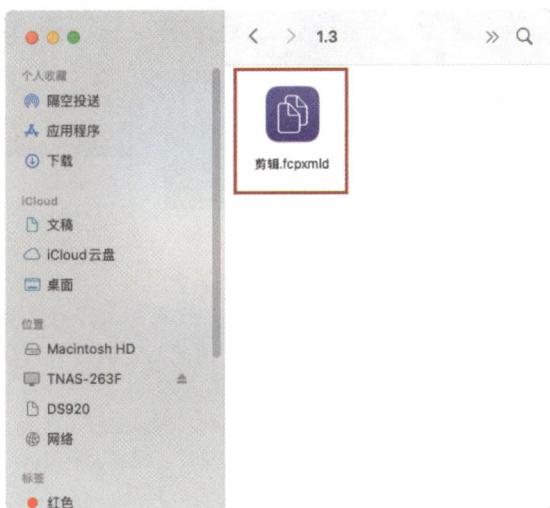

图 1-39

> 提示：导出的 XML 文件的扩展名为".fcpxmld"。".fcpxmld"文件只保存剪辑信息，不会保存在剪辑过程中所使用的文件。

1.3.3　项目管理

在 Final Cut Pro 中添加项目后，可以对项目进行管理操作，例如从备份中恢复项目、整理项目素材、渲染文件、合并时间等。项目的管理方法有多种。

1. 从备份中恢复项目

Final Cut Pro 可以按常规时间间隔自动备份资源库，备份仅包括资料库的数据库部分，不包括媒体文件（存储的备份文件的名称包括时间和日期）。

备份项目后，执行"文件"丨"打开资源库"丨"从备份"命令，如图 1-40 所示。

图 1-40

打开备份对话框，设置"恢复来源"。单击"打开"按钮，如图 1-41 所示，即可从备份中恢复项目。

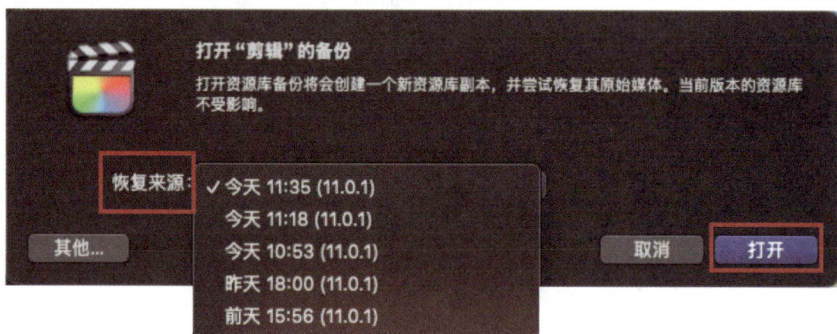

图 1-41

2. 整理项目文件与渲染文件

将资源库建立在系统盘中，能在一定程度上提高软件的运算能力。但是随着工程的不断完善，渲染文件越来越大，本地硬盘可用空间会越来越少。针对这一情况，就需要重新整理项目素材 / 代理文件和渲染文件。

选中资源库，打开"资源库属性"窗口，如图 1-42 所示。该窗口中会显示资源库中所有渲染文件、分析文件、缩略图、音频波形文件以及这些文件所占空间的大小，还有其他关于这个资源库的基本信息。如果要修改存储位置，可以单击"储存位置"右侧的"修改设置"按钮，打开设定"资源库的储存位置"对话框，在对话框中可以设置媒体的存储位置，如图 1-43 所示。

图 1-42

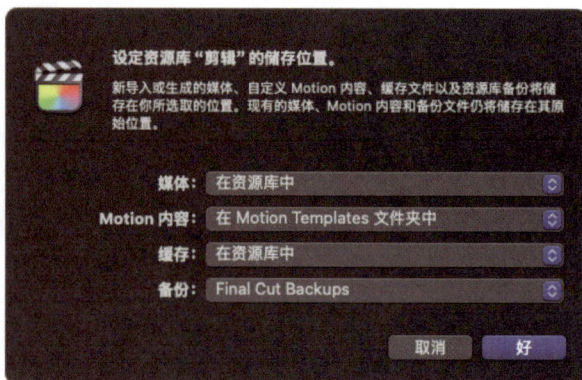

图 1-43

使用这一方法，还能够更改缓存文件与备份文件的存储位置。通常，鉴于部分需要软件重新封装的视频文件体积较大，建议将媒体文件存放在空间充裕的磁盘。若系统盘容量足够，可把缓存文件置于系统盘下，这样在一定程度上能够加快软件运行速度。同时，也无须担忧缓存文件随时间增长而占用过多空间，因为可以定期对其进行清理。至于备份文件，作为资源库的副本，为防止数据丢失或出现其他意外情况，尽量避免将其与资源库存放在同一盘符，而应选择存储安全性较高的盘符进行存放。

3. 项目及事件迁移

在 Final Cut Pro 中，可以选择鼠标左键长按将片段和项目从一个事件迁移到另一个事件中，如图 1-44 所示。如果要复制项目，需要按住 Option 键将项目从一个事件拖入另一个事件。

图 1-44

4. 在 XML 和 FCPX 之间交换项目

在 Final Cut Pro 中，使用"导入"功能可以将 XML 文件导入事件或项目。执行"文件"|"导入"|"XML"命令，在弹出的对话框中选择 XML 文件，然后单击"导入"按钮，即可在 XML 与 FCPX 之间交换项目，如图 1-45 所示。

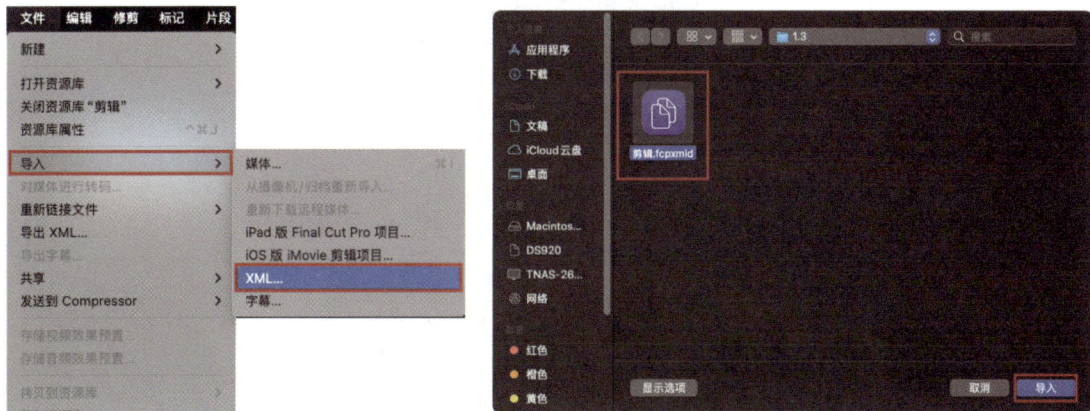

图 1-45

1.3.4　实操：新建资源库

在 Final Cut Pro 中进行剪辑工作首先就是新建资源库，在前面的章节中初步了解了什么是资源库，本小节将介绍资源库的具体操作方法。

01　在苹果系统中安装了 Final Cut Pro 软件后，打开"启动台"程序窗口，单击 Final Cut Pro 软件图标，即可启动 Final Cut Pro 软件，如图 1-46 所示。

图 1-46

02　启动 Final Cut Pro 软件后，弹出"打开资源库"窗口，单击"新建"按钮，如图 1-47 所示。进入"存储"窗口，选择存储文件夹，并设置资源库名字为"创建剪辑流程"，如图 1-48 所示，单击"存储"按钮，进入 Final Cut Pro 工作界面。

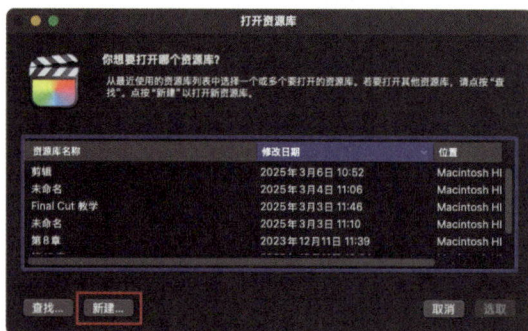

图 1-47

图 1-48

03　进入 Final Cut Pro 工作界面后，创建好的资源库会显示在"事件库"窗口中，并在该资源库下方自动创建一个以日期为名称的新事件，如图 1-49 所示。

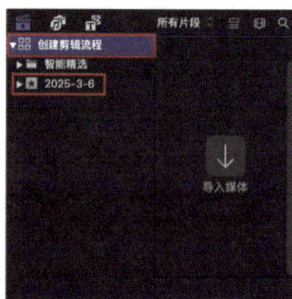

图 1-49

提示：（1）启动 Final Cut Pro 软件后，弹出"打开资源库"窗口，在该窗口中，可以选择之前创建的资源库，单击"选取"按钮，如图 1-50 所示，进入 Final Cut Pro 工作界面。

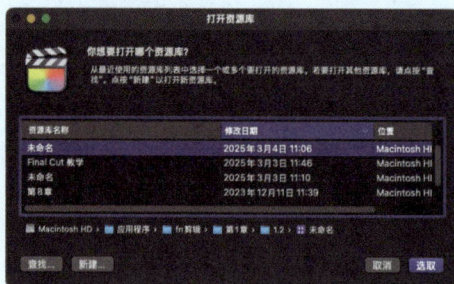

图 1-50

（2）在 Final Cut Pro 中，资源库包含之后剪辑工作中的所有事件、项目及媒体文件。所以在选择存储位置时，应尽量使用外部连接的硬盘，并对媒体文件进行备份。

1.3.5　实操：新建事件

事件用来存放各种项目、视频等文件，在资源库中需要先添加一个事件，才能进行项目的存放。为推动剪辑流程顺利进行，本小节将基于上一小节的内容，开展新建事件的相关操作，下面介绍新建事件的具体操作方法。

01　在工作界面中的"事件库"窗口中单击鼠标右键执行"新建事件"命令（快捷键 Option+N），如图 1-51 所示。

02　打开"新建事件"对话框，设置"事件名称"为"事件 1"，如图 1-52 所示，单击"好"按钮，即可创建事件。

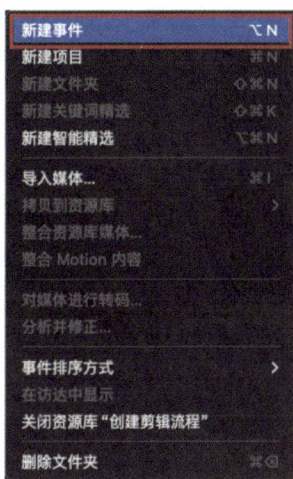

图 1-51

图 1-52

提示：在"新建事件"对话框中勾选"创建新项目"选项可以在创建事件的同时创建项目。

1.3.6　实操：创建项目

使用"自动设置"时，默认新建项目的规格会根据第一个视频片段的属性进行设定，并且音频设置与渲染编码格式是固定的。下面介绍使用"自动设置"创建项目的方法。

01　选中"事件 1"，单击鼠标右键执行"新建项目"命令（快捷键 Common+N），如图 1-53 所示。

02　打开新建项目"自动设置"对话框，设置项目名称，单击"好"按钮，如图 1-54 所示，即可创建项目。

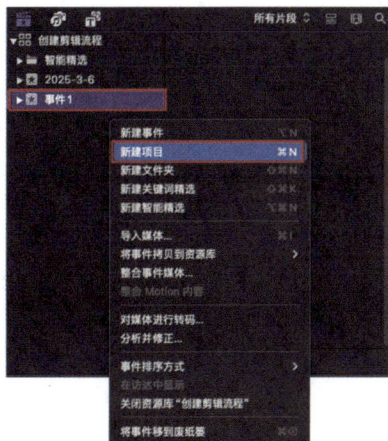

图 1-53

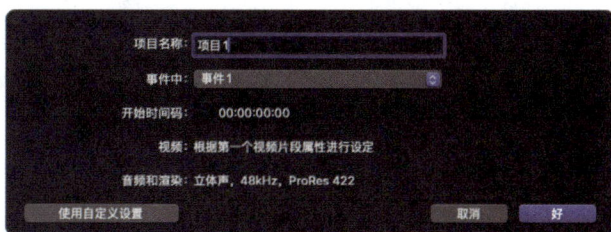

图 1-54

提示：在"自动设置"对话框中单击"使用自定义设置"按钮，即可打开"自定义设置"对话框，如
图 1-55 所示。

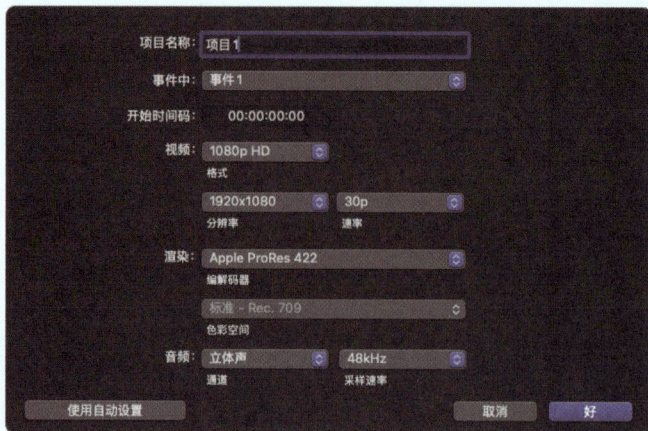

图 1-55

· 事件中：在该选项中可切换事件，以选择将项目存储在哪一个事件之下。
· 开始时间码：用于设置媒体文件放到项目中开始编辑的位置。
· 视频：用于设置项目的规格，包括格式、分辨率和速率。
· 渲染：预览与输出项目时使用的渲染模式。
· 音频：用于设置音频选项（包括环绕声和立体声，采样速率数值越大，音频质量越高）。

1.3.7 实操：导入媒体

在进行了资源库、事件和项目的创建后，需要导入素材，才能进行素材后期编辑操作。下面将通过
实操的方式介绍其中一种。

01 完成项目创建后，"项目 1"会显示在右侧"事件浏览器"中，在"事件浏览器"空白处，单
击鼠标右键执行"导入媒体"命令（快捷键 Command+I），即可打开"媒体导入"窗口，在"名称"窗
口选择"素材 1.mp4""素材 2.mp4""素材 3.mp4"，按 Shift 键可选择多个素材，如图 1-56 所示，右侧可
对导入媒体进行设置。

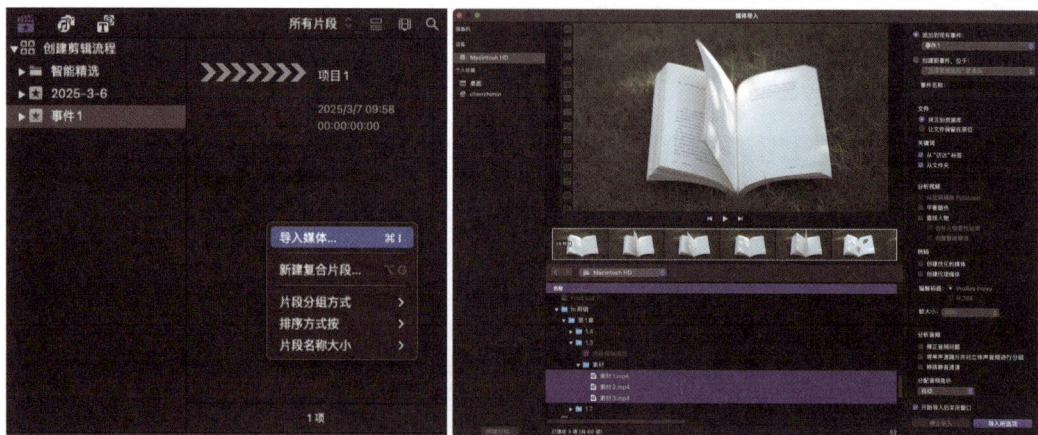

图 1-56

02 单击"导入所选项"按钮，即可将媒体文件添加至"事件 1"的"事件浏览器"中，如图 1-57 所示。

图 1-57

"媒体导入"窗口各主要选项含义如下：

·"添加到现有事件"：选中该单选按钮，可以在决定好要导入的媒体文件后，选择将其导入哪一个事件中。默认选择导入当前事件。如果要导入其他已经创建好的事件中，可以展开"添加到现有事件"选项下的下拉列表进行选择。

·"创建新事件，位于"：选中该单选按钮后，可创建新的事件，并设置新事件的保存名称和保存位置。

·"拷贝到资源库"：选择该单选按钮后，导入的媒体文件会复制到资源库。

·"让文件保留在原位"：选中该单选按钮后，所选择的媒体文件不会被复制。

·"从'访达'标签"：勾选该复选框，会创建以访达标签为名的关键词精选。

·"从文件夹"：勾选该复选框，会创建以导入的文件夹为名的关键词精选。

·"转码"：可以根据实际需要对导入的媒体文件进行调整。在该选项区中勾选"创建优化的媒体"复选框，会基于当前导入的媒体文件进行优化。创建编码为 Apple ProRes 422（Proxy）的同名、低质量的文件副本。

·"平衡颜色"：勾选复选框，可以在导入媒体文件的过程中检测画面中色调和对比度的问题。

·"查找人物"：勾选复选框，可以通过自动分析导入媒体文件的画面，判断画面中的拍摄内容，人数与景别等内容。

·"合并人物查找结果"：勾选复选框，可在较长的时间内汇总和显示"查找人物"和分析关键词。

·"创建智能精选"：可以使用包含强烈都懂或人物的片段，通过分析关键词来创建"智能精选"。

1.4　Final Cut的常用工具，看这里一目了然

学会应用工具是学会剪辑的基础，本章主要讲解 Final Cut Pro 的常用工具，如选择工具、修剪工具、位置工具等，让读者能"一点即通"。

Final Cut Pro 中常用工具在"磁性时间线"窗口上方工具栏中，展开"选择工具（A）"选项，即可看到常用工具选项栏，如图 1-58 所示。

图 1-58

1.4.1 选择工具

选择工具是剪辑中最核心也是最为常用的工具，不论使用哪个剪辑软件，选择工具都不会有太大变化。在 Final Cut Pro 中，"选择工具"按钮 ▶ 如图标一样，就像鼠标光标，是进行一切基础工作。

1. 选择素材

在剪辑素材前，通常需要在"磁性时间线"窗口中选择素材。可以选择单个素材，也可以长按框选多个素材（长按 Shift 单击素材可选择一个素材或多个素材），如图 1-59 所示。在选择剪辑素材时，应注意以下几点：

· 编辑具有视频和音频的素材，每个素材都至少有一个部分。

· 当视频和音频素材由同一原始摄像机录制时，它们会自动链接，单击其中一个，也会自动选择另一个。

· 选择时将使用"选择工具" ▶ （快捷键为 A）

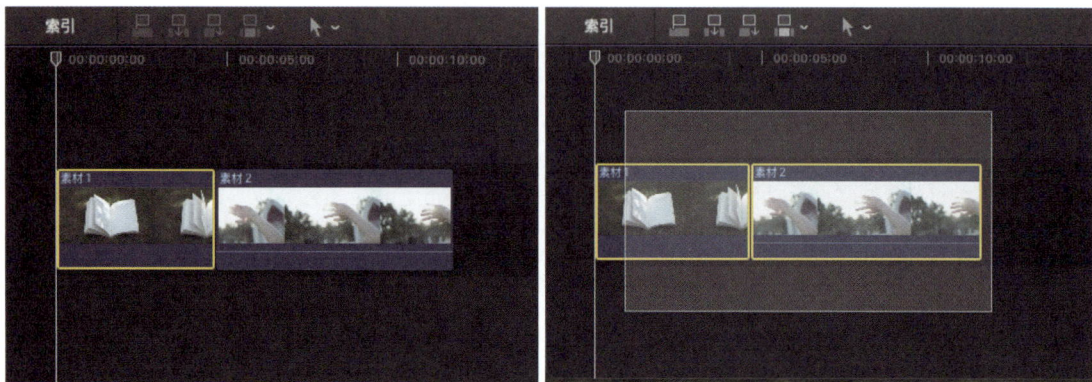

图 1-59

2. 移动素材

"选择工具（A）"按钮 ▶ 可以移动"磁性时间线"窗口中素材的位置，如图 1-60 所示。

图 1-60

3. 裁剪素材

"选择工具（A）"按钮 ▶ 可以对素材进行裁剪。将"选择工具（A）"按钮 ▶ 移动至素材边缘，其图标会变更为 ◂▸，向左或向右移动即可对素材进行裁剪，如图 1-61 所示。

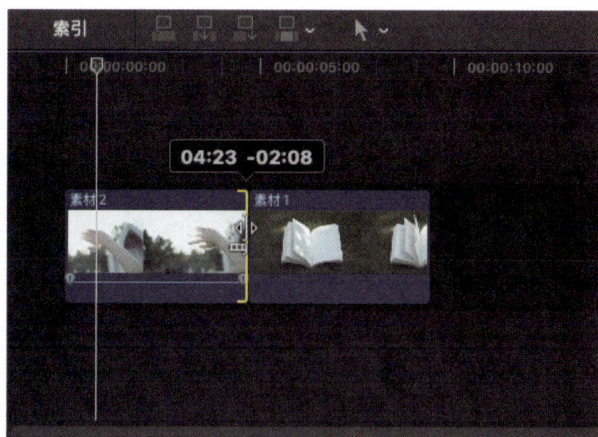

图 1-61

1.4.2 修剪工具

"修剪（T）"工具是剪辑过程中经常会用到的一个工具，通过该工具可以对视频片段进行滑移式、滑动式和滚动式剪辑，还可以精修视频片段的开头和结尾。

1. 滑移式剪辑

使用"修剪（T）"工具进行滑移式剪辑的方式不会改变片段的时长，也不会影响整个影片的时长，可以避免音乐节奏点跟剪辑点的错位。

在"磁性时间线"窗口的工具栏中，选择"修剪（T）"工具，待光标变为"修剪"工具状态后，选择某一个视频片段，使片段两端的编辑点被选中，如图 1-62 所示，然后在菜单栏中执行"修剪" | "向右挪动"命令，如图 1-63 所示。操作完成后，视频片段的长度没有发生变化，而画面整体会向右移动 1 帧。

图 1-62

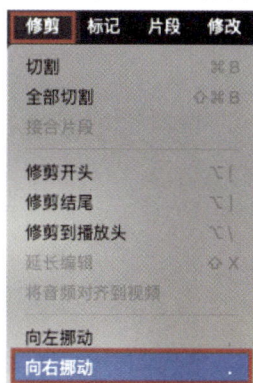

图 1-63

> 提示：进行滑移式剪辑时，不会更改片段在时间线中的位置和长度，但会更改滑移编辑片段的开始帧
> 和结束点。此外，在精剪时对"修剪"工具的使用并不频繁，往往只是对个别片段做细微调整
> 时才会使用，剪辑中使用"选择"工具的频率相对比较高。

2. 卷动式剪辑

卷动式剪辑是指同时调整两个相邻片段的开始点和结束点。如果要调整两个放在时间线中的片段的长度，但不想改变整个时间线前后片段的位置，可以使用"修剪"工具在这两个片段的编辑点上进行卷动编辑。卷动式剪辑常用在动作剪辑点上，可以很方便地更改一个动作剪辑点前后镜头所切换的位置，而不影响整个时间线上其他片段的位置。

在"磁性时间线"窗口的工具栏中，单击"选择"工具右侧的下三角按钮，展开列表框，选择

"修剪（T）"工具 ◀▶，待光标变为"修剪"工具状态后，单击两个片段之间的编辑点，然后长按鼠标左键，并向右轻轻滑动，会发现编辑点向右移动，编辑点上方会出现数字提示，表示向右移动的帧数，如图 1-64 所示，此时主要故事情节轨道中所有素材片段总时长不变。

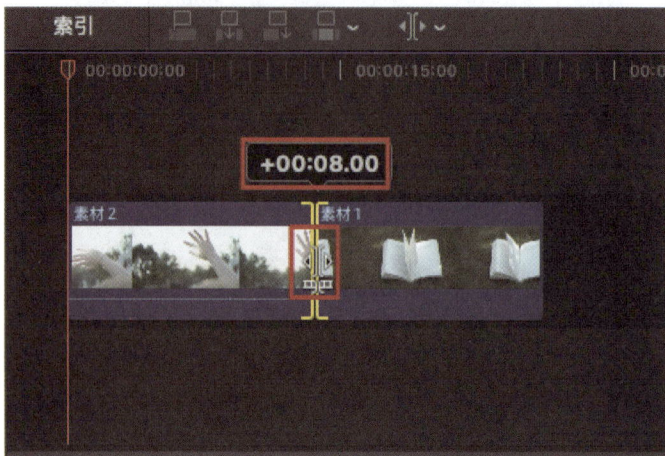

图 1-64

3. 滑动式剪辑

通过滑动式剪辑的方式，可以同时调整滑动编辑片段的两个相邻片段的开始点和结束点。如果要调整视频的入点和出点，但不想改变整个时间线前后片段的位置，可以使用"修剪"工具在这个片段两端的编辑点上进行滑动式剪辑。

在"磁性时间线"窗口的工具栏中，单击"选择"工具右侧的下三角按钮 ▶ ，展开列表框，选择"修剪（T）"工具 ◀▶，待光标变为"修剪"工具状态后，将光标放置到中间视频片段上，按住 Option 键，此时指针样式变成 形状，长按视频片段并向右滑动，则选择的视频片段长度保持不变，前面片段的末帧被拉长，后面片段的首帧被向后移动，以选择片段为中心的前后 3 个片段的总时长则没有发生变化，如图 1-65 所示。

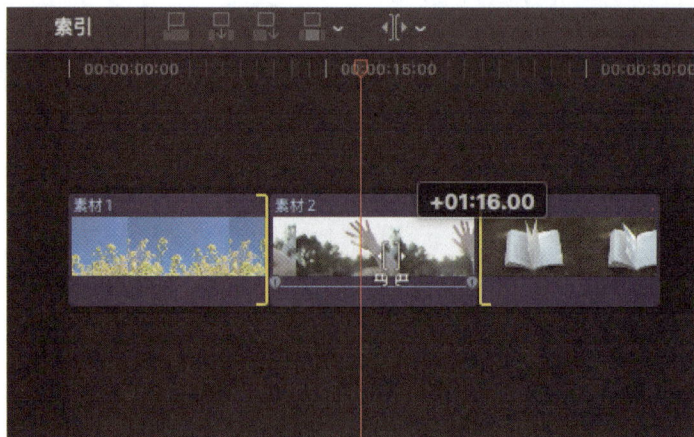

图 1-65

4. 精修视频片段的开头和结尾

在精剪工作中，使用"修剪"工具可以对视频片段的开头和结尾进行修剪操作。在"磁性时间线"窗口的工具栏中，选择"修剪"工具 ◀▶ 后，将光标移至视频片段的开始位置，单击鼠标左键并向左拖曳，视频片段将从开头处被延长，如图 1-66 所示。

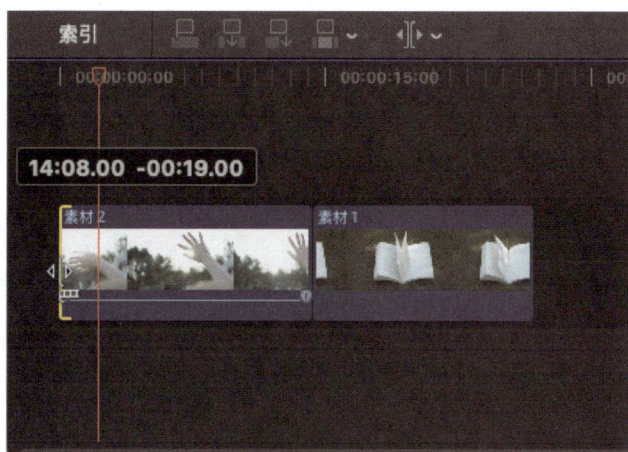

图 1-66

如果要修剪视频片段的末尾，可以在选择"修剪"工具 后，将光标移至视频片段的末尾位置，单击鼠标左键并向右拖曳，可以修剪视频片段的末尾，如图 1-67 所示。

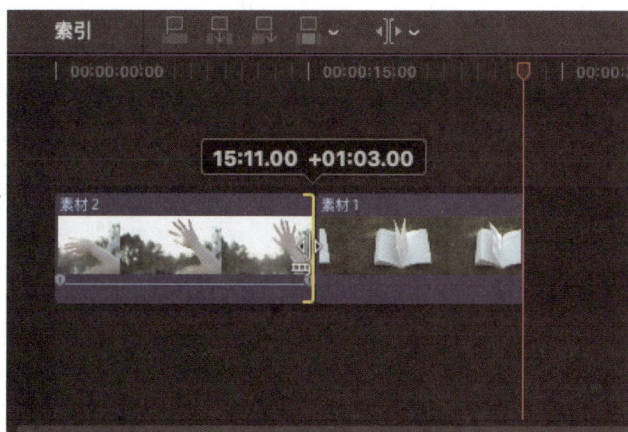

图 1-67

5. 修改视频片段的入点和出点

在精剪工作中，使用"修剪"工具可以对视频片段的开头和结尾进行修剪操作。在"磁性时间线"窗口的工具栏中，选择"修剪（T）"工具 后，将光标移至已裁剪的任意视频片段中间，鼠标光标将变成 ，向左或向右移动即可改变该视频片段的入点和出点，如图 1-68 所示。

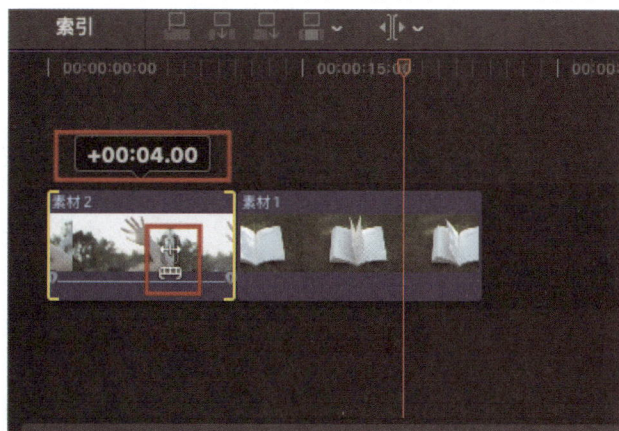

图 1-68

1.4.3　位置工具

在剪辑工作中，有很多时候会因为画面之间仅差几帧，造成画面效果的缺失。为了避免出现这种偏差，就需要用到"位置工具"来移动片段，改善画面。具体的操作方法是：在"磁性时间线"窗口的工具栏中，单击"选择"工具右侧的下三角按钮 ↖ ✓，展开列表框，选择"位置（P）"工具 ▶ ，如图 1-69 所示。然后选择时间线中的视频片段进行拖曳操作，即可移动视频片段。

图 1-69

若需对视频片段进行逐帧定位调整，则可以在选择视频片段后，在菜单栏中，执行"修剪"|"向左挪动"或"向右挪动"命令，如图 1-70 所示，则可以将选择的视频片段向左或向右挪动一帧。

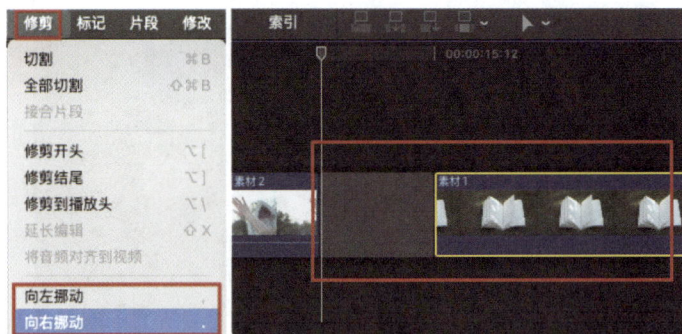

图 1-70

1.4.4　切割工具

切割工具是剪辑工作中使用频率较高的一个工具，使用切割工具可以将选择的视频片段分割成多个视频片段。切割视频片段的方法有以下几种。

1. 工具栏

在"磁性时间线"窗口的工具栏中，单击"选择"工具右侧的下三角按钮 ↖ ✓，展开列表框，选择"切割（B）"工具 ✂ ，将播放指示器移动至需要切割的位置，单击鼠标左键即可对素材片段进行切割，如图 1-71 所示。

图 1-71

2. 菜单栏

将播放指示器移动至需要裁切的位置，选择素材片段，然后在菜单栏中，单击"修剪"|"切割"命令，如图 1-72 所示。

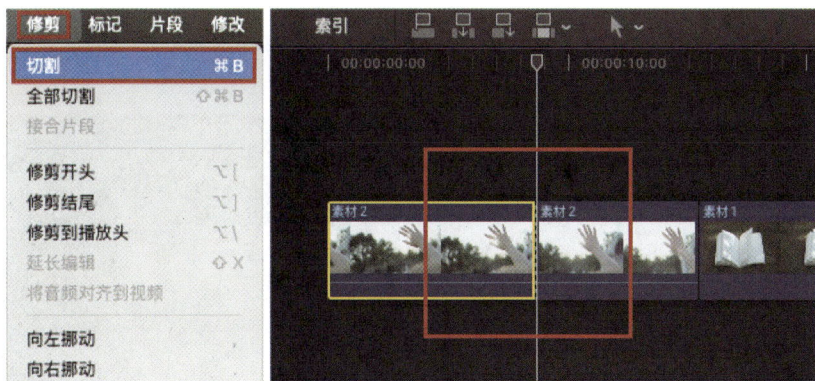

图 1-72

3. 快捷键

快捷键是使用频率最高且最快捷的切割素材方法。将播放指示器定位到需要剪辑的点，选中相应素材片段，按快捷键 Command+B，即可切割素材片段，如图 1-73 所示。

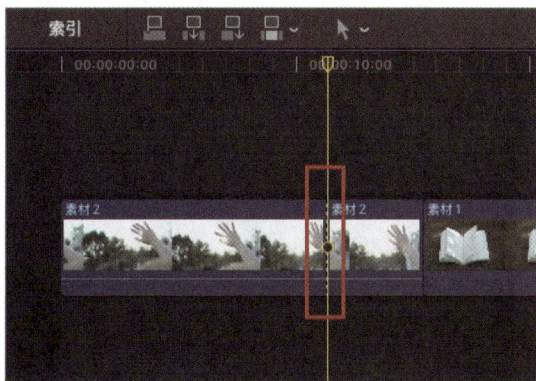

图 1-73

1.4.5　缩放工具

"缩放工具"用于放大或缩小显示轨道，在"缩放"编辑模式下，鼠标光标为放大镜的形状，单击可以放大轨道，如图 1-74 所示。若要缩小轨道，可以按住 Option 键，光标中放大镜的"+"将变为"-"，此时在片段上单击会缩小轨道，如图 1-75 所示。

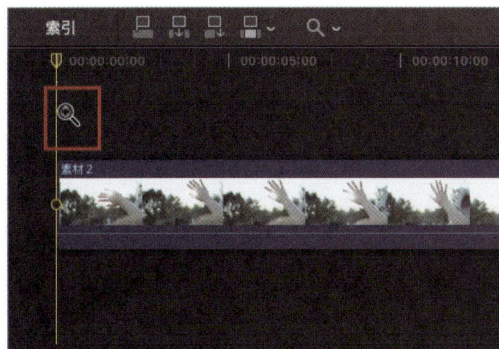

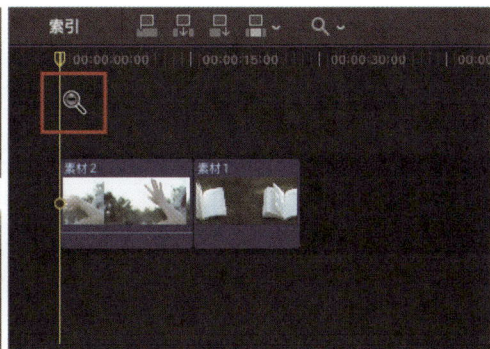

图 1-74　　　　　　　　　　　　　图 1-75

提示：在菜单栏中，执行"显示"|"放大"或"缩小"命令，同样可以对时间线进行放大或缩小操作。

1.4.6　抓手工具

"抓手工具"可以调整视频轨道中素材摆放位置，用于调整轨道过多时素材位置，便于剪辑，如图1-76所示。

图 1-76

1.4.7　范围选择工具

"范围选择工具"[]可以选择"磁性时间线"轨道中任意素材时间范围，但仅能选择同一轨道中的素材，如图1-77所示。

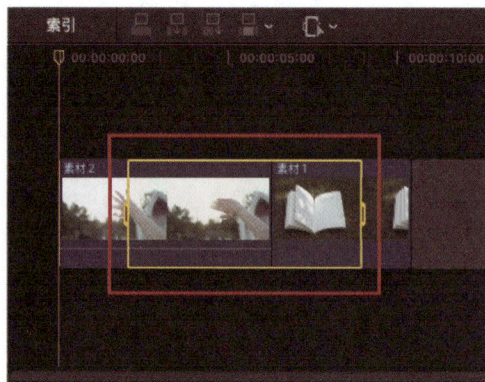

图 1-77

02

第2章

学会这几招，巧用 Final Cut快速出片

本章导读

　　本章将通过讲解高效编辑视频素材和音频素材的操作方法、视频转场的应用以及三点编辑、多机位剪辑等实用剪辑技巧，帮助读者快速掌握Final Cut的视频编辑技巧，解决短视频后期制作中的难题，使读者能够高效、快速地创作短视频，提高出片效率。

2.1 素材高效处理，新人也能快速上手

将素材文件导入事件后，需要对片段进行剪辑与整合，进一步创建出完整的故事情节。下面将为大家详细介绍编辑片段的各项基本操作，并帮助读者掌握预览片段、设置片段的入点与出点、追加片段、覆盖片段等操作方法。

2.1.1 预览片段的方法

在"事件浏览器"窗口中预览片段的方法有很多种，如通过鼠标可以实时浏览片段，还可以通过"浏览"命令进行片段浏览。下面讲解通过"浏览"命令浏览片段的具体方法。

新建事件与项目之后，在"事件浏览器"窗口导入一段视频素材，如图 2-1 所示，然后执行"显示"|"浏览"命令，如图 2-2 示。

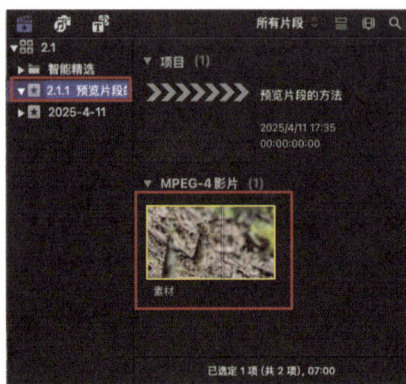
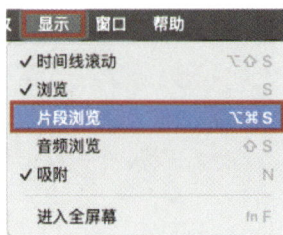

图 2-1   图 2-2

> 提示：在浏览片段时，如果需要同时对声音进行浏览，则可以执行"显示"|"音频浏览"命令。

将鼠标悬停在片段缩略图上，当光标变为手形状时，左右移动鼠标，即可浏览所选片段，在"监视器"窗口也会出现相应的片段画面，如图 2-3 所示。

图 2-3

> 提示：选中片段后，片段的外部会显示一个黄色的外框，且缩略图上也会出现两条垂直线。红色线为扫视播放头，表示浏览时的实时位置，会随着光标的位置变化而变化；白色的线表示在选择该片段时播放指示器所在的位置，一般不会发生变化。

2.1.2 在时间线中添加片段

在导入媒体素材之后，需要将素材添加到时间线中才能进行素材的后期编辑操作，下面讲解在 Final Cut Pro 中将素材添加至时间线中的方法。

新建项目之后，执行"文件"｜"导入"｜"媒体"命令，如图 2-4 所示。

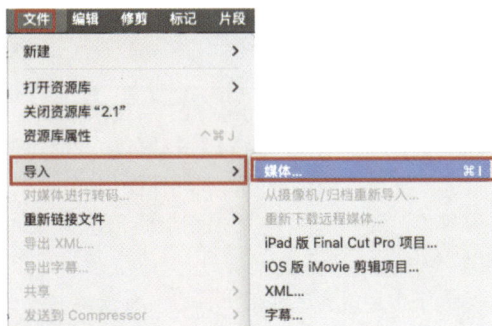

图 2-4

打开"媒体导入"对话框，在对话框中选择好需要导入的素材文件，单击"导入所选项"按钮，如图 2-5 所示。

图 2-5

执行操作后，在"事件浏览器"窗口中可以查看到导入的素材文件，如图 2-6 所示。

图 2-6

提示：在选择需要导入的媒体素材文件后，使用快捷键 Command+A 可以进行全选。当需要选择相邻的一组媒体文件时，可以在选择第一个媒体文件后，按住 Shift 键的同时选择最后一个媒体文件。当需要选择特定的几个媒体文件时，可以先选择其中一个，然后在按住 Command 键的同时进行选择。如果已经将需要导入的媒体文件整理到同一文件夹内，则可以直接导入该文件夹。

2.1.3　实操：设置片段入点和出点

在编辑视频的过程中，如果仅仅需要所选片段的部分内容，则需要在"事件浏览器"窗口中通过设置入点与出点为片段设置一个选择的范围，在 Final Cut Pro 软件中，通过调整黄色外框的大小，可以调整出入点的位置。下面讲解为素材设置入点和出点位置的具体操作方法。

01　创建资源库"2.1"，在资源库"2.1"中，创建"2.1.3 实操:设置片段入点和出点"，在"事件浏览器"窗口导入相关素材"素材.mp4"，如图 2-7 所示。

02　选择视频片段，将光标悬停在左侧黄色外框上，当光标变成双箭头的调整形状时，按住鼠标左键并向右拖曳，设置片段的入点位置，其中，"监视器"窗口会显示时间，如图 2-8 所示。

图 2-7　　　　　　　　　　　　　　　　　　　　图 2-8

03　将光标悬停在右侧黄色外框上，当光标变成双箭头的调整形状时，按住鼠标左键并向左拖曳，设置片段的出点位置，如图 2-9 所示。

04　设置好出入点后，长按"素材.mp4"拖曳至"磁性时间线"窗口中即可，如图 2-10 所示。

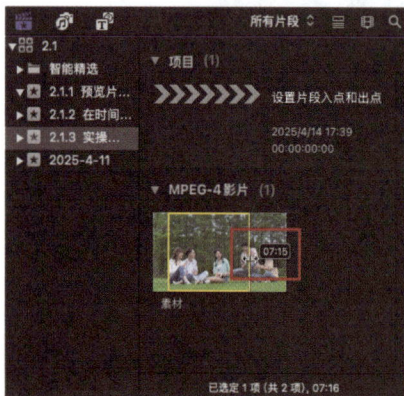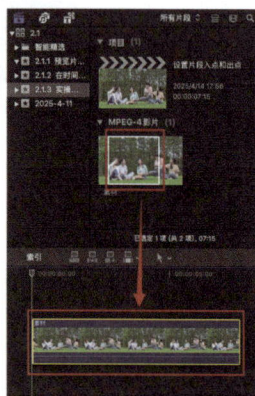

图 2-9　　　　　　　　　　　　　　　　　　　图 2-10

2.1.4　实操：展开与分离音频

在 Final Cut Pro 中编辑视频素材时，使用"分离视频"功能可以将视频中的音频素材单独分离出来，从而对视频或音频素材进行单独操作。下面为大家介绍分离音频的方法。

01　打开文件"展开与分离音频.fcpxmld"并将其导入资源库"2.1"中，从而导入事件"2.1.4 实操:展开与分离音频"。打开事件"2.1.4 实操:展开与分离音频"，导入相关素材，双击项目"展开与分离音频"，即可在"磁性时间线"窗口查看已添加至轨道中的"素材 .mp4"。

　　02　选中视频片段"素材 .mp4"，单击鼠标右键，打开快捷菜单，选择"分离音频（Option+Shift+S）"命令，如图 2-11 所示。

图 2-11

　　03　操作完成后，即可将素材片段中的音频和视频分离，并在"磁性时间线"窗口中的视频轨道和音频轨道上分别显示，如图 2-12 所示。

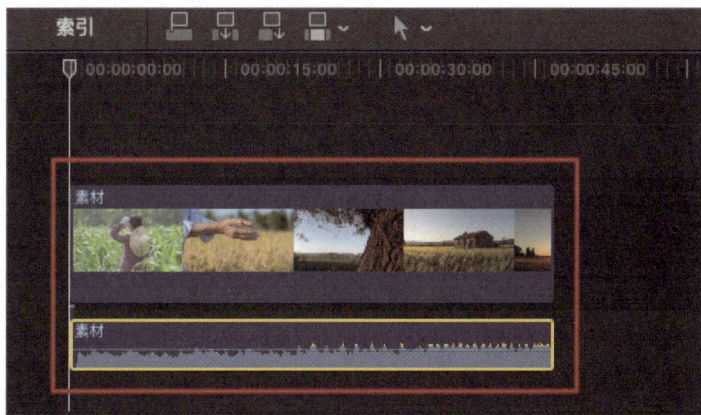

图 2-12

　　提示：除了上述方法可以分离视频和音频外，用户还可以在选择视频片段后，执行"片段"|"分离音频"
　　　　　命令，来实现视音频的分离。

2.1.5　实操：运用"连接"方式添加片段

　　通过"连接"方式添加片段，可以将选择的片段以"连接片段"的形式连接到主要故事情节中现有的片段上。下面为大家介绍如何运用"连接"方式添加片段，具体操作方法如下。

　　01　打开文件"运用'连接'方式添加片段 .fcpxmld"并将其导入资源库"2.1"中，从而导入事件"2.1.5实操：运用'连接'方式添加片段"。打开事件"2.1.5 实操：运用'连接'方式添加片段"，导入相关素材，双击项目"运用'连接'方式添加片段"，即可在"磁性时间线"窗口查看已添加至轨道中的"素材 1.mp4"，如图 2-13 所示。

　　02　在"事件浏览器"窗口中，选择"素材 2.mp4"，然后在"磁性时间线"窗口的上方工具栏中，单击"将所选片段连接到主要故事情节"按钮 ▣，如图 2-14 所示。

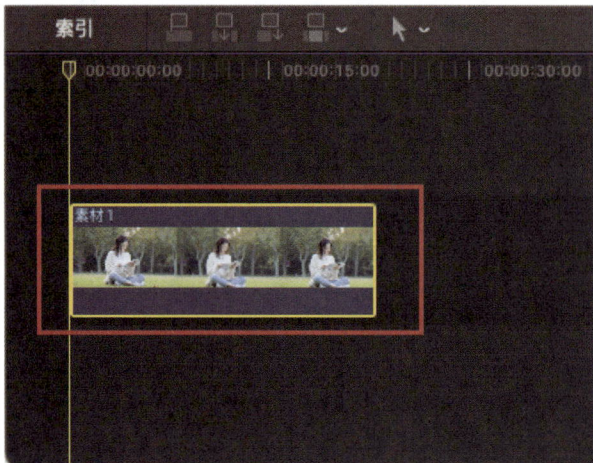

图 2-13

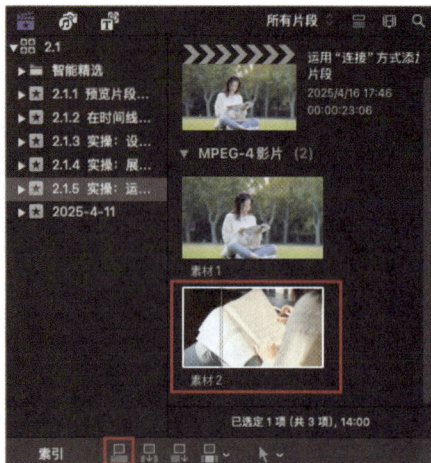

图 2-14

03　操作完成后，即可通过"连接"方式将选择的片段添加至"磁性时间线"窗口的主要故事情节上方，如图 2-15 所示。

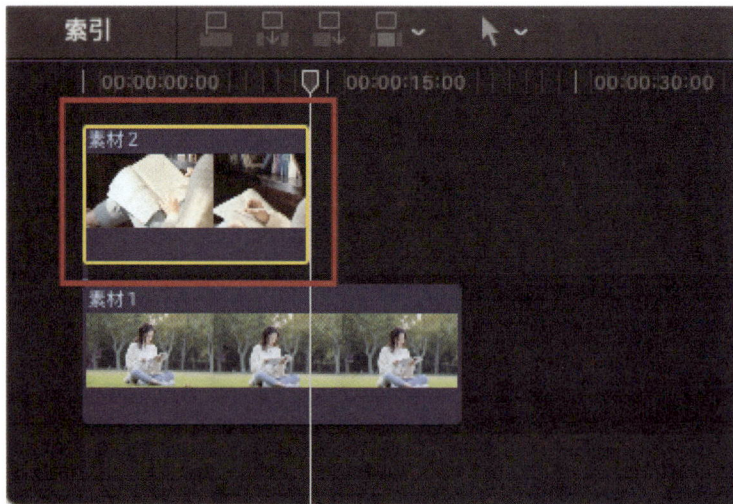

图 2-15

> 提示：通过"连接"方式可以将片段直接拖曳到时间线上与主要故事情节相连，作为连接片段存在的视频片段排列在主要故事情节的上方，而音频片段则排列在下方。

2.1.6　实操：运用"插入"方式添加片段

通过"插入"方式，可以将所选片段插入指定的播放器位置。在使用"插入"命令后，时间线上故事情节的持续时间将会延长。下面为大家介绍如何运用"插入"方式添加片段，具体操作方法如下。

01　打开文件"运用'插入'方式添加片段 .fcpxmld"并将其导入资源库"2.1"中，从而导入事件"2.1.6 实操：运用'插入'方式添加片段"。打开事件"2.1.6 实操：运用'插入'方式添加片段"，导入相关素材，双击项目"运用'插入'方式添加片段"，即可在"磁性时间线"窗口查看已添加至轨道中的"素材 1.mp4"，如图 2-16 所示。

02　将播放指示器移至 00:00:08:01 的位置，在"事件浏览器"窗口中，选择"素材 2.mp4"，然后在"磁性时间线"窗口上方工具栏中，单击"所选片段插入到主要故事情节或所选故事情节"按钮 ，如图 2-17 所示。

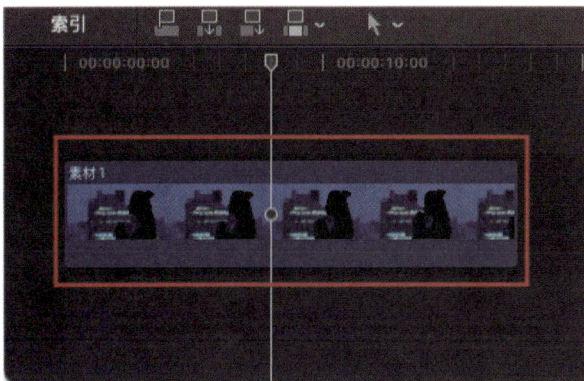

图 2-16

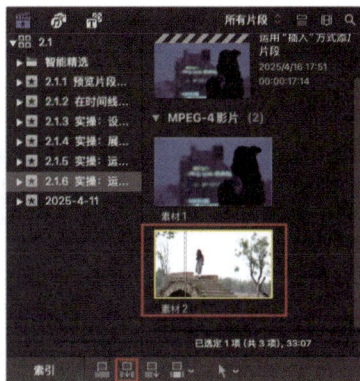

图 2-17

提示：通过播放指示器，可以确定视频的某个帧的播放位置。

03　上述操作完成后，即可以"插入"方式将选择的片段添加至"磁性时间线"窗口的视频片段中间，如图 2-18 所示。

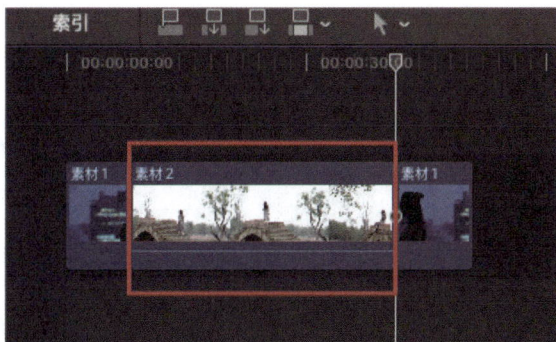

图 2-18

2.1.7　实操：运用"追加"方式添加片段

用"追加"方式可以将新的片段添加到故事情节的末尾，并且不受时间线位置的影响。下面为大家介绍如何运用"插入"方式添加片段，视频效果如图 2-19 所示。

01　打开文件"运用'追加'方式添加片段 .fcpxmld"并将其导入资源库"2.1"中，从而导入事件"2.1.7 实操：运用'追加'方式添加片段"。打开事件"2.1.7 实操：运用'追加'方式添加片段"，导入相关素材，双击项目"运用'追加'方式添加片段"，即可在"磁性时间线"窗口查看已添加至轨道中的"素材 1.mp4"，如图 2-19 所示。

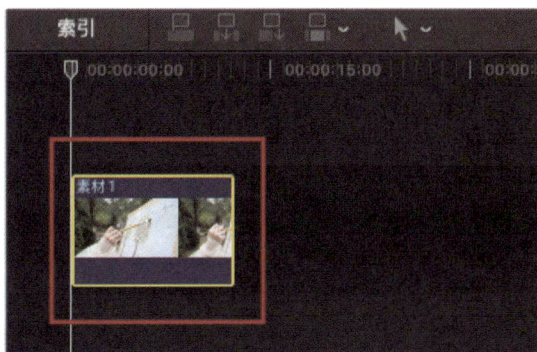

图 2-19

02　在"事件浏览器"窗口中，选择"素材 2.mp4"，然后在"磁性时间线"窗口的上方工具栏中，单击"将所选片段追加到主要故事情节或所选故事情节"按钮，如图 2-20 所示。

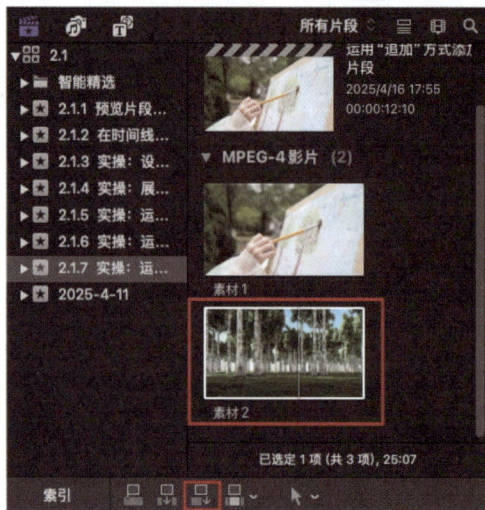

图 2-20

03　上述操作完成后，即可以"追加"方式将选择的片段添加至"磁性时间线"窗口中视频片段的末尾，如图 2-21 所示。

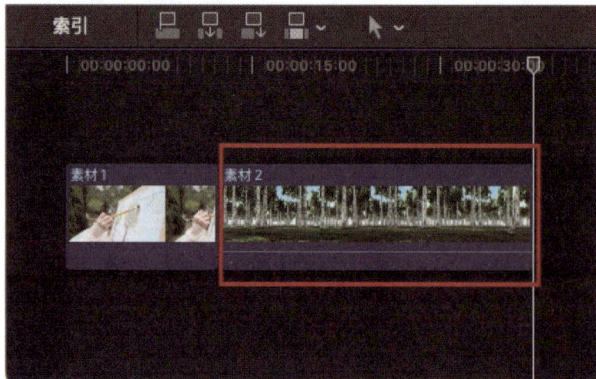

图 2-21

提示：在执行"插入""追加到故事情节"和"覆盖"命令时，会直接将所选片段以相应方式添加到主要故事情节中。如果需要将片段添加到次级故事情节中，则需要先对该故事情节进行选择。

2.1.8　实操：运用"覆盖"方式追加片段

使用"覆盖"方式添加片段，可以从时间线位置开始，向后覆盖视频轨道中原有的片段。在使用"覆盖"命令后，整个项目的时间长度不会发生改变。下面为大家介绍如何运用"覆盖"方式添加片段，具体操作如下。

01　打开文件"运用'覆盖'方式追加片段 .fcpxmld"并将其导入资源库"2.1"中，从而导入事件"2.1.8 实操：运用'覆盖'方式追加片段"。打开事件"2.1.8 实操：运用'覆盖'方式追加片段"，导入相关素材，双击项目"运用'覆盖'方式追加片段"，即可在"磁性时间线"窗口查看已添加至轨道中的"素材 1.mp4"。

02　将播放指示器移至 00:00:03:00 的位置，如图 2-22 所示，在"事件浏览器"窗口中，选择"素材 02"，然后在"磁性时间线"窗口的左上角，单击"用所选片段覆盖主要故事情节或所选故事情节"按钮，如图 2-23 所示。

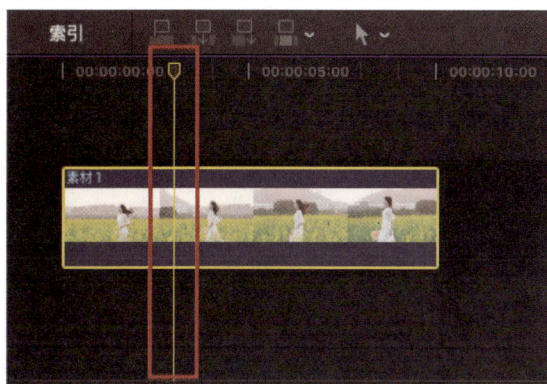

图 2-22

图 2-23

03　上述操作完成后，即可以"覆盖"方式将选择的片段添加至"磁性时间线"窗口中视频片段的时间线位置，如图 2-24 所示。

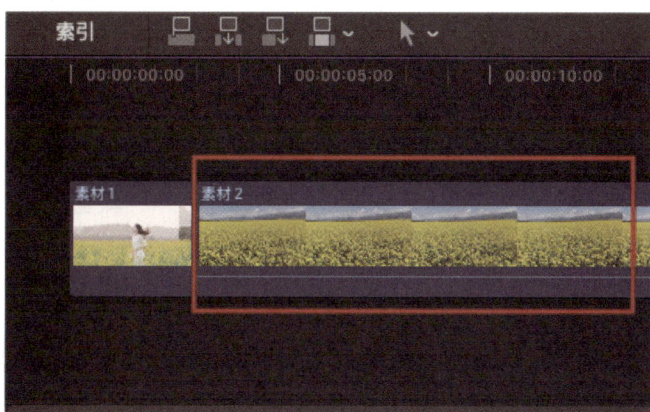

图 2-24

<hr>

拓展案例：关键词与关键词精选

分析

本例讲解关键词与关键词精选的应用方法。视频效果如图 2-25 所示。

图 2-25

难度：★

相关文件：第 2 章 \2.1\ 拓展案例 \ 关键词与关键词精选

在线视频：第 2 章 \2.1\ 拓展案例 \ 关键词与关键词精选 .mp4

本例知识点

• 自定义关键词

• 关键词精选

2.2 实用剪辑技巧，即学即用

本节详解 Final Cut Pro 常用剪辑技巧，包括多段素材拼接、快速调整顺序、同步处理画面与声音等操作。通过具体步骤与快捷键演示，解决剪辑速度慢、画面衔接生硬等问题，帮助快速完成作品，让视频过渡自然、节奏流畅。

2.2.1 故事情节

与广义故事情节不同，在 Final Cut Pro 中，故事情节指的是编辑中的功能，用于组织和管理视频片段。故事情节分为主要故事情节和次级故事情节，如图 2-26 所示。用户可以将视频片段、图片、音频拖到故事情节中，进行剪辑、添加转场、添加字幕等操作。

主要故事情节是时间线中的主序列，是时间线中最底层的线性序列，承载视频的核心叙事。所有未指定轨道的片段默认添加至主要故事情节，形成视频的基础框架。

次级故事情节默认吸附在主要故事情节上，一般位于主要故事情节的上方，通过调整也可以位于主要故事情节下方。每个次级故事情节独立于主序列，但与主情节的时间轴严格对齐。

图 2-26

Final Cut Pro 的故事情节功能通过层级化时间线管理实现高效组织与灵活编辑。将传统多轨道模式整合为层级结构，如将主画面、切镜、字幕分别归入主要故事情节与次级故事情节，减少轨道复杂度。隐藏或显示分支细节，兼顾全局浏览与精细调整。允许独立编辑分支内容（如为主画面添加模糊特效而保留切镜清晰）。通过复合片段嵌套简化多元素组合（如合并主画面 + 音乐 + 字幕为复合片段），并优化多机位剪辑流程，显著提升专业剪辑效率。

2.2.2 创建故事情节

在 Final Cut Pro 中可以将素材直接添加至时间线中，从而自动创建主要故事情节。还可以将连接片段整理成一个次级故事情节，统一地连接到主要故事情节中的片段上。在 Final Cut Pro 中创建故事情节的方法有以下几种。在菜单栏中执行"片段"|"创建故事情节"命令，如图 2-27 所示。在"磁性时间线"

窗口中选择多个视频片段，单击鼠标右键（快捷键 Command +G），打开快捷菜单，单击"创建故事情节"命令，如图 2-28 所示。

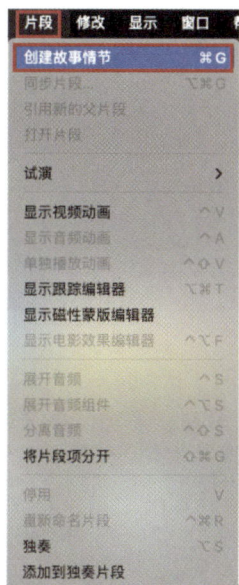 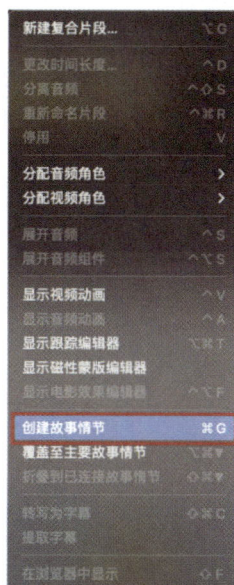

图 2-27　　　　　　　　　　图 2-28

创建故事情节后。所选的连接片段被放置到同一横框内，合并为一个次级故事情节。最左边只有一条连接线与主要故事情节相连。次级故事情节仍是连接片段，移动与之相连的主要故事情节时，他也会同时进行移动。

2.2.3　实操：调整故事情节

在"自动设置"中，默认新建的项目规格会根据第一个视频片段的属性来进行设定，并且音频设置与渲染编码格式也是固定的。下面介绍使用自动设置创建项目的具体操作方法。

01　创建资源库"2.2"，创建事件"2.2.3 实操：调整故事情节"，再创建项目"调整故事情节"，在事件中，导入本小节案例相关素材，如图 2-29 所示。

图 2-29

02　"事件浏览器"中视频片段已添加入点和出点，框选"素材 1.mp4"和"素材 2.mp4"，单击"将所选片段连接到主要故事情节（Q）"按钮，将片段添加至"磁性时间线"窗口主要故事情节上方，如图 2-30 所示。

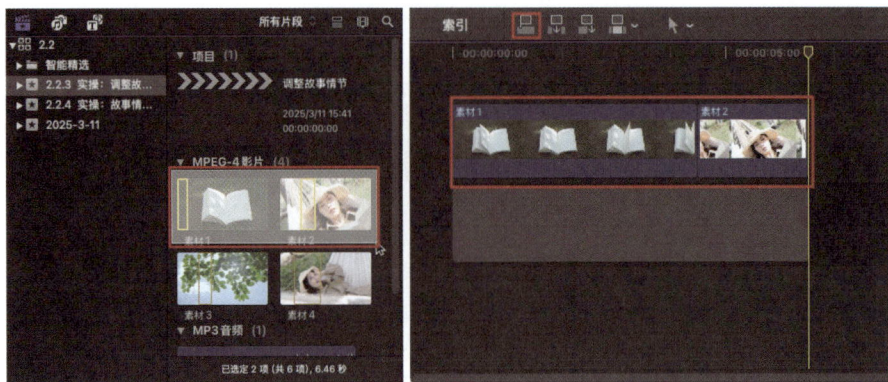

图 2-30

03 在"磁性时间线"窗口中框选"素材 1.mp4"和"素材 2.mp4",单击鼠标右键选择"创建故事情节"命令,或快捷键 Command+G,即可创建故事情节,如图 2-31 所示。

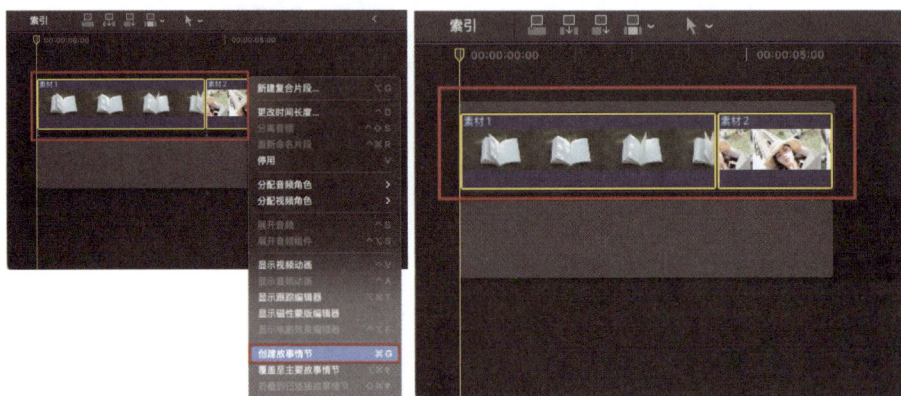

图 2-31

04 在"事件浏览器"窗口中,选择"素材 3.mp4",将其拖曳至故事情节的中间,此时光标右下角将显示一个绿色 ⊕ 标记,如图 2-32 所示。

05 释放鼠标左键,即可在已有的故事情节中间添加一个视频片段,如图 2-33 所示。

图 2-32

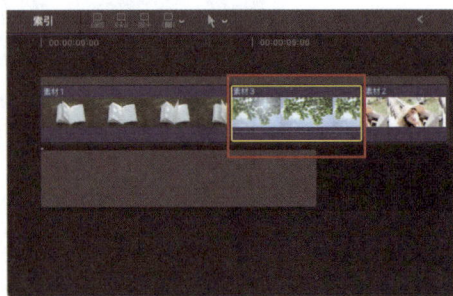
图 2-33

2.2.4 实操:故事情节的提取与覆盖

通过"提取"与"覆盖"功能,可以将故事情节进行提取与覆盖操作。下面介绍提取与覆盖的操作方法。

01 打开事件"2.2.4 实操:故事情节的提取与覆盖",双击项目"故事情节的提取与覆盖",即可在"磁性时间线"窗口看到已添加至主要故事情节中的"素材 1.mp4",选中主要故事情节中的"素材 1.mp4",单击鼠标右键执行"从故事情节中提取"命令(快捷键 Option+Command+A),如图 2-34 所示。

02　所选片段会被移动到原故事情节的上方位置，并与原故事情节相连，而原故事情节中仍保留所选片段的位置，如图 2-35 所示。

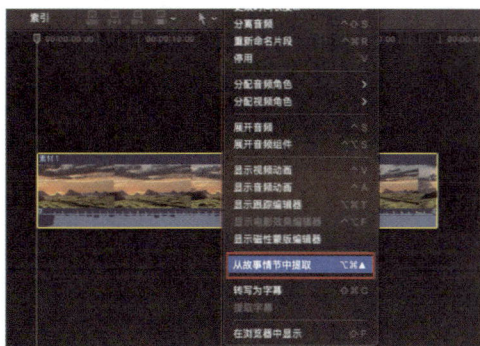

图 2-34　　　　　　　　　　　　　　　　　　图 2-35

03　选中次级故事情节中的素材片段"素材 1.mp4"，单击鼠标右键执行"覆盖至主要情节"命令（快捷键 Option+Command+↑），即可将次级故事情节向下移动，将主要故事情节中相应位置的片段进行覆盖，如图 2-36 所示。

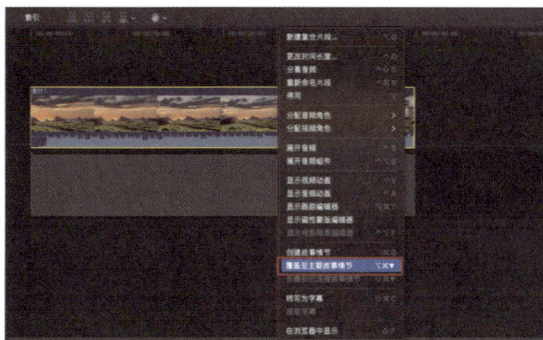

图 2-36

2.2.5　实操：创建复合片段

复合片段类似于"嵌套"片段，指将一个区域上的音频片段、视频片段、复合片段重新组合成一个新的片段。新的片段只有一层，且在创建的复合片段内，还可以继续修改片段内容，或将其重新拆分，恢复其原始状态。下面将通过一个案例介绍创建复合片段的方法。

01　打开文件"创建复合片段 .fcpxmld"并将其导入资源库"2.2"中，从而导入事件"2.2.5 实操：创建复合片段"。打开事件"2.2.5 实操：创建复合片段"，导入相关素材，双击项目"创建复合片段"，即可在"磁性时间线"窗口查看已添加至轨道中的素材片段，如图 2-37 所示。

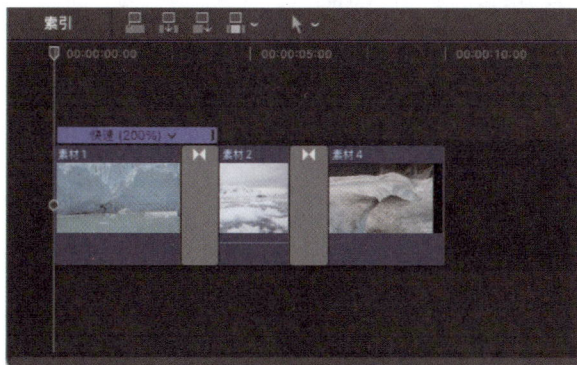

图 2-37

02 在"磁性时间线"窗口中框选"素材 1.mp4"和"素材 2.mp4",单击鼠标右键,执行"新建复合片段"命令(快捷键 Option+G),如图 2-38 所示。

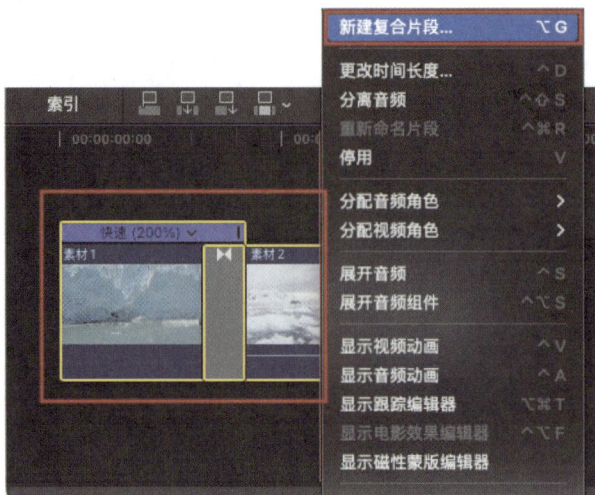

图 2-38

03 在弹出的设置复合片段对话框中,首先设置复合片段名称为"复合片段 1",再单击"好"按钮,如图 2-39 所示。

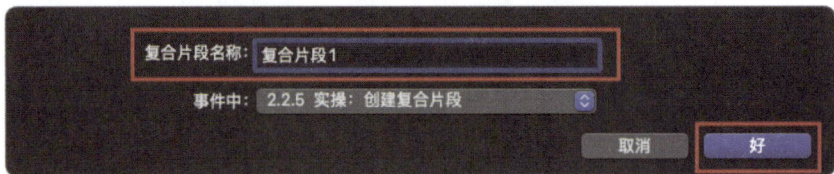

图 2-39

04 完成上述操作后即可创建复合片段,如图 2-40 所示。

05 在"事件浏览器"窗口中也可查看创建的"复合片段 1",如图 2-41 所示。

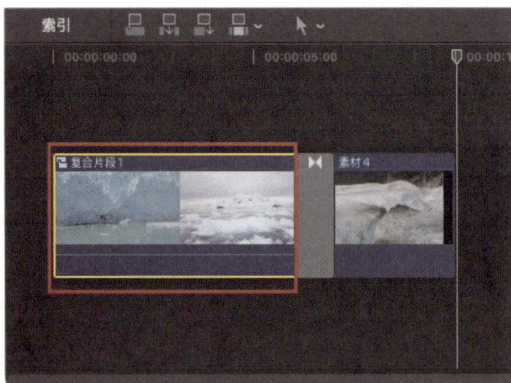

图 2-40

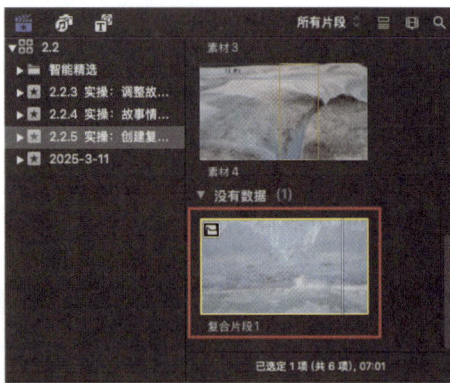

图 2-41

2.2.6 实操:三点编辑

三点剪辑是一种通过标记三个关键点自动完成素材插入或替换的高效技巧,在源素材中标记需要使用的片段入点与出点,再在时间轴指定插入位置(第三点),软件即自动计算匹配时长完成精准嵌入,省去手动对齐的烦琐。

01 打开文件"三点编辑 .fcpxmld"并将其导入资源库"2.2"中,从而导入事件"2.2.6 实操:三点编辑"。打开事件"2.2.6 实操:三点编辑",导入相关素材,双击项目"三点编辑",即可在"磁性时间线"窗口查看已添加至轨道中的"素材 1.mp4"，如图 2-42 所示。

　　02　在"事件浏览器"中，单击"素材 2.mp4"，即可出现黄色边框，将鼠标指针移动至两侧黄色边框处，指针变为 图，如图 2-43 所示，即可调整"素材 2.mp4"入点和出点。

图 2-42　　　　　　　　　　　　　　　　图 2-43

　　03　为"素材 2.mp4"添加入点和出点，保留时长 04:00，如图 2-44 所示。

图 2-44

> 提示：调整入点和出点出现的时间为添加入点或出点后片段持续时间。

　　04　在"磁性时间线"窗口中将播放指示器移动至"素材 1.mp4"结尾处，选中"素材 2.mp4"，单击"将所选片段连接到主要故事情节（Q）"按钮 图，即可将"素材 2.mp4"添加至"素材 1.mp4"结尾处后方次级故事情节中，如图 2-45 所示。

图 2-45

拓展案例：多机位剪辑

分析

本例讲解多机位剪辑视频的操作方法，最终效果如图 2-46 所示。

图 2-46

难度：★★

相关文件：第 2 章 \2.2\ 拓展案例 \ 多机位剪辑

在线视频：第 2 章 \2.2\ 拓展案例 \ 多机位剪辑效果视频 .mp4

本例知识点

• 多机位剪辑是 Final Cut Pro 中为了更快捷进行剪辑工作，从而模拟一个导播台功能，对机位进行实时调度与切换。

• 在"拓展案例：多机位剪辑"事件中选中"素材 .mp4"，单击鼠标右键执行"新建多机位片段"命令，打开"多机位片段名称"对话框，设置"多机位片段名称"为"多机位片段"，单击"好"按钮，即可新建一个多机位片段。

• 将"多机位片段"添加至"磁性时间线"窗口视频轨道上，双击展开多机位片段，然后选择视频片段，单击上方下拉按钮，在下拉列表中选择"添加角度"选项。

• 单击"未命名角度"右侧下拉按钮，在下拉列表中选择"同步到监视角度"选项，即可同步多机位片段的角度，单击"完成"按钮。

2.3 使用转场，画面这样拼接更丝滑

片段之间的衔接不仅仅是简单的拼接，为了让片段之间过渡更加平滑，可以通过"转场"实现这一目的。视频转场效果是连接视频片段的过渡方式，能平滑衔接镜头，控制视频节奏，生动表达叙事内容，让故事讲述更清晰，渲染情绪氛围，提升视频流畅性与情感表现力。在影视创作中，转场通过动态效果隐藏剪辑痕迹，让观众视觉体验连贯，从基础硬切到复杂特效，适配不同风格作品，不同形式的转场会直接影响观众情绪。

2.3.1 转场概述

转场是两个视频片段之间的一种特殊过渡效果，通过转场可以使视频片段之间的过渡更加平滑，同时还能起到强调片段的作用。转场通常分为无技巧转场和技巧转场。

1. 无技巧转场

无技巧转场，即通过镜头的自然过渡来衔接前后两部分内容，以此强调视觉上的连贯性。该转场手

法主要适用于蒙太奇镜头段落之间的过渡，更注重视觉的连贯性。在剪辑过程中，并非任意两个镜头之间均适宜采用无技巧转场，必须留意寻找恰当的转换元素和适宜的视觉元素。如果要使用无技巧转场，需要注意寻找合理的转换因素，做好前期的拍摄准备。

　　无技巧转场有多种，例如，两极镜头转场，利用前后镜头在景别、动静等方面的对比，形成较为明显的段落层次；相似体转场，当前后镜头包含相同或相似的主体，且两个物体的形状相似、位置重叠，在运动方向、速度、色彩等方面展现出高度一致性时，可运用此转场手法实现视觉上的连贯性和流畅性；空镜头转场，镜头画面中一般为风景、建筑、街景、人群等，没有出现特定的人物，被称为空镜头。这类镜头经常被放置在两个镜头之间作转场过渡。

2. 技巧转场

　　技巧转场，则指的是在对视频进行后期处理时，通过剪辑软件，在素材间添加各种效果，实现转场过渡的方式。Final Cut Pro 中为用户提供了很多转场预设，更为便捷，大大提高了剪辑效率。

2.3.2　常用转场介绍

　　Final Cut Pro 中包含了 100 多种转场效果，在"磁性时间线"窗口上方工具栏右侧单击"显示或隐藏转场浏览器"按钮，即可打开"转场浏览器"窗口，如图 2-47 所示。

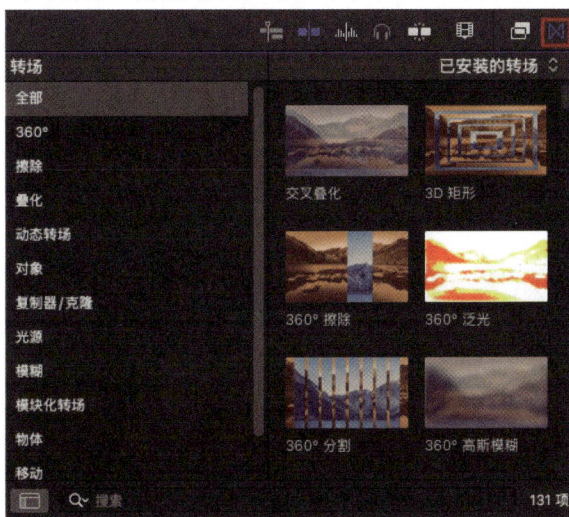

图 2-47

　　下面介绍几种常用转场效果。

1. 交叉叠化

　　"交叉叠化"转场是剪辑中常用的转场效果，所有剪辑软件均包含此功能。该效果通过前一个镜头与后一个镜头画面的叠加，使两个片段相互融合，从而实现自然平滑的场景过渡，如图 2-48 所示。

图 2-48

2. 擦除

　　"擦除"转场可以使前一个镜头的画面以线形滑行后，再在其下方显现后一个镜头的画面，如图 2-49 所示。用户可以在"监视器"窗口中调整擦除方向和边框 。

图 2-49

3. 卷页

"卷页"视频过渡效果会将第一个场景从一角卷起（卷起后的背面会显示第二个场景），然后逐渐显现第二个场景，如图 2-50 所示。

图 2-50

4. 缩放和移动

"缩放和移动"转场通过放大第一个场景并添加模糊点过渡到第二个场景放大的画面，同时模糊点向右移动，如图 2-51 所示。

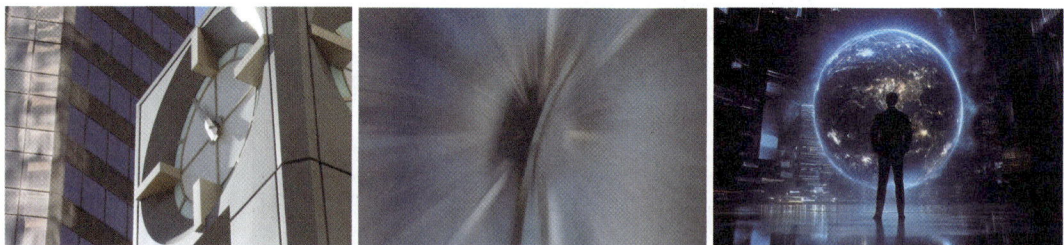

图 2-51

5. 动态转场

在 Final Cut Pro 中，"动态转场"效果是动态图形设计中通过图形、符号、动态元素或特效实现场景切换的转场方式，强调图形动态设计，所以转场在其中更注重图形化和创意。"动态转场"效果有多种，常用于快闪、广告类视频中，在"转场浏览器"窗口中即可查看，如图 2-52 所示。应用效果如图 2-53 所示。

图 2-52

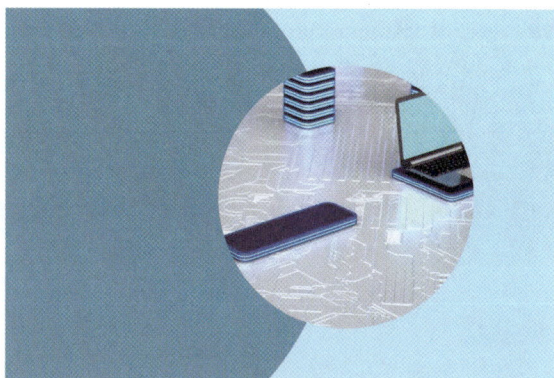

图 2-53

2.3.3　添加与修改默认转场

在 Final Cut Pro 中，可以将某个转场设置为默认转场。在"转场浏览器"窗口中，右击需要的转场效果，在弹出的快捷菜单中，选择"设为默认"命令，如图 2-54 所示，即可完成默认转场的设置。

当需要添加默认转场效果时，可以执行"编辑"命令，在展开的子菜单中选择相应的命令，如图 2-55 所示。

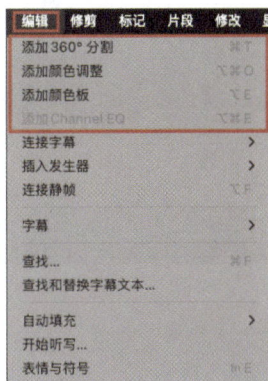

图 2-54　　　　　　　　　　　图 2-55

2.3.4　实操：添加转场

通过"转场"功能可以在两个视频片段之间，或视频片段的左右两端添加转场过渡效果。本小节案例制作一个简单的西藏旅游视频，效果如图 2-56 所示，下面介绍添加转场的具体操作方法。

图 2-56

01　创建资源库"2.3"，打开文件"添加转场 .fcpxmld"将其导入至资源库"2.3"中，此时会导入事件"2.3.4 实操：添加转场"。打开该事件，在其中导入本小节案例相关素材，然后双击项目"添加转场"，即可在"磁性时间线"窗口看到已添加至轨道中的素材片段。

02　在"磁性时间线"窗口上方工具栏右侧单击"显示或隐藏转场浏览器"按钮 ⋈，即可打开"转场浏览器"窗口，如图 2-57 所示。

图 2-57

03 在"转场浏览器"窗口中打开"叠化"选项框，长按"淡入淡出到颜色"转场，将其拖动至"素材 1mp4"开始的位置，如图 2-58 所示。

图 2-58

04 在"叠化"选项框，长按"交叉叠化"转场，将其拖动至"素材 1.mp4"和"素材 2.mp4"之间的位置，如图 2-59 所示。

图 2-59

05 根据上述方法，在"素材 4.mp4"和"素材 5.mp4"之间添加"渐变图像"转场；在"素材 5.mp4"和"素材 6.mp4"之间添加"交叉叠化"转场；在"素材 7.mp4"结尾处添加"淡入淡出到颜色"转场。

2.3.5 实操：连接片段的转场添加

连接片段指的是主要故事情节上方连接的片段，在 Final Cut Pro 中可以直接在连接片段中添加转场。本小节案例将详细讲解在连接片段中添加转场效果，效果如图 2-60 所示。

图 2-60

01 打开文件"连接片段的转场添加 .fcpxmld"并将其导入资源库"2.3"中，从而导入事件"2.3.5 实操：连接片段的转场添加"。打开事件"2.3.5 实操：连接片段的转场添加"，导入相关素材，双击项目"连接片段的转场添加"，即可在"磁性时间线"窗口查看已添加至轨道中的素材片段，如图 2-61 所示。

02　打开"转场浏览器"，在"擦除"选项框中选择"渐变图像"转场，如图 2-62 所示。

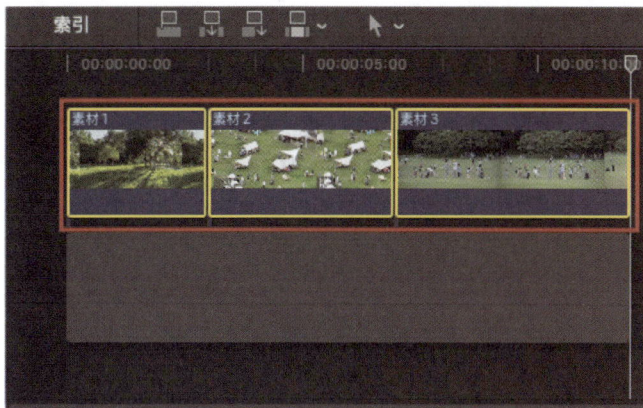

图 2-61

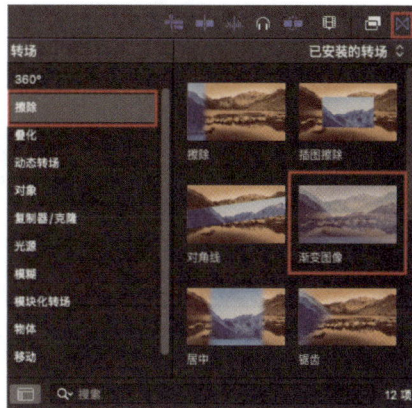

图 2-62

03　长按"渐变图像"转场，将其拖动至"素材 2.mp4"片段中，如图 2-63 所示，连接片段将自动创建次级故事情节，并在"素材 2.mp4"首尾添加"渐变图像"转场，如图 2-64 所示。

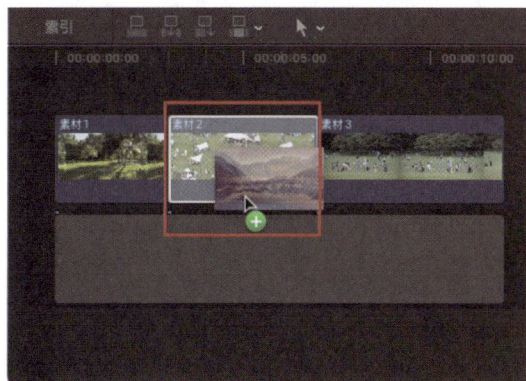

图 2-63

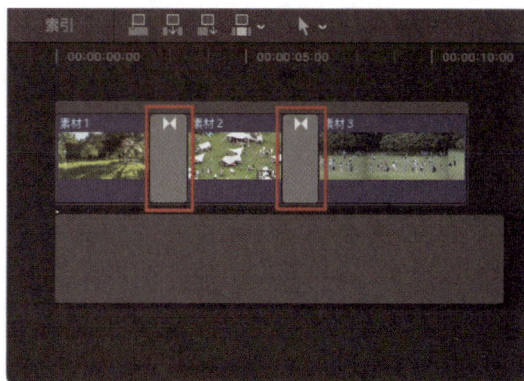

图 2-64

2.3.6　实操：编辑转场效果

添加完转场效果后，可以对转场效果进行编辑。本小节案例将通过案例讲解，向读者介绍如何对转场进行时间修改和数值设置，效果如图 2-65 所示。

图 2-65

01　打开文件"编辑转场效果 .fcpxmld"并将其导入资源库"2.3"中，从而导入事件"2.3.6 实操：编辑转场效果"。打开事件"2.3.6 实操：编辑转场效果"，导入相关素材，双击项目"编辑转场效果"，即可在"磁性时间线"窗口查看已添加至轨道中的素材片段。

02　在"转场浏览器"窗口中打开"叠化"对话框，选择"交叉叠化"转场，将其添加至"素材 1.mp4"和"素材 2.mp4"之间的位置，如图 2-66 所示。

图 2-66

03　选中添加的"交叉叠化"转场，单击鼠标右键执行"更改时间长度（Ctrl+D）"，如图 2-67 所示，即可在"监视器"窗口下方出现蓝色的转场时长，默认转场时长为 00:00:01:00；在键盘中键入"20"，即可将时长更改为 00:00:00:20，如图 2-68 所示，单击 Enter 键，即可更改时长。

图 2-67

图 2-68

04　继续选中"交叉叠化"转场，单击鼠标右键执行"显示精确度编辑器（Ctrl+E）"，即可打开精度编辑器，如图 2-69 所示。

图 2-69

05　将光标 移动到靠近"素材 1.mp4"的位置，将"交叉叠化"转场向右拖动至如图 2-70 所示。将光标 移动到靠近"素材 2.mp4"的位置，将"交叉叠化"转场向左拖动至如图 2-71 所示。

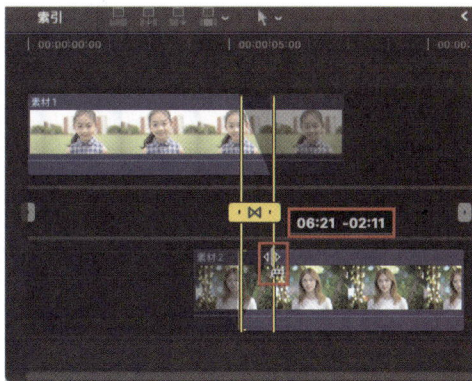

图 2-70　　　　　　　　　　　　　　　　图 2-71

06　按快捷键 Ctrl+E，退出精确度编辑器，单击"交叉叠化"转场，即可在右上角"转场检查器"窗口中调整转场外观至"相加"，数量数值为 30.0，减弱量数值为 62.0，如图 2-72 所示。

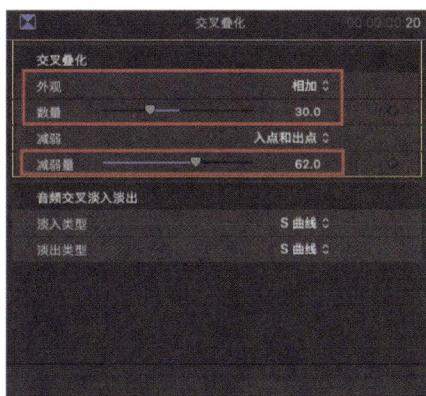

图 2-72

提示：在"磁性时间线"窗口中选中转场，拖动两侧边框，也可调整转场时长。

拓展案例：利用精度编辑器调整转场

分析

本例讲解通过精度编辑器调整转场的操作方法，最终效果如图 2-73 所示。

图 2-73

难度：★★

相关文件：第 2 章 \2.3\ 拓展案例 \ 利用精度编辑器调整转场

在线视频：第 2 章 \2.3\ 拓展案例 \ 利用精度编辑器调整转场 .mp4

本例知识点

• 精度编辑器可以对转场效果的事件长度进行精确调整。

• 单击转场，右击并执行"显示精确度编辑器（Ctrl+E）"命令，即可打开精确度编辑器窗口。

• 在精度编辑器中，转场前后两个片段被拆分，上下两部分分别表示在时间线上相邻的两个片段，将光标悬停在转场中间，当光标变成卷动编辑状态后，按住鼠标左键进行拖曳，可以改变转场在两个片段之间的位置。

2.4　音频必不可少，有声音画面才有灵魂

好的视频作品往往由视觉画面和声音元素共同构成。在视频中，音频部分可能包含原始录音、后期添加的旁白，甚至是特定的音效或背景音乐。恰当的背景音乐宛如视频剪辑的点睛之笔，不仅使视频整体更加圆满，还增强了故事性，引导观众深入其中。

2.4.1　认识音频指示器

音频指示器用于显示音频片段的音量，并在特定片段或部分片段达到峰值电平时（可能会导致音频失真）向用户发出警告。

在使用音频指示器查看音量之前，需要先打开"音频指示器"窗口。在菜单栏中执行"窗口"|"在工作区中显示"|"音频指示器"命令（快捷键 Shift+Command+8），如图 2-74 所示，即可打开"音频指示器"窗口。当在播放音频素材时，窗口中会显示绿色的跳动块，如图 2-75 所示。

音频指示器中包含 L 和 R 两个音频通道，左侧的数字显示音量的高低，单位分贝，用 dB 表示。在播放标准中应该控制片段音量在 0dB 以下。

在播放音频素材时，绿色跳动块表示当前播放片段的音量。绿色块上方有一条跟随一起跳动的横线，该横线为"峰值标线"，表示这个段落最高峰时电平所处位置。

音频片段在播放期间达到峰值电平时，电平颜色将从绿色变为黄色。当音频片段超过峰值电平时，电平颜色从黄色变为红色，且相应音频通道或通道的峰值指示器也会变为红色，如图 2-76 所示。

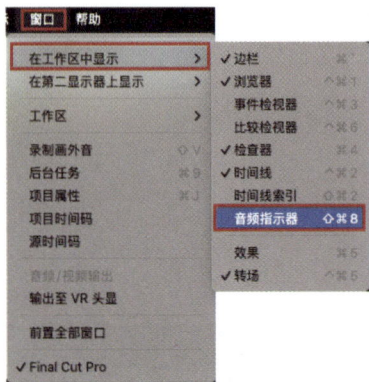
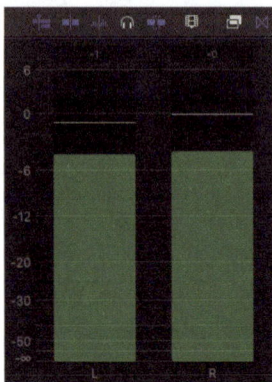
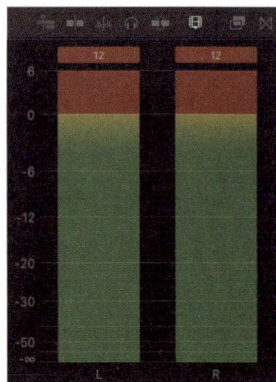

图 2-74　　　　　　　图 2-75　　　　　　　图 2-76

2.4.2　在检查器中调整音量

调整音频音量的方法有多种，其中用户可以在"音频检查器"窗口中对选择的音频进行精确音量调整。在视频轨道中选择音频片段，在右上角单击"显示音频检查器"按钮（快捷键 Command+4），即可打开"音频检查器"窗口，如图 2-77 所示。

在"音频检查器"窗口的"音量"选项区，拖曳选项区中的滑块，可以修改当前音频片段的音量。在调整音频片段的音量时，还可以直接单击"音量"选项右侧的音量值，当数字被激活为蓝色后，输入准确数值后，按 Enter 键进行确认，如图 2-78 所示。

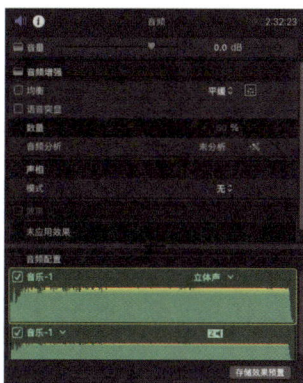
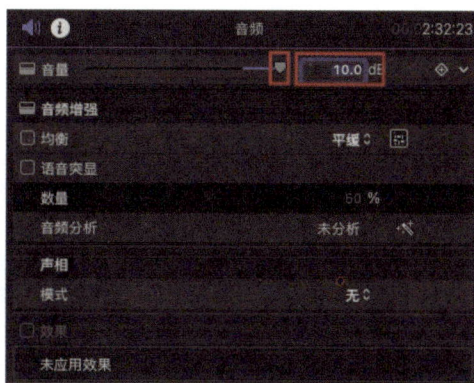

图 2-77　　　　　　　　　　　　　　图 2-78

2.4.3　实操：整体调整音频音量

　　用户除了可以在"音频检查器"中调整音频音量，还可以在轨道中通过上下拖动音频片段的灰色水平线，从而调整音量大小。下面将介绍具体操作方法。

　　01　创建资源库"2.4"，打开文件"整体调整音频音量 .fcpxmld"将其导入至资源库"2.3"中，此时会导入事件"2.4.3 实操：整体调整音频音量"。打开该事件，在其中导入本小节案例相关素材，然后双击项目"整体调整音频音量"，即可在"磁性时间线"窗口看到已添加至轨道中的素材片段"素材 .mp4"，如图 2-79 所示。

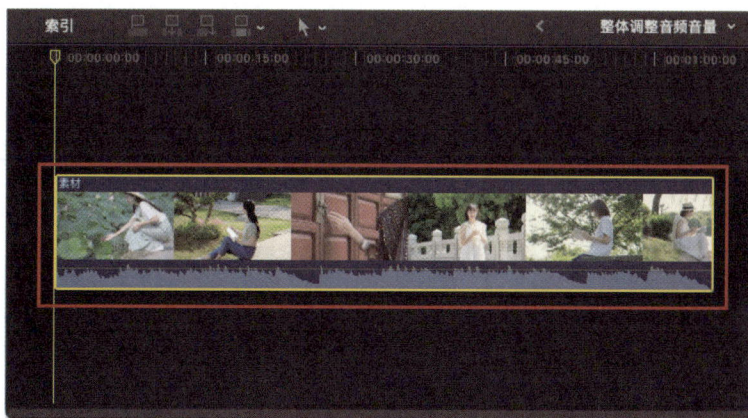

图 2-79

　　02　将鼠标光标移动至音频横线上，向上拖曳，将音频调整至 7.0dB，如图 2-80 所示。

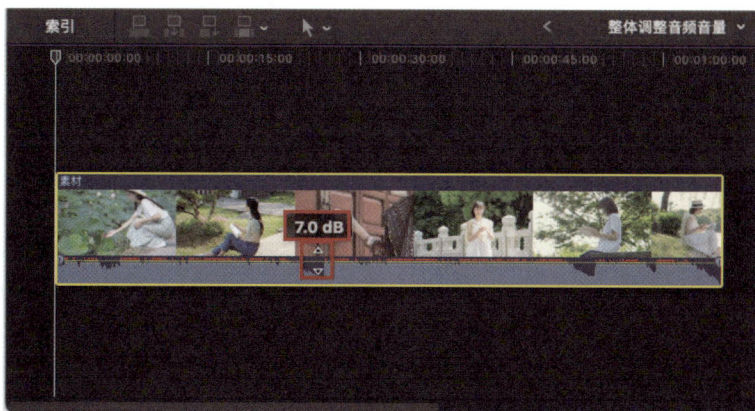

图 2-80

2.4.4　实操：音频的过渡处理

为了使音频具备更好的视听效果，可以先分割音频素材，然后在两个音频片段之间添加过渡效果。下面介绍具体操作方法。

01　打开文件"音频的过渡处理 .fcpxmld"并将其导入资源库"2.4"中，从而导入事件"2.4.4 实操：音频的过渡处理"。打开事件"2.4.4 实操：音频的过渡处理"，导入相关素材，双击项目"音频的过渡处理"，即可在"磁性时间线"窗口查看已添加至轨道中的素材片段，如图 2-81 所示。

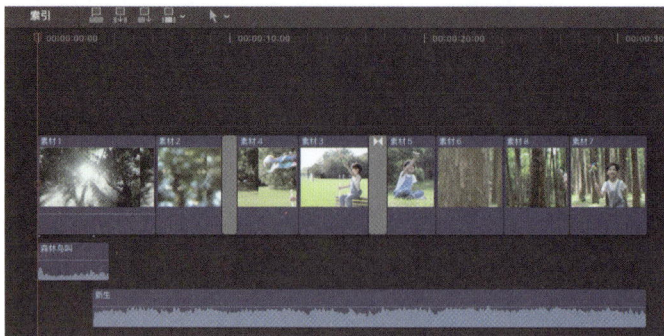

图 2-81

02　在"磁性时间线"窗口中，用"选择工具"按钮 在音频素材"森林鸟叫 .wav"开始的位置单击，即可出现一侧边框，如图 2-82 所示。然后执行"编辑"｜"添加 360° 分割（Command+T）"命令，即可在音频素材"森林鸟叫 .wav"开始的位置添加缓入缓出过渡效果"360° 分割"，如图 2-83 所示。

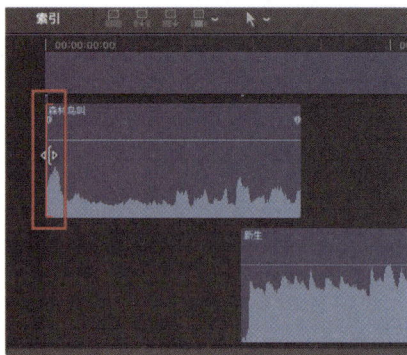

图 2-82

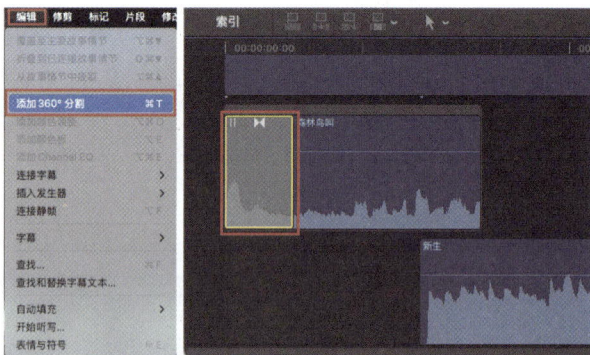

图 2-83

03　在音频素材片段的开头结尾均有一个滑块，将鼠标指针移动至音频素材"森林鸟叫 .wav"结尾处滑块，指针将变成左右两个箭头，如图 2-84 所示，向左移动滑块至图 2-85 所示，结尾部分的音量将呈现逐渐减弱的趋势，基本音量淡出效果即制作完成。

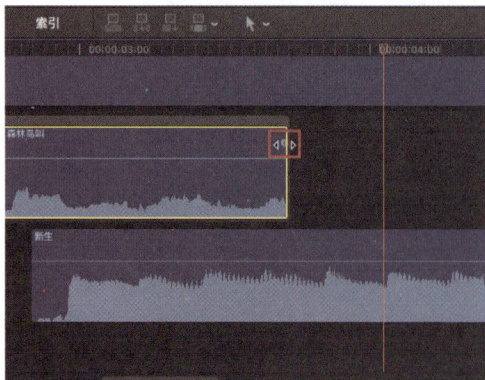

图 2-84

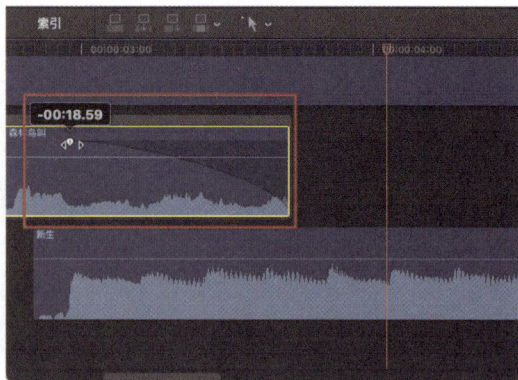

图 2-85

04　将鼠标指针放置在滑块上，出现左右两个箭头后，单击鼠标右键，选择"S 曲线"，如图 2-86 所示。结尾音量将呈现渐隐的效果。

05　根据上述方法将音频素材"新生 .mp3"开头的滑块向右移动至图 2-87 所示位置，然后选择"S 曲线"。

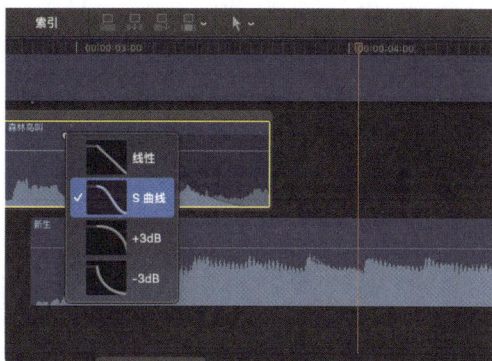

图 2-86

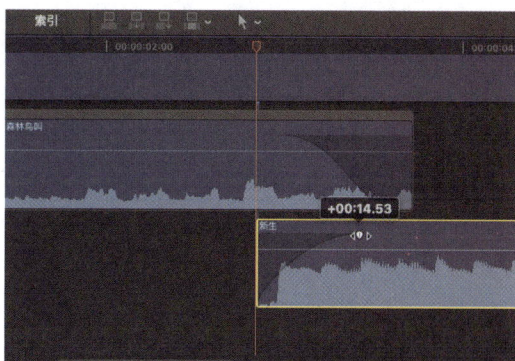

图 2-87

提示：（1）线性：使用该渐变效果在轨道中体现为具有上升或下降趋势的直线，渐变过程均匀。

（2）S 曲线：使用该渐变效果，音频将产生渐入渐出的声音效果。适用于音频在开始渐显，在末尾渐隐的效果。

（3）+3dB：默认渐变效果，被称为快速渐变，主要适用于片段之间的渐变过渡，可以使编辑点上的音频过渡变得更加自然。

（4）−3dB：该渐变效果也称为慢速渐变，通过制造声音慢慢消退的效果来掩盖片段中明显的杂音。

06　将播放指示器移动至 00:00:30:13 的位置，选中音频素材"新生 .mp3"，在"音频检查器"中单击"音量"选项中"添加关键帧"按钮，如图 2-88 所示，关键帧图标将变为黄色，如图 2-89 所示，在"磁性时间线"音频素材"新生 .mp3"中将显示关键帧，如图 2-90 所示，同时不做任何数值改变。

图 2-88

图 2-89

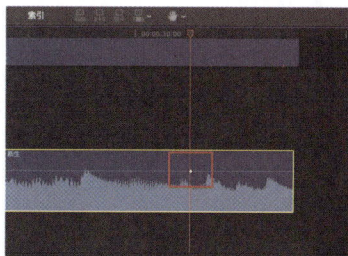

图 2-90

07　将播放指示器移动至音频素材"新生 .mp3"结尾处，添加音量关键帧，将音量数值无限变小，如图 2-91 所示，音量关键帧渐隐效果即制作完成。

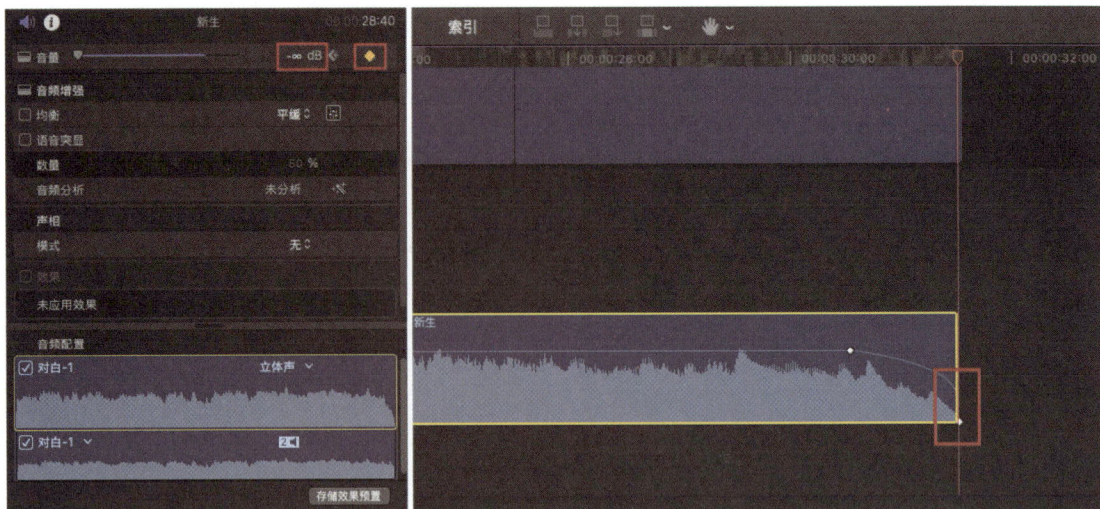

图 2-91

2.4.5 实操：设置音频均衡效果

在音频领域，赫兹（Hz）用于描述声音信号的频率特性，不同频率的声音会给人不同的听觉感受。音频均衡效果是一种通过调整音频信号中不同频率成分的幅度，来改变声音频率响应的技术手段。音频均衡效果可以通过调控声音频谱实现多维度音质优化。本节案例将通过一个案例介绍音频添加均衡效果的操作方法。

01　在资源库"2.4"中创建事件"2.4.5 实操：设置音频均衡效果"，并创建项目"设置音频均衡效果"。在事件"2.4.5 实操：设置音频均衡效果"中导入媒体素材"素材 .mp4"，将其拖入项目"设置音频均衡效果"的"磁性时间线"窗口中，如图 2-92 所示。

02　选中"素材 .mp4"，这是一个既有视频又有音频的素材，在右上方打开"音频检查器窗口"，并勾选"均衡"选项，如图 2-93 所示。单击"平缓"下三角按钮，展开列表框，选择"低音增强"选项，如图 2-94 所示。

图 2-92

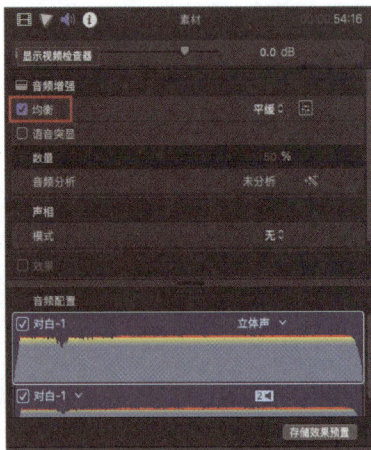

图 2-93

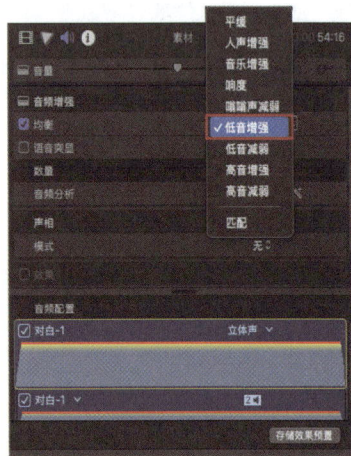

图 2-94

03　单击"显示高级均衡器"按钮，打开"图形均衡器"对话框，选择均衡器中各个频段上的滑块，按住鼠标左键上下拖曳，可以对声音效果进行自定义调整，如图 2-95 所示。

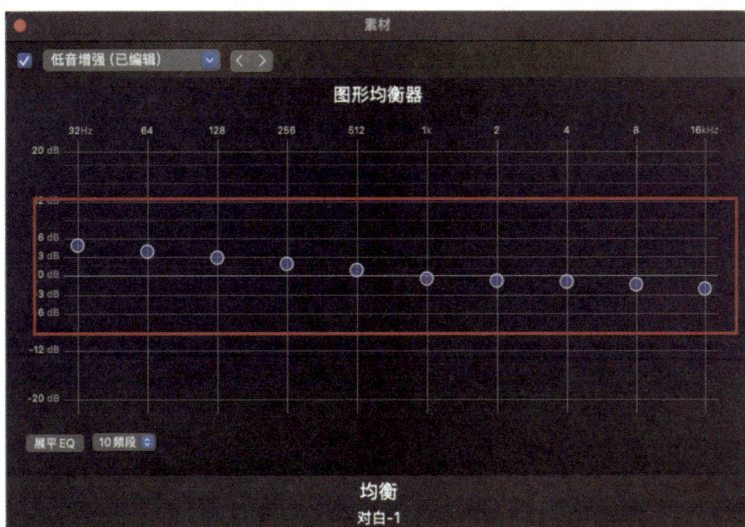

图 2-95

提示：“图形均衡器”对话框中左侧为低音，右侧为高音。

拓展案例：调整特定区域音量

分析

本例将简单讲解特定区域音量调整方法。

难度：★

相关文件：第 2 章 \2.4\ 拓展案例 \ 利用精度编辑器调整转场

在线视频：第 2 章 \2.4\ 拓展案例 \ 调整特定区域音量 mp4

本例知识点

• 使用“范围选择工具” 在“磁性时间线”窗口中选取“素材 .mp4”中的一个片段。

• 选中片段后将音量调小即可。

03

第3章

掌握短视频精剪技术，
新手秒变高手

本章导读

　　本章将在第2章剪辑基础上进一步讲解视频精剪技巧，通过讲解字幕制作、画面调色和视频合成操作方法，丰富视频内容，使画面元素完美融合，打造逻辑连贯、流畅自然的视频叙事。帮助读者实现从初步掌握基础剪辑到能够熟练运用精剪技巧，高效输出优质视频的重大跨越。

3.1　画龙点睛，视频需要图文并茂

在视频剪辑中，文字扮演着不可或缺的角色。它能直接传递视频的核心内容、主题思想及关键细节，助力观众理解，像教学、新闻类视频就常借此阐述知识点、补充重要信息。面对声音不清或语言不通的状况，文字可弥补声音短板，保障信息传达。此外，恰当的文字效果还能凭借风格、颜色与呈现方式营造氛围：悬疑视频用特定文字效果强化紧张感，温馨故事则以柔和文字烘托温暖，全方位提升视频质量与感染力。本节将详细讲解字幕的制作方法。

3.1.1　添加连接字幕

连接字幕包含了"基本字幕"与"基本下三分之一"字幕，是影片中添加文字基础且常用的方式。添加连接字幕的方法有以下几种。

01　执行"编辑"｜"连接字幕"命令，在展开的子菜单中，可以选择"基本字幕"或"基本下三分之一"命令，如图 3-1 所示。

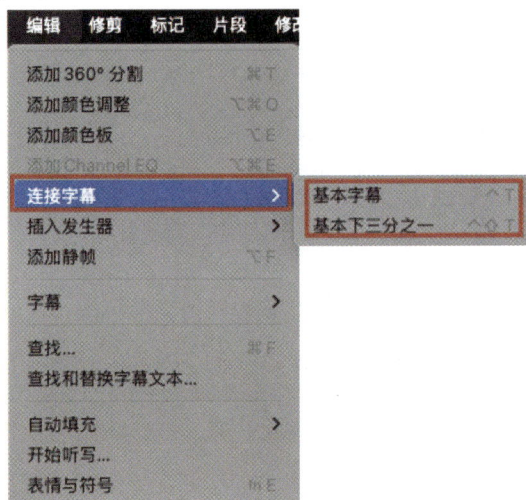

图 3-1

02　将播放指示器移动至需要添加字幕的位置，执行"编辑"｜"连接字幕"｜"基本字幕"命令（快捷键 Control+T），可直接在主要故事情节上方添加紫色的连接字幕，默认持续时间为 10s，如图 3-2 所示，"基本字幕"位于"监视器"画面中间位置，如图 3-3 所示。

图 3-2

图 3-3

03　将播放指示器移动至需要添加字幕的位置，执行"编辑"｜"连接字幕"｜"基本下三分之一"命令（快捷键 Shift+Control+T），可直接在主要故事情节上方添加紫色的连接字幕，默认持续时间为 10s，如图 3-4 所示，"基本下三分之一"位于"监视器"画面左下方位置，如图 3-5 所示。

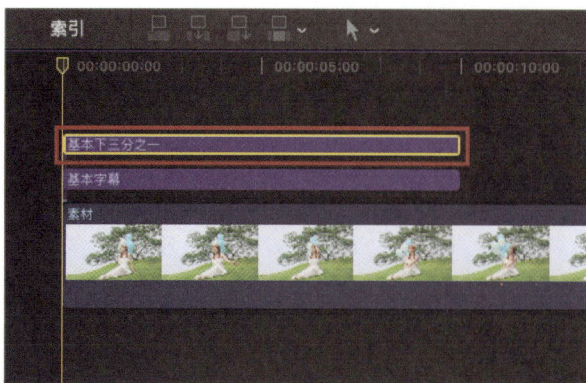

图 3-4

图 3-5

04　在左侧打开"字幕和发生器"窗口，在左侧列表框中选择"字幕"选项，在右侧列表框中，可选择"基本下三分之一"和"基本字幕"选项，如图 3-6 所示。

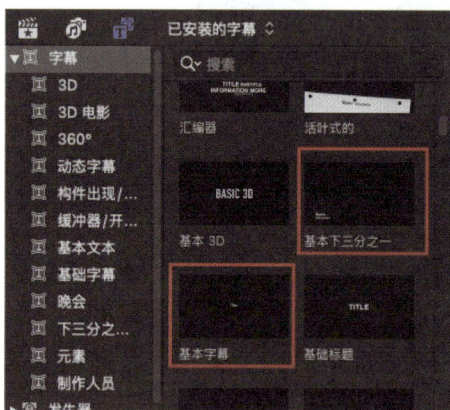

图 3-6

3.1.2　修改文字设置

添加了标题字幕后，如果需要进一步对文字格式与外观属性进行调整，可以在"文本检查器"窗口中进行相关操作，如图 3-7 所示。

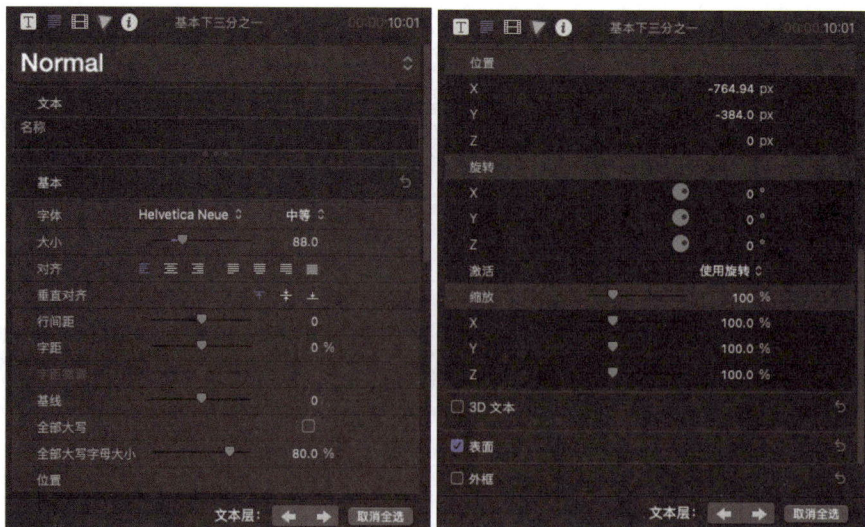

图 3-7

1. 基本格式

在"字幕检查器"窗口的"基本"选项区中，可以对字幕文字进行格式、大小、对齐、行间距等参数或属性的设置。各选项含义具体如下。

- 文本：在文本框中输入需要添加的字幕文字。
- 字体：选择不同的字体样式。
- 大小：左右拖曳滑块可以改变字体的大小，也可以单击滑块后的数字，直接输入数值调整字体大小。
- 对齐：设置文字与行末文字的对齐方式，包括向左对齐、居中对齐和向右对齐。
- 垂直对齐：设置垂直方向文字对齐的方式。
- 行间距：当输入多行文字时，用来设置行与行之间的距离。
- 字距：用来设置字幕文字之间的距离。
- 基线：设置每行文字的基础高度。
- 全部大写：勾选该复选框，可以将输入的英文字幕切换为大写形式。
- 全部大写字母大小：设置大写英文字幕的大小。

2. 3D 格式

启用"3D 文本"功能可以制作出立体感的文本效果。在"字幕检查器"窗口中勾选"3D 文本"复选框，然后单击其右侧的"显示"文本，即可显示"3D 文本"选项区，如图 3-8 所示。在该选项区中可以设置 3D 文本的填充颜色、不透明度、模糊等参数。

3. 表面格式

启用"表面"功能可以为字幕填充颜色效果。在"字幕检查器"窗口中勾选"表面"复选框，然后单击其右侧的"显示"文本，即可显示"表面"选项区中的内容，如图 3-9 所示，在该选项区中可以调整填充颜色、不透明度、模糊等属性。

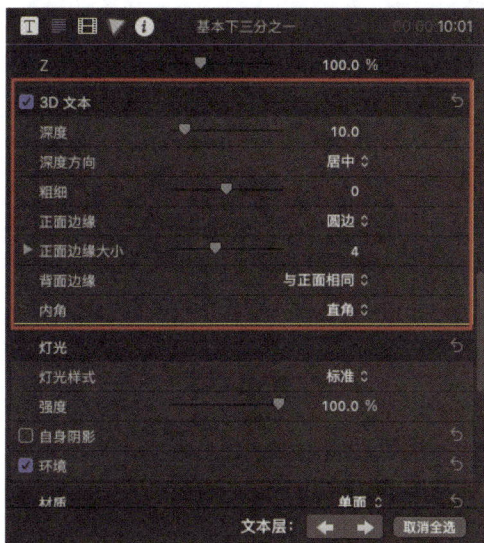

图 3-8

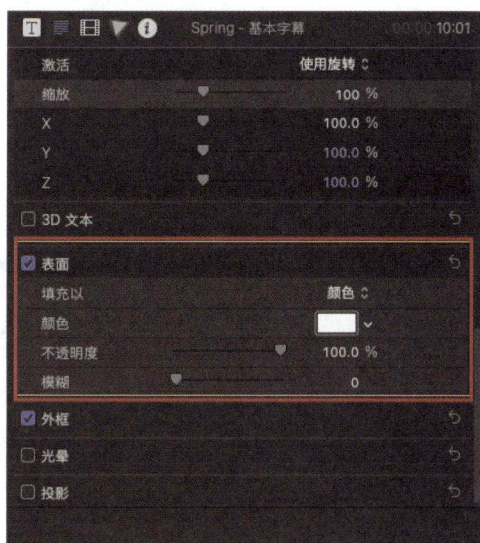

图 3-9

在"表面"选项区中各选项含义如下。

- 填充以：在该列表框中包含"颜色""渐变"和"纹理"3 个选项。选择不同的文字填充形式，可以得到不同的填充效果。
- 颜色：单击颜色块，打开"颜色"对话框，在该对话框中可以选择不同的颜色效果。
- 不透明度：拖曳滑块可以调整文本的透明度显示效果。
- 模糊：拖曳滑块可以调整文本的模糊效果。

4. 外框格式

启用"外框"功能可以为字幕文本添加外边框效果。在"字幕检查器"窗口中勾选"外框"复选框，然后单击其右侧的"显示"文本，即可显示"外框"选项区中的内容，如图 3-10 所示，在该选项区中可以调整填充颜色、不透明度、宽度等属性。

5. 光晕格式

启用"光晕"功能可以为字幕文本添加发光效果，该效果与"外框"效果类似。在"字幕检查器"窗口中勾选"光晕"复选框，然后单击其右侧的"显示"文本，即可显示"光晕"选项区中的内容，如图 3-11 所示，在该选项区中可以设置填充颜色、不透明度、半径等属性。

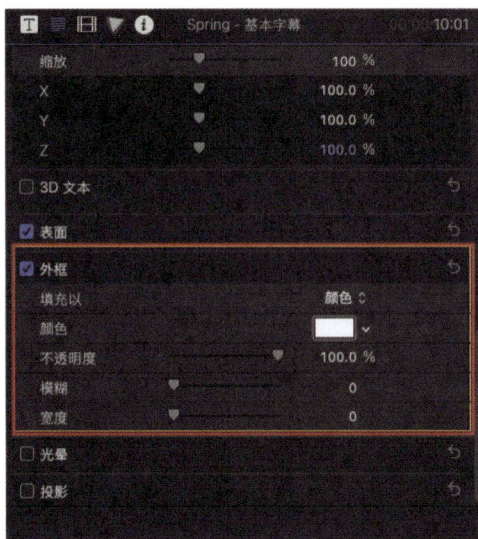

图 3-10

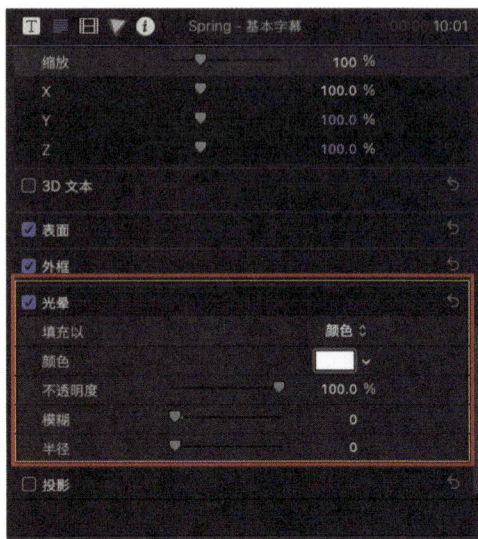

图 3-11

6. 阴影格式

启用"阴影"功能可以为字幕添加阴影效。在"字幕检查器"窗口中勾选"阴影"复选框，然后单击其右侧的"显示"文本，即可显示"阴影"选项区中的内容，如图 3-12 所示。在该选项区中可以设置填充颜色、不透明度、距离、角度等属性。

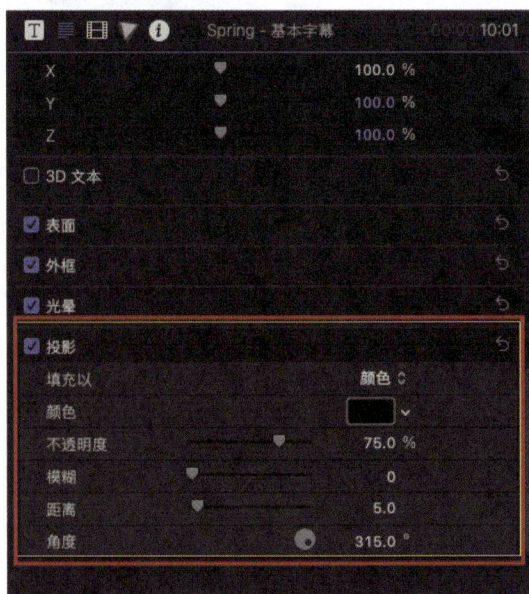

图 3-12

3.1.3　实操：添加开场字幕

在影片开场时，往往会添加开场字幕或影片描述。本小节案例将制作一个开场字幕标题，效果如图3-13所示，下面介绍具体操作方法。

图 3-13

01　创建资源库"3.1"，打开文件"添加开场字幕 .fcpxmld"，将该文件导入至资源库"3.1"中，即可导入事件"3.1.3 实操：添加开场字幕"。打开事件"3.1.3 实操：添加开场字幕"，在事件中导入素材"Dream.mp3""素材 .mp4"，并双击项目"添加开场字幕"，即可在"磁性时间线"窗口看到已添加至轨道中的素材片段。

02　将播放指示器移动至开始位置，按快捷键 Shift+Control+T，添加"基本下三分之一"字幕，如图 3-14 所示。

图 3-14

03　在"监视器"画面中单击"名称"，即可在"文本检查器"窗口中更改文本内容，将"名称"更改为"玉龙雪山"，字体更改为"宋体"，放大至121.0，基线调整至70.0，适当调整文本在画面中的位置，如图 3-15 所示。

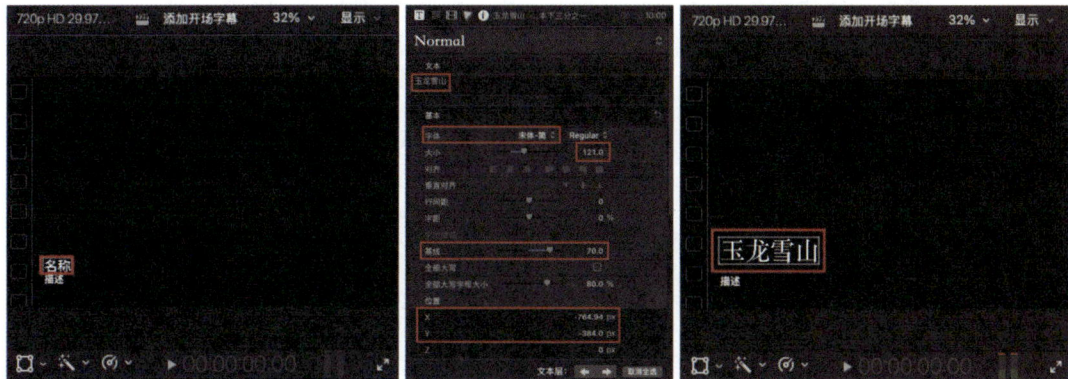

图 3-15

04 在"监视器"画面中单击"描述",将文本更改为"雪域之巅的纳西神话",字体更改为"华文宋体",放大至65.0,适当调整文本在画面中的位置,具体如图3-16所示。

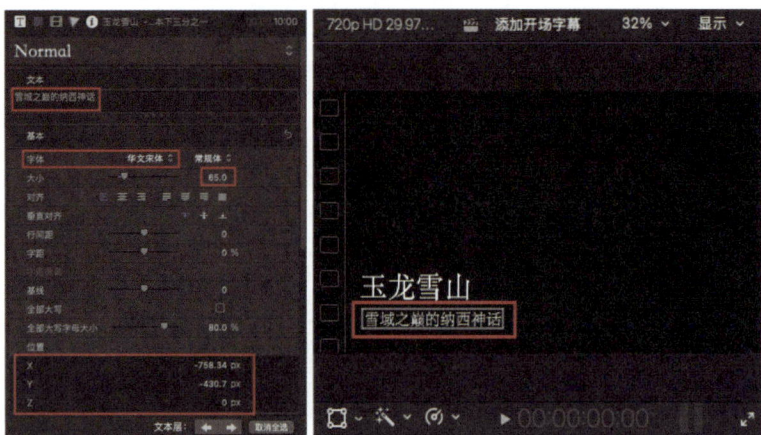

图 3-16

05 完成上述操作后开场字幕即添加完成,为了让字幕与视频片段更加契合,将"淡入淡出到颜色"转场添加至"基本下三分之一"字幕中,如图3-17所示。字幕会自动在首尾添加"淡入淡出到颜色"转场,如图3-18所示。

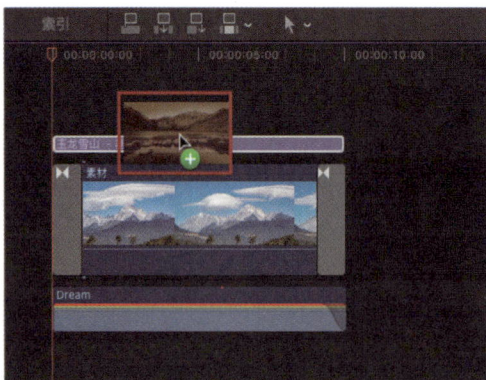

图 3-17

图 3-18

06 单击选中"基本下三分之一"字幕开始的"淡入淡出到颜色"转场,在"转场检查器"中,将"中点"数值更改为21.0,"保持"数值更改为0,如图3-19所示。再选中"基本下三分之一"字幕结尾的"淡入淡出到颜色"转场,在"转场检查器"中,将"中点"数值更改为74.0,"保持"数值更改为15.0,如图3-20所示。

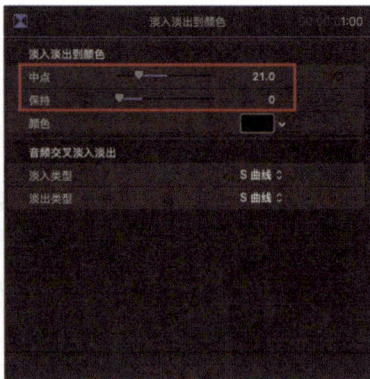

图 3-19

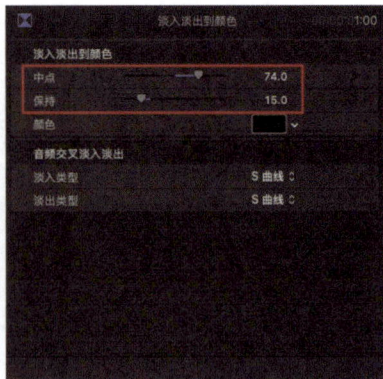

图 3-20

3.1.4　实操：复制字幕

在添加字幕后，如果需要为字幕设置统一的字体格式，可以通过"拷贝"和"粘贴"功能，对字幕进行复制和粘贴操作，然后再对复制后的字幕中的文本内容进行修改。下面介绍具体操作方法。

01　打开文件"复制字幕.fcpxmld"，将该文件导入至资源库"3.1"中，即可导入事件"3.1.4 实操：复制字幕"。打开事件"3.1.4 实操：复制字幕"，在事件中导入素材"窥探.mp3""素材.mp4"，并双击项目"复制字幕"，即可在"磁性时间线"窗口看到已添加至轨道中的素材片段。

02　选中"磁性时间线"窗口中的字幕素材"Tomorrow"，如图 3-21 所示。执行"编辑"｜"拷贝"命令，如图 3-22 所示，或按快捷键 Command+C，即可复制字幕。

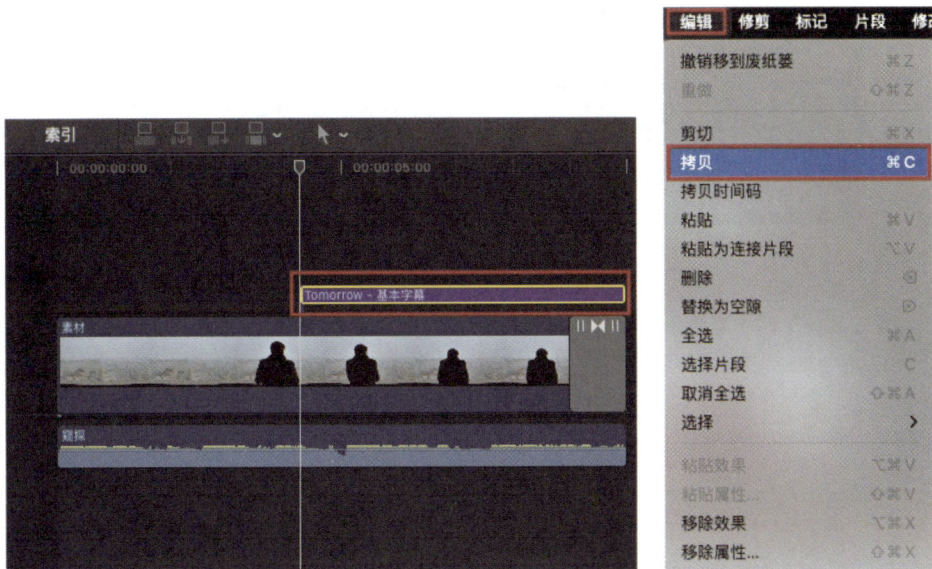

图 3-21　　　　　　　　　　　　　　　　　　图 3-22

03　将播放指示器移动至 00:00:04:08 的位置，执行"编辑"｜"粘贴"命令，或按快捷键 Command+V，即可在字幕素材"Tomorrow"上方轨道中粘贴字幕，如图 3-23 所示。

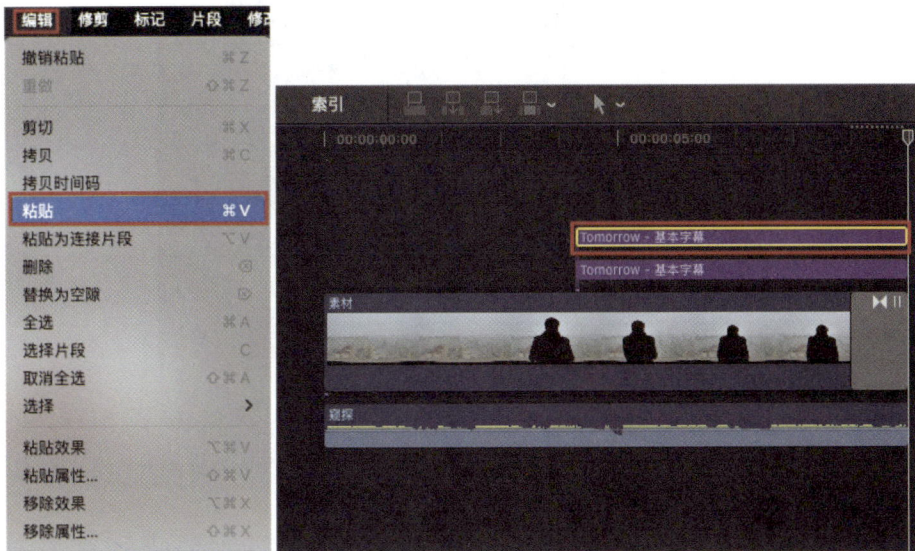

图 3-23

04　在电脑中导入一个有趣的手写体，选中复制字幕"Tomorrow"，在"文本检查器"中将文本内容更改为"没有明天"，选择一个手写体，并调整字幕在画面中的大小和位置，具体如图 3-24 所示。

05 选中字幕素材"Tomorrow"，更改其位置，具体如图 3-25 所示。

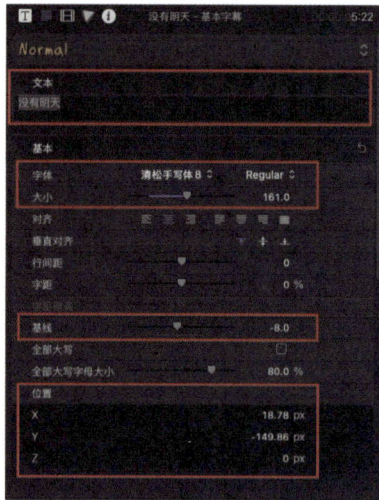
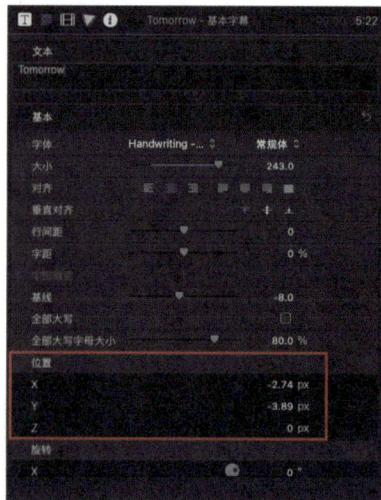

图 3-24　　　　　　　　　　　　　　　图 3-25

> 提示：（1）在剪辑中除了直接复制、粘贴素材，还可以复制素材，粘贴素材的属性。选中字幕素材执
> 行复制命令后，再执行"编辑"|"粘贴属性"命令（快捷键 Shift+Command+V），即可打开"粘
> 贴属性"窗口，选择需要粘贴的属性即可。
> （2）长按 Option 键并长按素材片段，向其他地方拖动，即可直接复制、粘贴素材片段。

3.1.5　实操：设置字幕样式

了解字幕的基本添加方法和复制操作后，本小节案例将添加 Final Cut Pro 中的字幕模板，并设置具体字体样式，效果如图 3-26 所示，下面介绍具体操作方法。

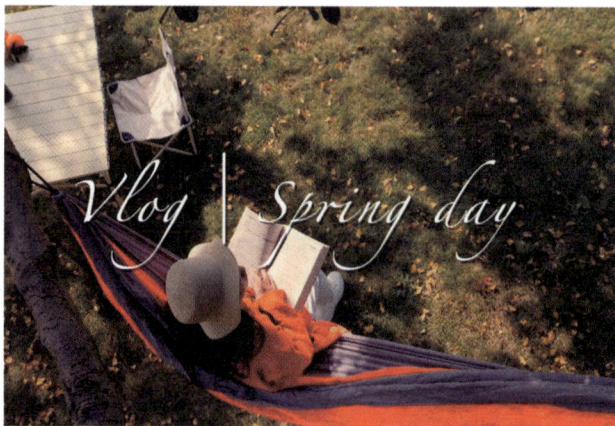

图 3-26

01 打开文件"设置字幕样式 .fcpxmld"，将该文件导入至资源库"3.1"中，即可导入事件"3.1.5 实操：设置字幕样式"。打开事件"3.1.5 实操：设置字幕样式"，在事件中导入本小节案例所有相关素材至"事件浏览器"窗口中。

02 将播放指示器移动至 00:00:04:22，按快捷键 Control+T 在主要故事情节上方轨道中创建"基本字幕"，单击"基本字幕"，在"文本检查器"窗口中输入文本内容"Vlog | Spring day"，选择一个书法英文字体，将大小数值更改为 94.0，字间距数值更改为 10.67%，如图 3-27 所示。

03 在"位置"选项框中调整字体位置和大小，具体数值如图 3-28 所示。

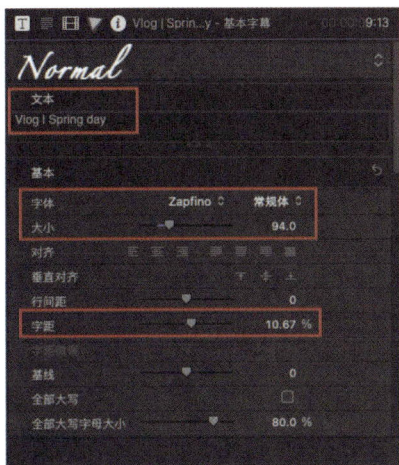

图 3-27

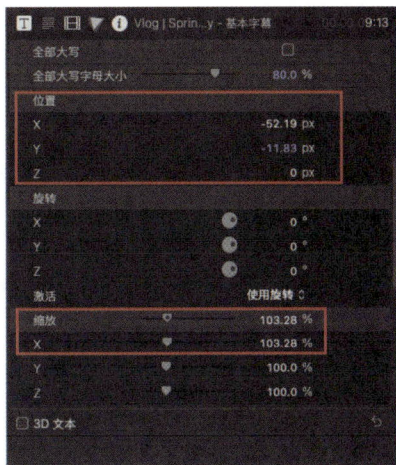

图 3-28

04　"表面"复选框一般默认勾选，展开"表面"选项框，设置字体颜色为白色，如图 3-29 所示。

05　勾选"投影"复选框，为文字添加阴影，颜色为黑色，不透明度为 73.25%，距离为 8.0，角度为 315.0°，如图 3-30 所示。

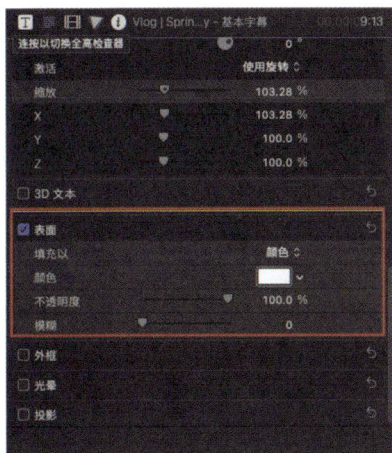

图 3-29

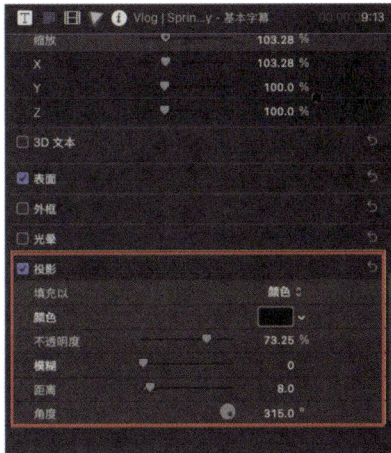

图 3-30

拓展案例：制作字幕倒影

分析

本例讲解字幕倒影的操作方法，最终效果如图 3-31 所示。

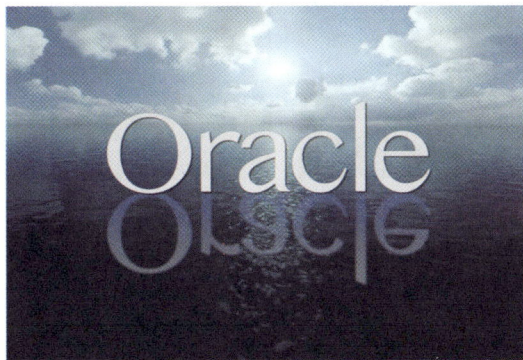

图 3-31

67

难度：★★

相关文件：第 3 章 \3.1\ 拓展案例 \ 制作字幕倒影

在线视频：第 3 章 \3.1\ 拓展案例 \ 制作字幕倒影 .mp4

本例知识点

• 创建字幕 "Oracle"，并设置文字基本参数后，在上方轨道复制、粘贴，在 "效果浏览器" 窗口中将 "镜像" 效果添加至轨道 2 中的字幕 "Oracle" 中。

• 添加完 "镜像" 效果后，选中轨道 2 中的字幕 "Oracle"，打开 "视频检查器" 窗口，并调节 "镜像" 效果角度数值为 90.0°，轨道 2 中的字幕 "Oracle" 将会出现垂直镜像效果。

• 将轨道 2 中的字幕 "Oracle" 的 "表面" 颜色设置为 "渐变"，将会自动生成蓝色渐变效果，并将不透明度数值调整至 49.3%。

• 将轨道 3 中的字幕 "Oracle" 的 "表面" 颜色设置为纯白色，并勾选 "投影" 复选框，让文字更立体。

3.2 学会调色，让普通画面变高级

Final Cut Pro 具备直观高效的调色体系。在调色过程中，调整色彩平衡、对比度和色温，既能校正画面色彩偏差，又能营造不同氛围，提升画面视觉效果。使用者可借助其内置的色彩校正工具、滤镜、颜色板预置快速实现从普通画面到高级影像的转变。

3.2.1 视频滤镜的应用

Final Cut Pro 的视频效果浏览器中包含丰富的滤镜效果，用户可以自行选择滤镜，将其应用到视频项目中。滤镜功能颇多，不仅可以修改视频的色彩，还可以为视频添加遮罩、边框和灯光效果。下面将讲解在 Final Cut Pro 中添加滤镜的方法。

1. 添加单一滤镜效果

在 Final Cut Pro 工作界面执行 "窗口" ｜ "在工作区中显示" ｜ "效果" 命令，或按快捷键 Command+5，或单击 "磁性时间线" 窗口右上方的 "显示或隐藏效果浏览器" 按钮，即可打开 "效果浏览器" 窗口。在 "效果浏览器" 窗口中选择需要添加的滤镜效果，如图 3-32 所示，长按鼠标左键并进行拖曳，将效果放置到轨道上的视频片段中。在添加效果的过程中，鼠标指针右下角会出现绿色圆形标记 ⊕，此处选择的视频片段处于高亮状态，如图 3-33 所示。

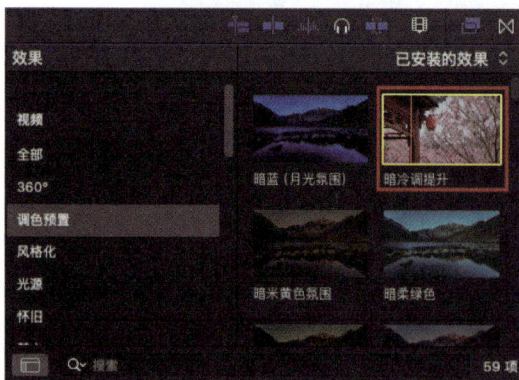

图 3-32

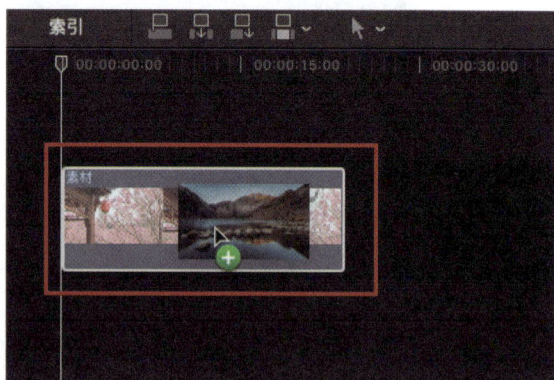

图 3-33

释放鼠标左键，即可完成单一滤镜效果的添加。添加滤镜效果 "暗冷调提升" 的效果对比图如图 3-34 所示。

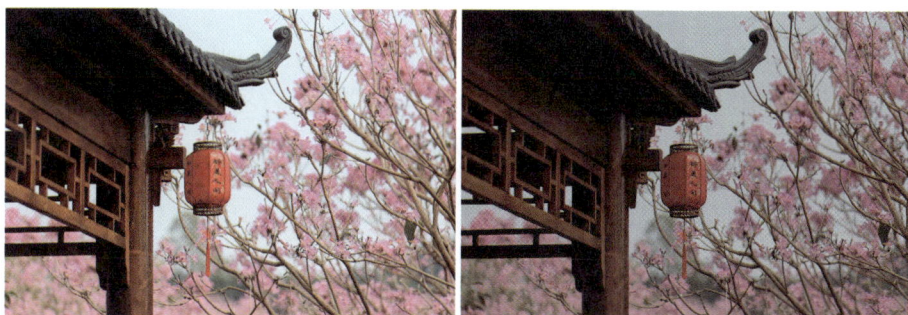

图 3-34

2. 添加多个滤镜效果

在进行视频的编辑时，为了增强视频片段的质感，并实现视觉效果的最大化，往往会为某一个片段添加多个滤镜效果。在"效果浏览器"窗口中分别选择多个滤镜效果，按住鼠标左键并进行拖曳，将选中的滤镜分别添加至轨道中的同一素材片段中。添加多个效果后，选中素材片段，在"视频检查器"窗口的"效果"选项区中将显示多个滤镜效果，如图 3-35 所示，长按可调节滤镜效果的顺序。

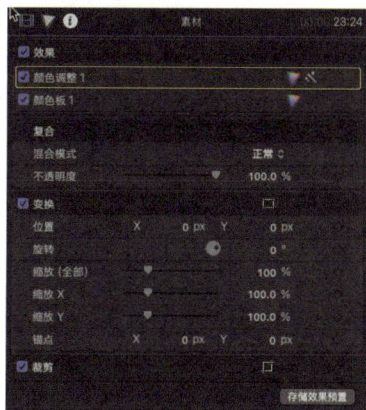

图 3-35

3. 删除与隐藏滤镜效果

添加滤镜效果后，如果对某些滤镜效果所产生的画面效果不满意，可以将该滤镜效果删除或隐藏。

在"视频检查器"窗口的"效果"选项区中选择需要删除的滤镜效果，按 Delete 键，即可将该滤镜效果删除。如果要隐藏滤镜效果，则可以在"视频检查器"窗口的"效果"选项区中取消勾选滤镜左侧的复选框，如图 3-36 所示。如果需要恢复滤镜效果的显示，勾选被隐藏的滤镜效果左侧复选框即可。

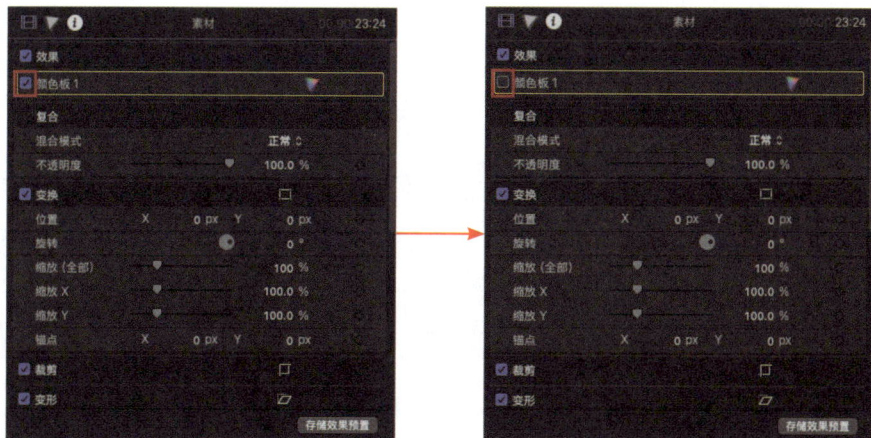

图 3-36

4. 为多个片段添加滤镜效果

在进行视频编辑时，为了使画面效果（镜头组镜）统一，需要为多段视频素材添加相同的滤镜效果。在"磁性时间线"窗口中框选多个视频片段，然后在"效果浏览器"窗口中双击要添加的滤镜效果即可。

5. 复制与粘贴片段属性

在为视频片段添加相同的滤镜效果后，需要调整滤镜效果下相关参数，但如果逐个进行调整，要花费较多时间，所以我们可以通过粘贴属性功能，复制到其他片段上。这样不仅能保证画面效果的统一，还能节省大量时间。

在轨道中选中素材片段，按快捷键 Command+C 复制。再选中需要添加滤镜效果的素材片段，执行"编辑" | "粘贴属性"命令，如图 3-37 所示，或按快捷键 Shift+Command+V，打开"粘贴属性"对话框，在对话框中勾选滤镜效果复选框，单击"粘贴"按钮，如图 3-38 所示。

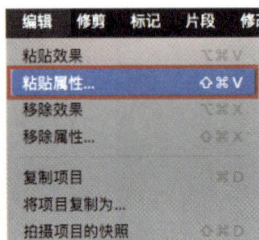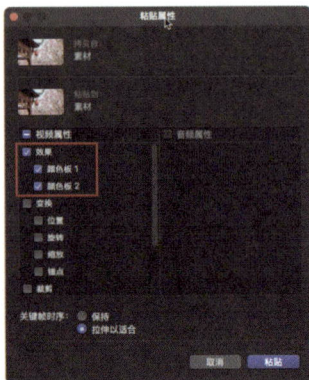

图 3-37　　　　　　　　图 3-38

"粘贴属性"对话框各选项含义如下。

· "视频属性"列表框：该列表框中包含效果、变换、裁剪、变形等视频属性，勾选对应的复选框，可应用对应的视频属性。

· "音频属性"列表框：该列表框中包含各种音频属性。

· "保持"单选按钮：选中该单选按钮，可以确保关键帧之间的时间长度不变。

· "拉伸以适合"单选按钮：选中该单选按钮，可以按事件调整关键帧以匹配目标片段的时间长度。

3.2.2　手动色彩校正

手动色彩校正是"一级色彩校正"功能中的一个方法，解决画面中对比度、饱和度和曝光度的问题。在"检查器"窗口左上方单击"显示颜色检查器"按钮 ◼️，即可切换至"颜色检查器"窗口，在"颜色检查器"窗口中可以对画面中的颜色、饱和度及曝光进行调节，单击上方的"颜色""饱和度""曝光"按钮，可以在各选项卡之间进行切换，如图 3-39 所示。

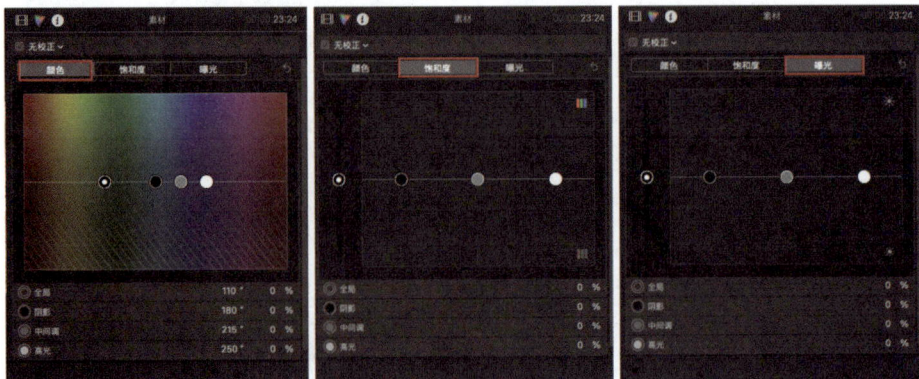

图 3-39

在"颜色检查器"窗口中进行参数调整时，需注意以下几点。

·画面的颜色通常由三原色组成，分别为红色、绿色和蓝色。三原色中的任意两种颜色混合后会出现黄色、品红色和青色。

·饱和度用于调整画面的鲜艳程度。饱和度越低，画面越接近黑白效果。

·曝光度是指画面的亮度。当画面的亮度为 100% 时，即最高亮度，画面显示为白色。而当亮度为 0 时，画面显示为黑色。

·同一视频片段中，用户可通过选择"+ 颜色板"选项添加多个色彩校正，如图 3-40 所示。添加了多个色彩校正后，可在列表中对颜色板进行切换。

图 3-40

3.2.3　添加蒙版

Final Cut Pro 在"颜色检查器"窗口中带有蒙版功能，通过添加蒙版的方式对画面的特定区域或特定颜色范围进行调整，且不会影响蒙版外的画面效果。

1. 添加形状蒙版

使用"形状蒙版"功能可以定义图像中的某个区域，以便在该区域内部或外部应用色彩校正。在添加形状蒙版效果时，不仅可以添加单个或多个形状蒙版定义多个区域，也可以使用关键帧将这些形状制作成动画，使它们在摄像机摇动时跟随移除的对象或区域移动。

选中"磁性时间线"窗口中素材片段，在"颜色检查器"窗口中添加"颜色版 1"，接着在"颜色版 1"选项区中，单击"应用形状、颜色或磁性蒙版，或者反转应用的蒙版"按钮，展开列表框，单击"添加形状蒙版"选项，如图 3-41 所示，即可添加形状蒙版。在"监视器"窗口中将显示同心圆形状，在同心圆形状的控制点上，按住鼠标左键进行拖曳，可以调整同心圆形状的大小和形状，如图 3-42 所示。用户可以根据需要进行色彩校正的区域添加多个形状蒙版，如图 3-43 所示。

图 3-41

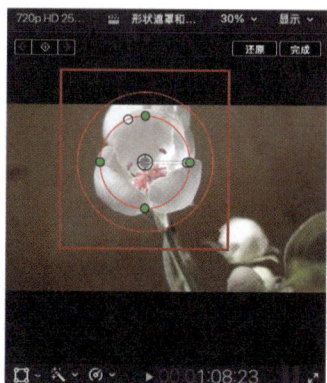

图 3-42

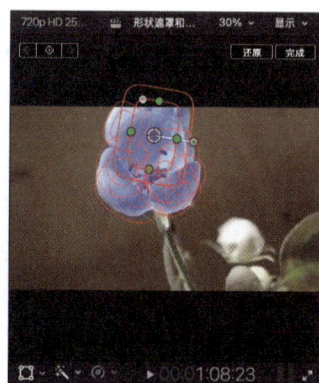

图 3-43

最终效果对比如图 3-44 所示。

图 3-44

2. 添加颜色蒙版

使用"颜色蒙版"功能可以隔离图像中的特定颜色，并在校正特定颜色时，或在校正图像区域部分时排除该颜色。与形状蒙版不同的是，颜色蒙版是对特定颜色的修改，无须添加关键帧对特定物体进行跟踪。

选中"磁性时间线"窗口中素材片段，在"颜色检查器"窗口中添加"色轮 1"，接着在"色轮 1"选项区中，单击"应用形状、颜色或磁性蒙版，或者反转应用的蒙版"按钮 ，展开列表框，单击"添加颜色蒙版"选项，如图 3-45 所示。操作完成后，在"颜色检查器"窗口下方显示"颜色蒙版"选项框，如图 3-46 所示。在"颜色蒙版"选项框中可选择两种类型"3D"和"HSL"，默认为类型为"3D"，展开"3D"右侧下拉表，可切换类型，如图 3-47 所示。

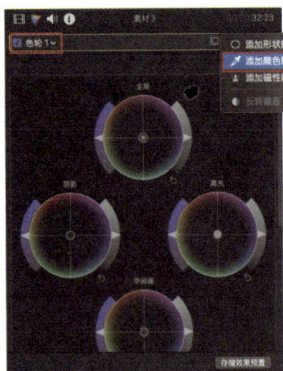
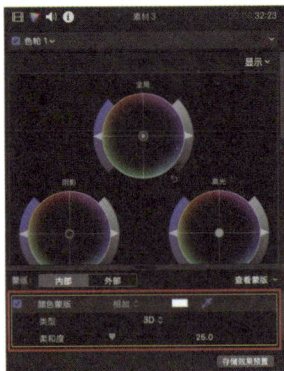
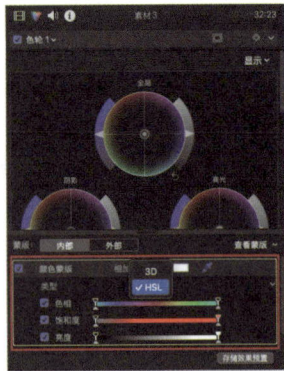

图 3-45   图 3-46   图 3-47

在"色轮 1"选项窗口中拖动圆形滑块设置画面颜色，并更改"色温""色相""色调"等数值，然后在"颜色蒙版"选项框中，单击"打开或关闭颜色蒙版屏幕控制"按钮 ，鼠标指针将呈滴管状态，在"监视器"窗口中，将滴管放在图像中要隔离的颜色上并单击，即可选定颜色，并对该颜色进行单独修改，如图 3-48 所示。在"颜色蒙版"选项框中调整"柔和度"数值可扩大颜色蒙版范围，如图 3-49 所示。

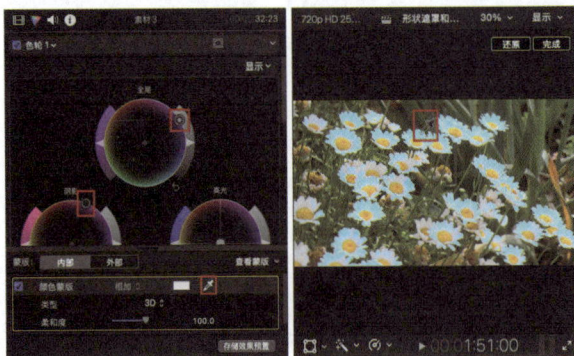
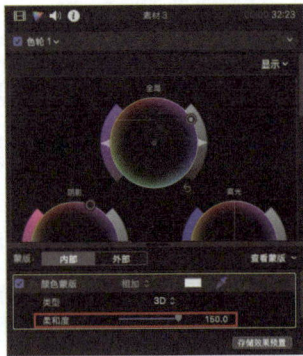

图 3-48   图 3-49

最终效果如图 3-50 所示。

图 3-50

用户还可通过单击"打开或关闭颜色蒙版屏幕控制"按钮 ，在"监视器"窗口中长按并拖曳，显示一个圆圈，释放鼠标左键后，即可选择部分颜色，并对整体画面进行调色，与单击颜色相比，整体画面要更加和谐，如图 3-51 所示。

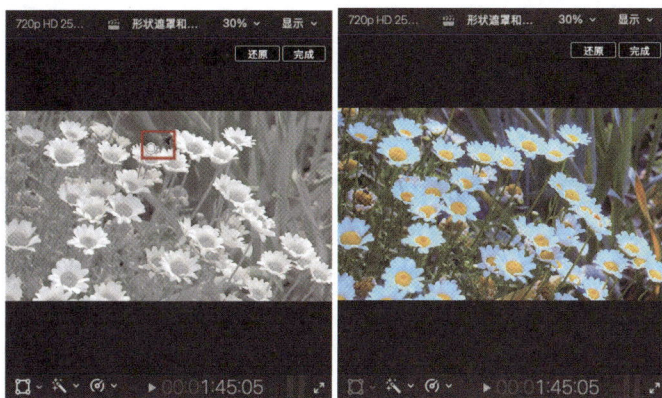

图 3-51

3. 添加磁性蒙版

磁性蒙版是 Final Cut Pro 于 2024 年底随着新版本 11.0.1 一同推出的新功能，在 Final Cut Pro 中磁性蒙版主要用于将人物、物体和形状从任意视频素材中分离出来，同时在"颜色检查器"中还可以对特定的物体和区域进行颜色更改。

选中"磁性时间线"窗口中素材片段，在"颜色检查器"窗口中添加"颜色板 1"，接着在"颜色板 1"选项区中，单击"应用形状、颜色或磁性蒙版，或者反转应用的蒙版"按钮 ，展开列表框，单击"添加磁性蒙版"选项，操作完成后，在"颜色检查器"窗口下方显示"磁性蒙版"选项框，如图 3-52 所示。同时鼠标指针呈水滴状，在"监视器"窗口中单击需要更改的区域，即可自动进行框选，如图 3-53 所示，

图 3-52

图 3-53

在"监视器"窗口中单击"通过笔刷从蒙版移除"按钮，即可在画面中将选中的多余区域删除，单击"通过笔刷添加到蒙版"按钮，即可添加区域，如图 3-54 所示。

框选出区域后，在"颜色"选项框中移动"全局"滑块进行颜色调整，并根据"监视器"窗口中画面内容调整羽化值，如图 3-55 所示。

 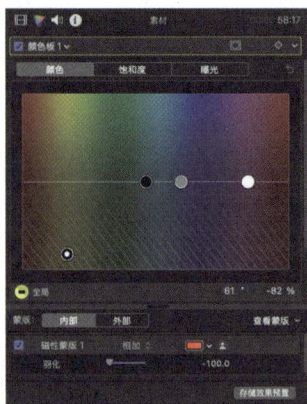

图 3-54 　　　　　　　　　　　　图 3-55

最终效果对比如图 3-56 所示。

图 3-56

3.2.4　实操：匹配画面色彩

使用"匹配颜色"功能可以将多个剪辑片段的色调调整一致，效果如图 3-57 所示，下面介绍匹配片段颜色的具体操作方法。

匹配画面　　　　　　　　　原图　　　　　　　　　调色后

图 3-57

01　创建资源库"3.2"，打开文件"匹配画面色彩 .fcpxmld"，将其导入至资源库"3.2"中，此时会导入事件"3.2.4 实操：匹配画面色彩"。打开该事件，在其中导入本小节案例相关素材，然后双击项目"匹配画面色彩"，即可在"磁性时间线"窗口看到已添加至轨道中的素材片段。

02　将播放指示器移动至 00:00:18:17 的位置，选中"素材 3.mp4"，如图 3-58 所示，在"监视器"窗口下方单击"选取颜色校正和音频增强选项"按钮 ，打开下拉框，选择"匹配颜色"（快捷键

Option+Command+M），如图 3-59 所示，即可在"监视器"窗口中打开"匹配颜色"窗口，如图 3-60 所示。

图 3-58　　　　　　　　　　　　图 3-59　　　　　　　　　　　　图 3-60

03　打开"匹配颜色"窗口后，指针会显示为摄像机 ，将鼠标指针移动至轨道中"素材 2.mp4"任意位置，单击"应用匹配项"按钮，即可为"素材 3.mp4"匹配"素材 2.mp4"画面色彩，如图 3-61 所示。

图 3-61

3.2.5　实操：手动校正画面色彩

手动校正画面色彩是突破自动调色工具局限的核心技能。本小节将逐步演示如何通过颜色板掌握基础手动调色，效果如图 3-62 所示，下面介绍具体操作方法。

图 3-62

01　打开文件"手动校正画面色彩 .fcpxmld"并将其导入资源库"3.2"中，从而导入事件"3.2.5 实操：手动校正画面色彩"。打开事件"3.2.5 实操：手动校正画面色彩"，导入相关素材，双击项目"手动校正画面色彩"，即可在"磁性时间线"窗口查看已添加至轨道中的素材片段。

02　选中"素材 .mp4"，打开"颜色检查器"，添加"颜色板 1"，如图 3-63 所示。

03　在"颜色"选项框中，调整"全局"数值至 114°　-9%，"阴影"数值调整至 187°　2%，"中间调"数值调整至 265°　16%，"高光"数值调整至 291°　10%，如图 3-64 所示。

04 在"饱和度"选项框中,"全局"数值调整为41%,"阴影"数值调整为11%,"中间调"数值调整为14%,"高光"数值调整为45%,如图3-65所示。

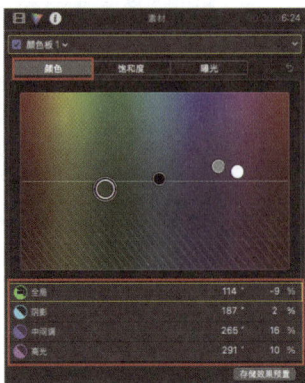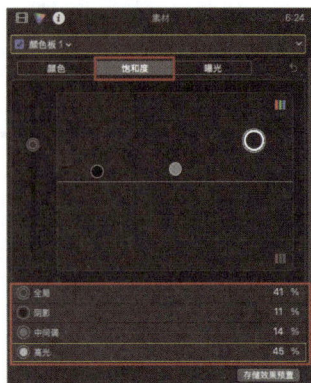

图 3-63   图 3-64   图 3-65

3.2.6 实操:利用色轮和曲线调色

色轮与曲线是 Final Cut Pro 实现精细调色的核心工具。本节将通过色轮和曲线制作小清新人像调色效果,如图3-66所示,下面介绍具体操作方法。

图 3-66

01 打开文件"利用色轮和曲线调色 .fcpxmld"并将其导入资源库"3.2"中,从而导入事件"3.2.6 实操:利用色轮和曲线调色"。打开事件"3.2.6 实操:利用色轮和曲线调色",导入相关素材,双击项目"利用色轮和曲线调色",即可在"磁性时间线"窗口查看已添加至轨道中的素材片段。

02 选中"素材 .mp4",打开"颜色检查器",添加"颜色曲线 1",如图3-67所示。

03 "颜色曲线 1"分为"亮度""红色""绿色""蓝色"曲线,在各个曲线中的线上单击即可添加锚点,绘制曲线。本小节曲线绘制如图3-68所示,勾选"保留亮度"复选框。

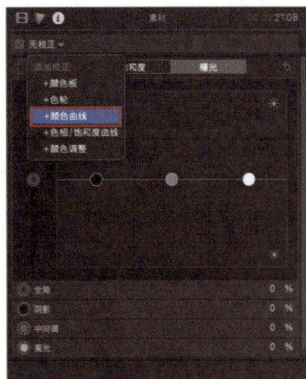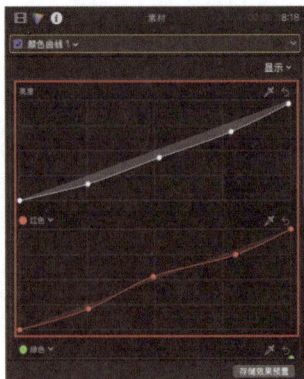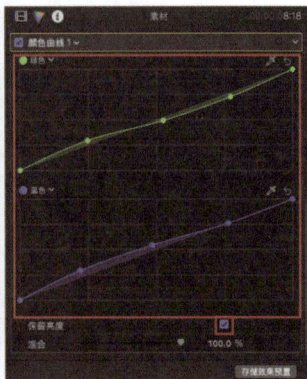

图 3-67   图 3-68

04　展开"颜色曲线 1"列表框，添加"色轮 1"，如图 3-69 所示、

05　"色轮"分为"全局""阴影""中间调""高光"，如图 3-70 所示。

06　单击"显示"右侧三角形，即可展开"显示"列表框，可切换至"单调节轮"显示，如图 3-71 所示。

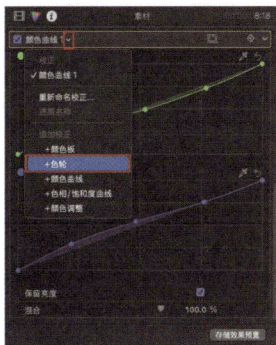
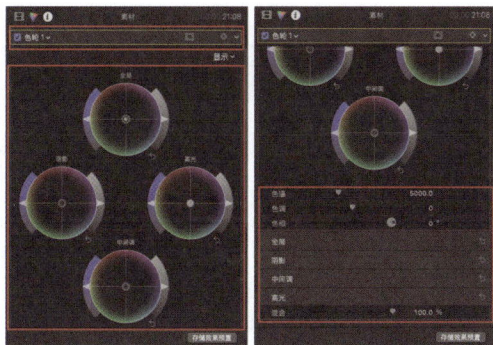
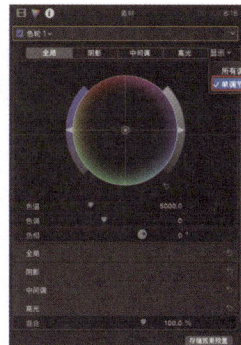

图 3-69　　　　　　　　　　　　　图 3-70　　　　　　　　　　　　　图 3-71

07　在"全局"色轮中，"颜色"选项，"G"调整为 6，"B"调整为 18，"饱和度"数值调整为 1.09，"亮度"调整为 +0.05，如图 3-72 所示。

08　在"阴影"色轮中，"颜色"选项，"R"调整为 17，"G"调整为 23，"饱和度"数值调整为 1，如图 3-73 所示。

09　在"中间调"色轮中，"颜色"选项，"R"调整为 17，"B"调整为 13，"饱和度"数值调整为 0.86，如图 3-74 所示。

10　在"高光"色轮中，"颜色"选项，"G"调整为 3，"B"调整为 3，"饱和度"数值调整为 1.13，"亮度"数值为 -0.01，如图 3-75 所示。

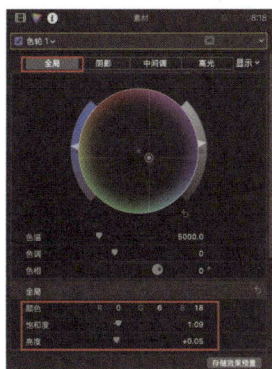
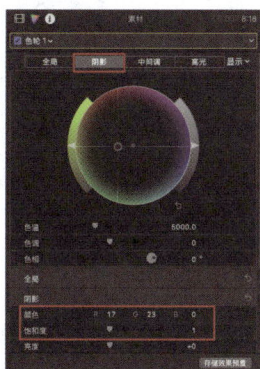
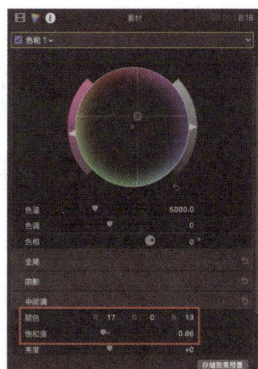
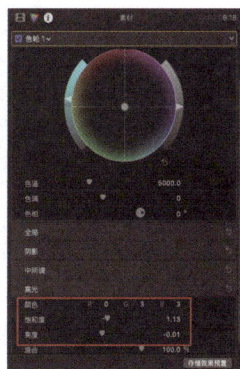

图 3-72　　　　　　　　图 3-73　　　　　　　　图 3-74　　　　　　　　图 3-75

11　除了用"颜色曲线"进行曲线调整，我们还可以添加"色相 / 饱和度曲线 1"对素材片段进行更精细调色，如图 3-76 所示。

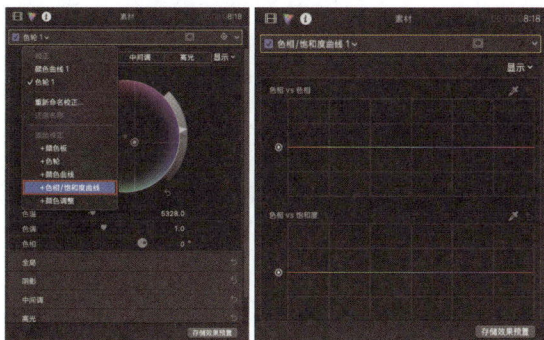

图 3-76

12　单击"色相 VS 色相"中的"吸管"按钮，如图 3-77 所示，可在"监视器"画面中单击需要更改的、以气球为代表的蓝色，如图 3-78 所示，即可在"色相 vs 色相"曲线中出现 3 个点，如图 3-79 所示。

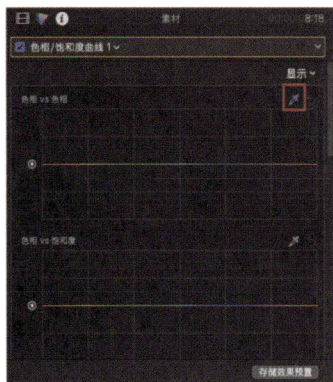

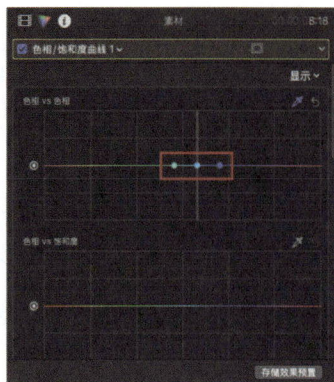

图 3-77　　　　　　　　　　　　图 3-78　　　　　　　　　　　　图 3-79

13　将中间的锚点向下移动，如图 3-80 所示。根据上述方法，在"监视器"画面中吸取树木绿色和人物皮肤肉色，并进行微调，如图 3-81 所示。

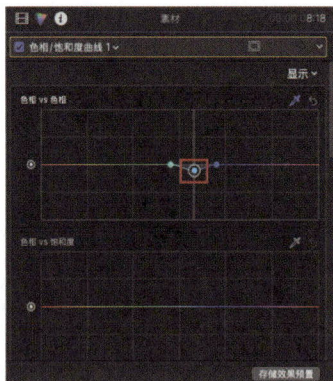
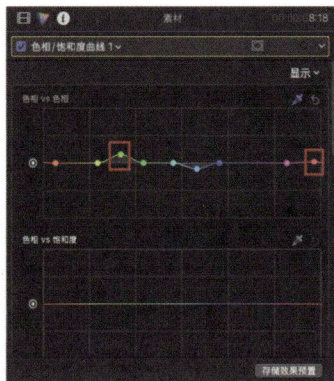

图 3-80　　　　　　　　　　　　图 3-81

14　根据上述方法调整"色相 vs 饱和度"曲线、"色相 vs 亮度"，并适当整体向上调整"绿色 VS 饱和度"直线，具体如图 3-82 所示。

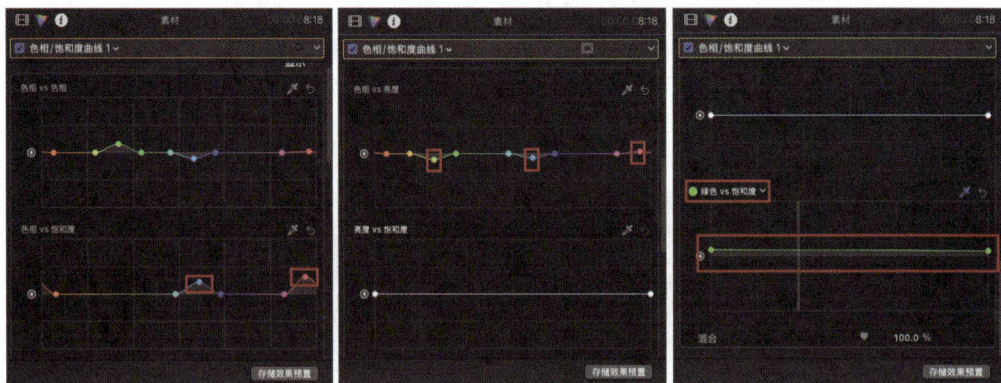

图 3-82

提示："绿色 vs 饱和度"曲线分为多个颜色曲线，用户单击选项右侧小三角打开列表框，进行选择切换即可。

3.2.7　实操：制作画面褪色效果

在 Final Cut Pro 中，用户可以通过添加颜色蒙版，对特定颜色进行调整。本小节将为花朵制作颜色褪色效果，效果如图 3-83 所示，下面介绍具体操作方法。

图 3-83

01　打开文件"制作画面褪色效果 .fcpxmld"并将其导入资源库"3.2"中，从而导入事件"3.2.7 实操：制作画面褪色效果"。打开事件"3.2.7 实操：制作画面褪色效果"，导入相关素材，双击项目"制作画面褪色效果"，即可在"磁性时间线"窗口查看已添加至轨道中的素材片段。

02　选中"素材 .mp4"，在"颜色检查器"窗口中添加"颜色版 1"，如图 3-84 所示。然后在选项区中，单击"应用形状、颜色或磁性蒙版，或者反转应用的蒙版"按钮 ▣，添加"颜色蒙版"如图 3-85 所示。

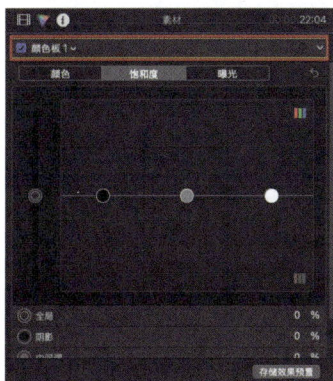
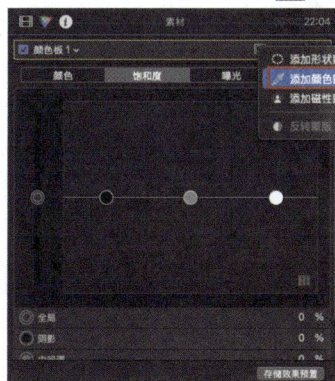
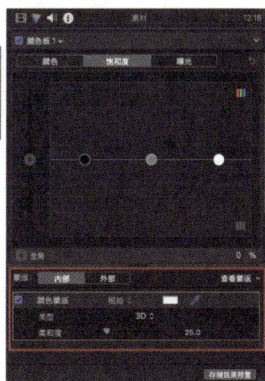

图 3-84　　　　　　　　　　　　　　　　　　　　　　　图 3-88

03　在"饱和度"选项框中，将"全局"数值调整为 –100%，如图 3-86 所示，然后单击"打开或关闭颜色蒙版屏幕控制"按钮 ✎，在"监视器"窗口中长按并拖曳，选择花朵颜色，如图 3-87 所示，松开即可将花朵部分颜色变为黑白，如图 3-88 所示。

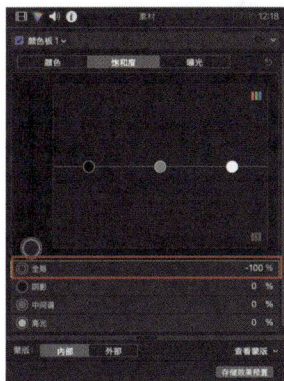

图 3-86　　　　　　　　　　　图 3-87　　　　　　　　　　　图 3-88

04　完成上述操作后，在"颜色检查器"窗口中将"颜色蒙版"选项中"柔和度"数值更改为 0，如图 3-89 所示。

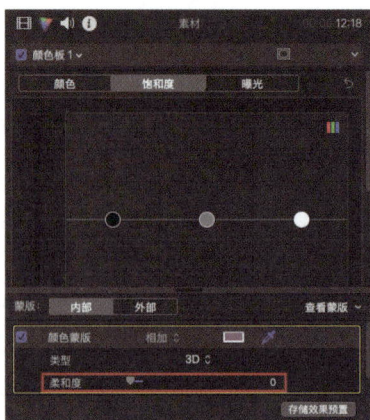

图 3-89

3.2.8　实操：为视频特定区域调色

在 Final Cut Pro 中，用户可以通过添加磁性蒙版对特定区域进行调色，可以让画面颜色更加自然。本小节将对莲花短片进行调色，效果如图 3-90 所示，下面介绍具体操作方法。

图 3-90

01　打开文件"为视频特定区域调色 .fcpxmld"并将其导入资源库"3.2"中，从而导入事件"3.2.8 实操：为视频特定区域调色"。打开事件"3.2.8 实操：为视频特定区域调色"，导入相关素材，双击项目"为视频特定区域调色"，即可在"磁性时间线"窗口查看已添加至轨道中的素材片段。

02　选中"素材 .mp4"，添加"色轮 1"，并添加"磁性蒙版"如图 3-91 所示，在"监视器"窗口中框选出莲花，如图 3-92 所示。

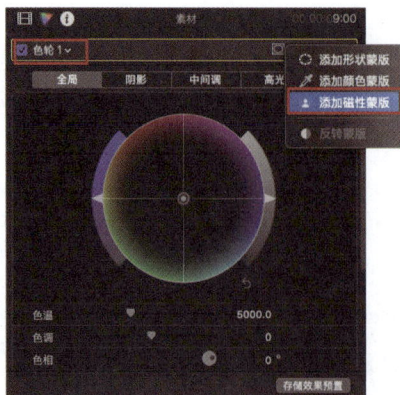

图 3-91

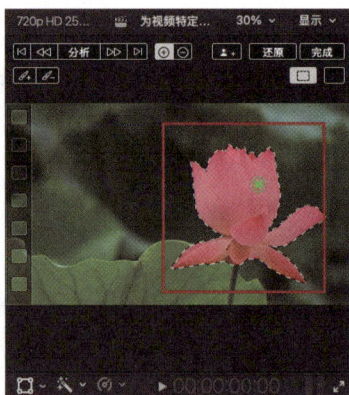

图 3-92

03　在"监视器"窗口中，单击"分析"按钮，AI 磁性分析完成后，如图 3-93 所示，即可对轨道中整个"素材 .mp4"片段中的莲花添加蒙版。

图 3-93

04　打开"颜色检查器"窗口，将"色温"数值更改为 6140.0，"色调"数值更改为 5.0，"色相"数值更改为 5.0°；在"全局"选项中，将"颜色"选项中 R 值更改为 22，G 值更改为 15，B 值更改为 5，"饱和度"数值更改为 1.17，"亮度"数值更改为 –0.04；在"阴影"选项中，将"颜色"选项中 R 值更改为 24，B 值更改为 9，"饱和度"数值更改为 1。具体数值如图 3-94 所示。

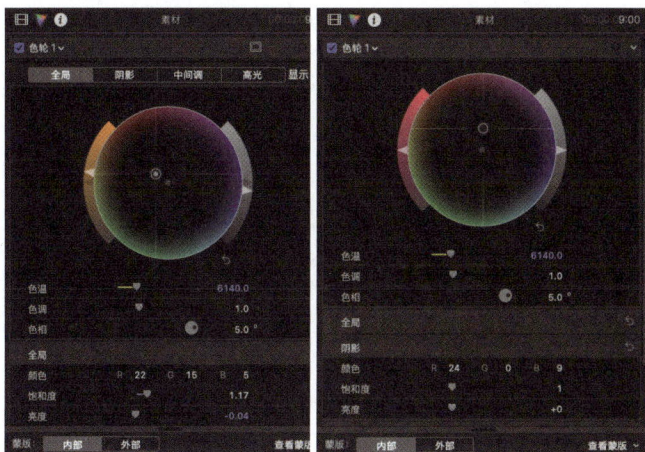

图 3-94

拓展案例：小清新人像调色

分析

本例讲解小清新人像调色的操作方法，最终效果如图 3-95 所示。

图 3-95

难度：★★★

相关文件：第 3 章 \3.2\ 拓展案例 \ 小清新人像调色

在线视频：第 3 章 \3.2\ 拓展案例 \ 小清新人像调色 .mp4

本例知识点

•首先添加"颜色曲线 1"，在"颜色曲线 1"选项区中根据画面实际情况对整体进行调节，主要将画面亮度稍微调低，突出人物，将人物面部调整得更加粉嫩。

• 再添加"色相/饱和度曲线 1"，在"色相/饱和度曲线 1"中，调整画面中绿树、花朵色相，让绿树更绿，花朵更粉，同时调高"绿色""粉色"饱和度。

• 将画面中人物面部的亮度调高，压低背景天空的亮度，突出人物。

3.3 视频抠像与合成，秒变技术流

在制作视频效果时，仅依靠转场、字幕、调色效果，是无法实现视频画面效果最大化的。我们可以通过制作多个画面合成的方法让视频更加丰富、更生动有趣。Final Cut Pro 11.0 版本中对视频抠像功能进行更改，由之前的"抠像器"和"亮度抠像器"两种抠像功能，扩展至 10 种抠像、蒙版和遮罩功能，如图 3-96 所示。本节内容将详细介绍 Final Cut Pro 中视频抠像与合成的方法。

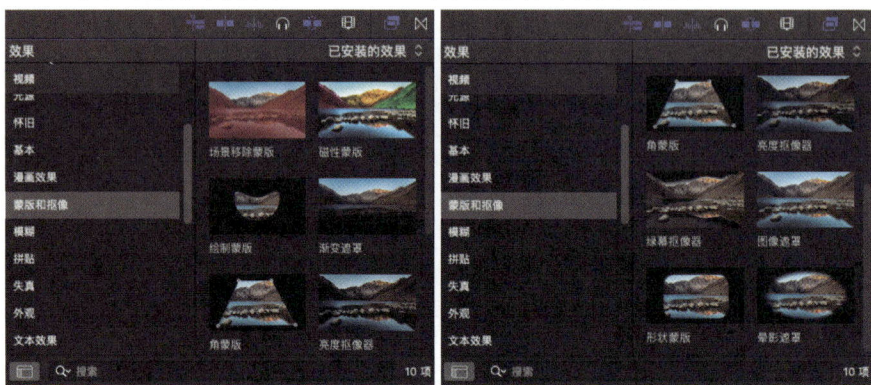

图 3-96

3.3.1 蒙版

Final Cut Pro 11.0 版本中增加蒙版功能，其中包括"场景移除蒙版""磁性蒙版""绘制蒙版""角蒙版""形状蒙版"，本节将重点讲解常用蒙版。

1. 磁性蒙版

"磁性蒙版"是 Final Cut Pro 在 2024 年基于 AI 算法推出的自动识别蒙版。它能自动识别主体边缘，精准分离画面元素。使用时只需粗略勾勒对象轮廓，它便自动吸附边缘完成选区。优势在于大幅提升抠图效率与精度，减少手动逐帧调整，且支持动态跟踪，适用于复杂场景，让视频合成、特效制作更便捷高效。在"效果浏览器"|"蒙版和抠像"选项中即可找到并添加"磁性蒙版"，如图 3-97 所示。在"监视器"窗口中单击"选取颜色校正和音频增强选项"按钮，执行"添加磁性蒙版"（快捷键 Option+Command+M）命令，即可打开"磁性蒙版"窗口，如图 3-98 所示。

图 3-97

图 3-98

打开"磁性蒙版"窗口后，在画面中单击"通过控制点添加到蒙版"按钮 ⊙，框选出需要单独抠出的物体，即可自动生成选区，如图 3-99 所示。由于 AI 算法不是那么完善，会添加多余部分，即可单击"通过笔刷从蒙版移除"按钮 ，并放大画面，将多余的部分擦除，如图 3-100 所示。最终效果如图 3-101 所示。

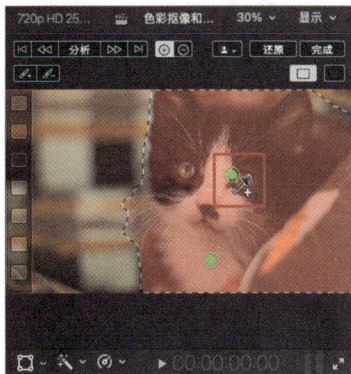

图 3-99　　　　　　　　　　　　图 3-100　　　　　　　　　　　　图 3-101

由于此时是在 00:00:00:00 处添加"磁性蒙版"，即在 00:00:00:00 这一帧处对画面进行抠图，其余帧画面则不会进行抠图，如图 3-102 所示。所以，需在"磁性蒙版"窗口中单击"分析"按钮，如图 3-103 所示。

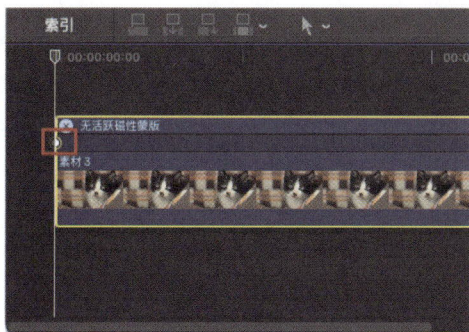
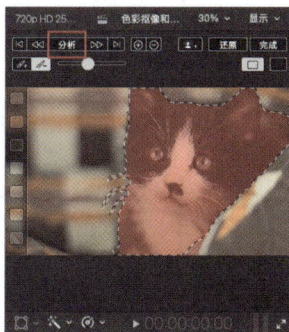

图 3-102　　　　　　　　　　　　图 3-103

接着 AI 将对片段内容进行分析，如图 3-104 所示。分析过程中可随时暂停。

图 3-104

通过 AI 分析后自动为每一帧进行抠图，单击"完成"按钮，即可查看抠图效果，如图 3-105 所示。

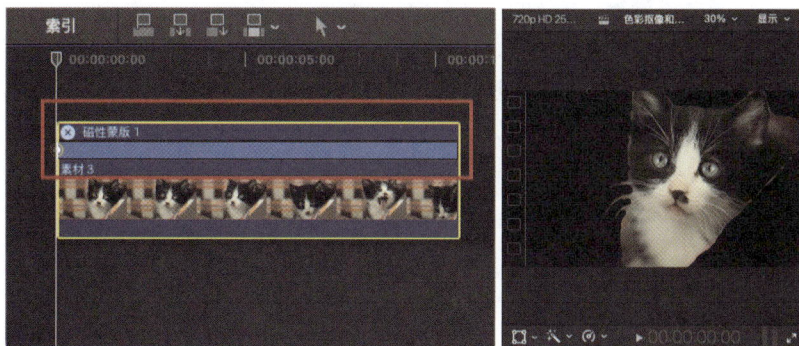

图 3-105

将画面中小猫抠出后，可与其他画面放置在一起，如图 3-106 所示。

图 3-106

2. 绘制蒙版

Final Cut Pro 中的"绘制蒙版"是手动创建选区的工具，可自由勾勒画面特定区域。使用时通过画笔工具直接在画面绘制遮罩，灵活控制形状与范围，还能调整羽化、反转等参数。其优势在于操作直观、自定义程度高，适于处理复杂边缘或精准抠取细节，满足多样化视频制作需求。

在"效果浏览器" | "蒙版和抠像"选项中即可找到并添加"绘制蒙版"，在"监视器"窗口中将画面中需要抠出的人物通过添加锚点的方式，将人物抠出，如图 3-107 所示。

图 3-107

按快捷键 Option 可改变单个锚点角度，将两条直线变为平滑的曲线，如图 3-108 所示。用户还可在"视频检查器"中，通过更改"形状类型"，将画面中所有锚点更改为曲线，如图 3-109 所示。

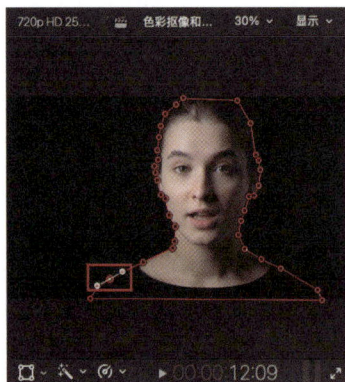

图 3-108

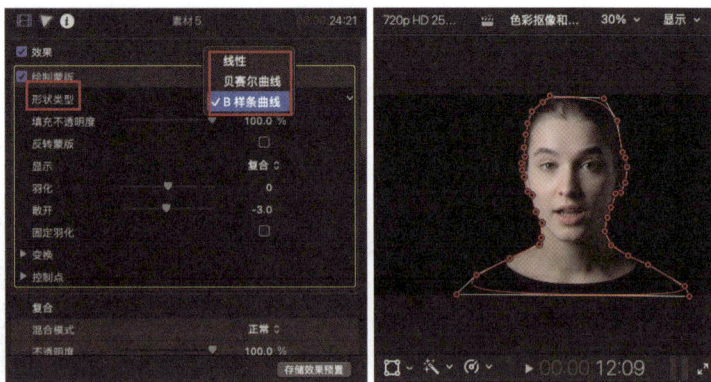

图 3-109

最终效果如图 3-110 所示。

图 3-110

3. 形状蒙版

Final Cut Pro 中的"形状蒙版"可通过预设几何图形（矩形、圆形等）或自定义路径快速创建遮罩区域，精准框选画面内容。使用时在时间线上选中片段，添加形状蒙版并调整大小、位置与参数。其优势在于操作简便、效率高，能快速实现局部突出、画面分割等效果，适合制作动态分屏、焦点引导等创意场景。

在"效果浏览器"|"蒙版和抠像"选项中即可找到并添加"形状蒙版"，在"视频检查器"窗口中调整蒙版数值，如图 3-111 所示。

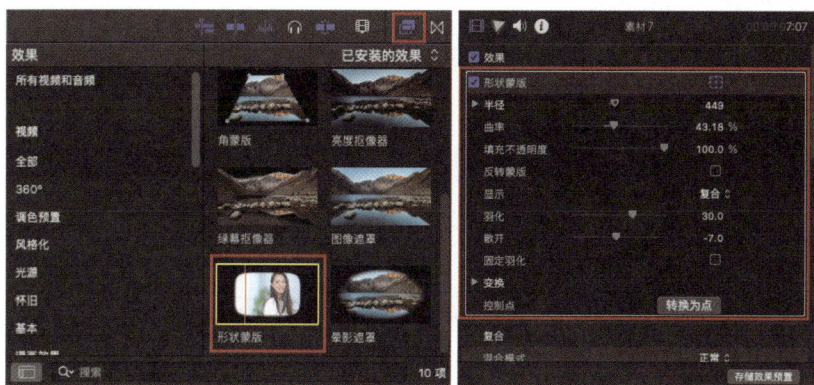

图 3-111

最终效果如图 3-112 所示。

图 3-112

> 提示：（1）"场景移除蒙版"为检测前景中的对象，将其从静态背景中分离。该蒙版更适合主体和背景均运动变化不大时使用。
>
> （2）"角蒙版"分为左上、左下、右上、右下四个角，通过对四个角数值精确调整添加蒙版。

3.3.2　抠像

Final Cut Pro 11.0 版本中抠像功能包括"亮度抠像器"和"绿幕抠像器"，本节将介绍两种抠像器使用方法。

1. 亮度抠像器

Final Cut Pro 中的"亮度抠像器"是基于画面亮度信息分离主体的工具，能快速提取高反差背景下的对象。使用时通过调整阈值、容差等参数，区分画面明暗区域并完成抠像。其优势在于操作简单、处理速度快，适合光影特效制作，可大幅提升视频合成效率，实现专业级视觉效果。

在"效果浏览器"|"蒙版和抠像"选项中即可找到并添加"亮度抠像器"，在"视频检查器"窗口中调整"亮度抠像器"数值，如图 3-113 所示。

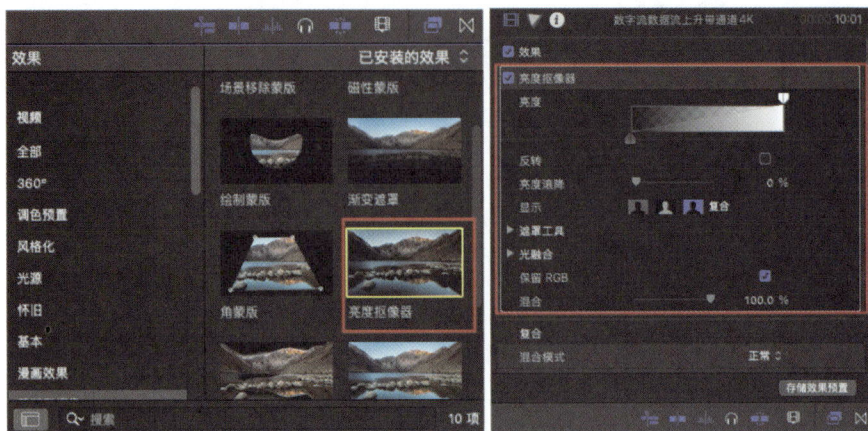

图 3-113

最终效果如图 3-114 所示。

图 3-114

2. 绿幕抠像器

Final Cut Pro 中的"绿幕抠像器"用于去除绿幕背景，将主体从绿幕场景中精准分离出来。具体操作时，选中带绿幕的素材，启用该工具，调整参数来优化抠像效果。其优势明显，能快速、高效完成抠像，且抠像精准度高，还可灵活调整细节，广泛用于影视特效、广告制作等领域。

在"效果浏览器"|"蒙版和抠像"选项中即可找到并添加"绿幕抠像器"，在"视频检查器"窗口中调整"绿幕抠像器"数值，如图 3-115 所示。

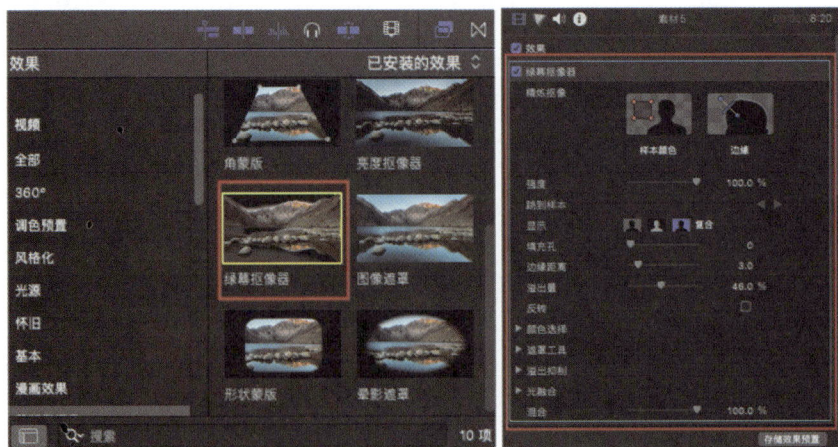

图 3-115

最终效果如图 3-116 所示。

图 3-116

3.3.3　视频合成效果

视频合成效果是将多个视频、图像、音频等素材整合为一体的创作手段，通过叠加、抠像、特效添加等技术，实现虚拟场景搭建、人物特效呈现等效果。使用时，在剪辑软件中导入素材，通过添加画中画，调整画面大小和位置，运用蒙版、抠像工具处理后进行组合，并调节色彩、光影等参数。其优势在于能突破拍摄局限，创造奇幻视觉，提升视频艺术性与表现力，广泛应用于影视、广告、短视频创作。

1. 简单合成

简单的视频合成是指通过将多个视频片段进行放大和缩小处理，使其合成一个整体画面。用户需要先添加背景素材片段，然后在背景片段上方添加一层或以上的前景素材片段，如图 3-117 所示。接着选择前景素材片段，在"监视器"窗口中执行"变换"命令，当出现变换控制框后，调整控制点以修改前景片段的大小和位置，最终完成图像的简单合成操作，如图 3-118 所示。

图 3-117

图 3-118

2. 遮罩

Final Cut Pro 中的遮罩功能可对视频画面特定区域进行遮挡或显示操作。作用是创建特效、控制画面局部显示。让视频制作更具创意与专业性。遮罩功能分为"渐变遮罩""图像遮罩""晕影遮罩"，下面简单介绍使用方法和效果。

◎渐变遮罩

Final Cut Pro 中的"渐变遮罩"是一种特殊遮罩工具，通过创建线性或径向渐变过渡，实现画面区域的柔和隐藏与显示。使用时在效果面板添加渐变遮罩，调整方向、范围及羽化值，可用于制作画面转场、光影过渡或突出局部主体。其优势在于过渡自然、效果细腻，能为视频增添艺术感与层次感，提升视觉表现力。

在"磁性时间线"窗口中添加素材片段后，在"效果浏览器"|"蒙版和抠像"选项中即可找到并添加"渐变遮罩"，如图 3-119 所示。

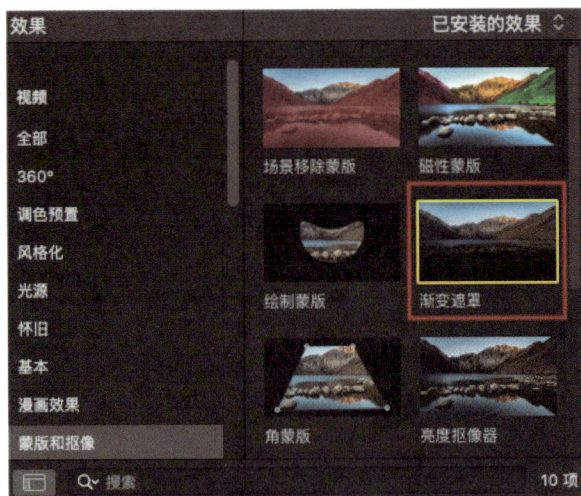

图 3-119

将"渐变遮罩"添加至次级故事情节轨道中的素材上，在"视频检测器"窗口中更改数值，即可制作出盗梦空间的效果，如图 3-120 所示。

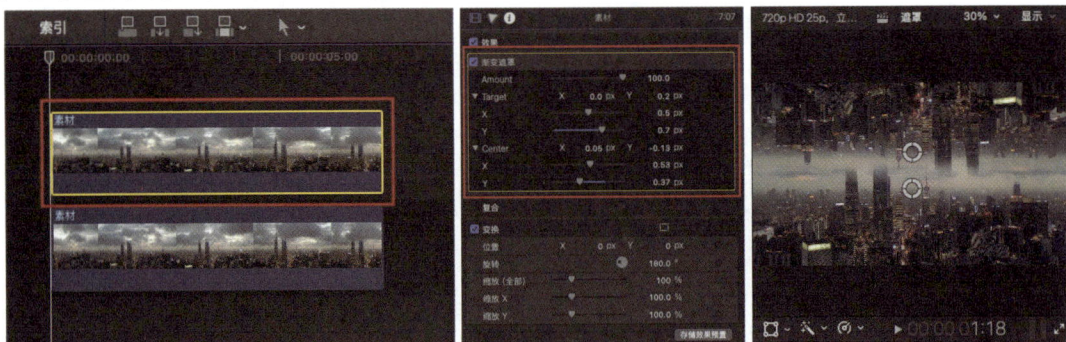

图 3-120

最终效果如图 3-121 所示。

图 3-121

◎图像遮罩

Final Cut Pro 中的图像遮罩以图片作为遮罩模板，控制视频显示区域的功能。作用是通过图像的黑白灰信息，将对应视频内容隐藏或显示，实现创意合成与画面特效。使用时导入图像作为遮罩层，叠加在视频素材上，调整参数匹配效果。其优势在于灵活度高、创意性强，可实现如动态画框、特殊光影等复杂视觉效果。

在"磁性时间线"窗口中添加素材片段后，在"效果浏览器"|"蒙版和抠像"选项中即可找到并添加"图像遮罩"，在"视频检查器"中可进行调整和修改，如图 3-122 所示。

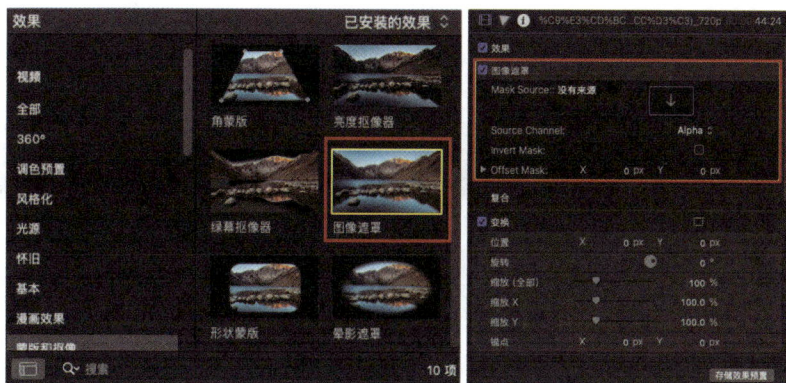

图 3-122

◎晕影遮罩

Final Cut Pro 中的晕影遮罩是一个椭圆形遮罩，也可用于制作动态分屏和焦点引用等场景。使用时在"效果浏览器"添加晕影遮罩，在"视频检查器"窗口中可调整半径、羽化、不透明度等参数。其优势在于操作简便，效果自然，能快速提升视频质感与艺术表现力。效果如图 3-123 所示。

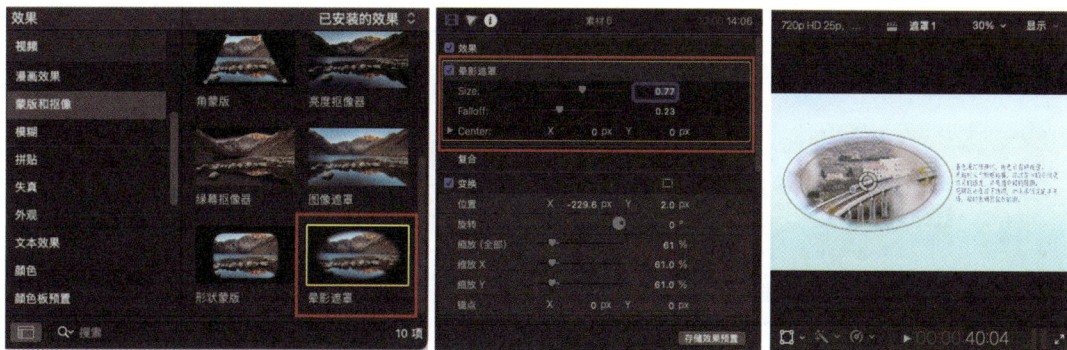

图 3-123

3. 关键帧动画的合成

在进行视频合成操作时，可以在位于"视频检查器"窗口中的"变换"选项区下，添加并制作"位置""旋转""缩放"参数的关键帧，以此制作合成视频的动画效果。在"视频检查器"窗口中，单击参数右侧"添加关键帧"按钮 ◈，然后关键帧按钮将变为黄色 ◆，如图 3-124 所示。在添加完关键帧后，在任意时间点更改参数数值可直接添加关键帧，如图 3-125 所示。

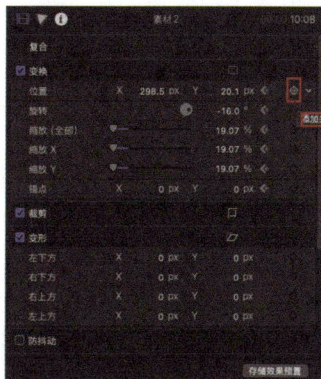 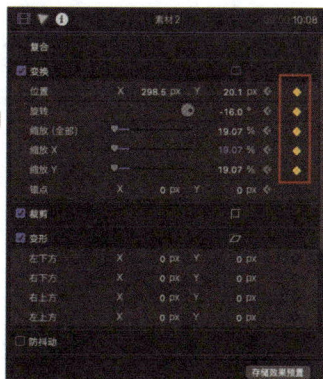 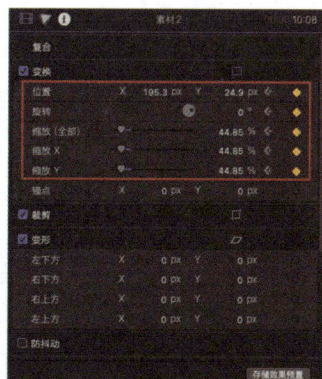

图 3-124　　　　　　　　　　　　　　图 3-125

除了在"视频监视器"窗口添加关键帧，还可以在"监视器"窗口添加关键帧。单击顶层的素材片段，在"监视器"窗口中，执行"变换"命令，在"监视器"窗口左上角，单击"添加关键帧"按钮 ◈，即可通过在画面中调整画面大小和位置添加关键帧，如图 3-126 所示。

添加完关键帧后，画面中会以箭头的形式形成运动轨迹，右键单击箭头，则可切换关键帧运动类型，一般默认为"平滑"，如图 3-127 所示。

图 3-126

图 3-127

3.3.4　实操：绿幕素材抠像效果

对 Final Cut Pro 中各个抠像蒙版功能有基础认知后，本小节开始对前文内容进行巩固，通过实操的方式介绍如何使用抠像蒙版功能。本小节案例将制作绿幕素材抠像效果视频，效果如图 3-128 所示，下面介绍具体操作方法。

图 3-128

01　创建资源库"3.3"，打开文件"绿幕素材抠像效果 .fcpxmld"并将其导入至资源库"3.3"中，此时会导入事件"3.3.4 实操：绿幕素材抠像效果"。打开该事件，在其中导入本小节案例相关素材，然后双击项目"绿幕素材抠像效果"，即可在"磁性时间线"窗口看到已添加至轨道中的素材片段。

02　在"效果浏览器"中选中"绿幕抠像器"，将其添加至"绿幕素材 .mp4"中，如图 3-129 所示。

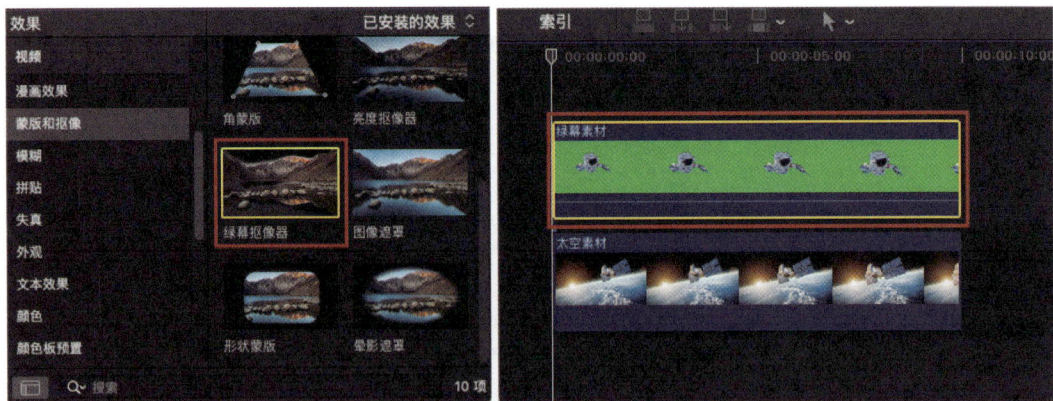

图 3-129

03　此时将会对"绿幕素材 .mp4?"进行自动抠像，在"视频检查器"的"绿幕抠像器"选项中将"边缘距离"数值更改为 3.0，"溢出量"数值更改为 65.08%，具体如图 3-130 所示。

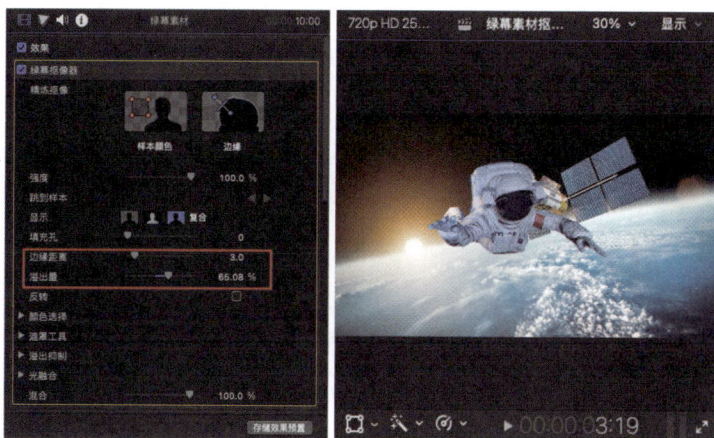

图 3-130

3.3.5　实操：制作人物抠像效果

人物抠像是视频制作中不可避免的一环。本小节将通过制作人物背后文字视频，介绍如何制作人物抠像效果，如图 3-131 所示，下面介绍具体操作方法。

图 3-131

01　打开文件"制作人物抠像效果 .fcpxmld"并将其导入资源库"3.3"中，从而导入事件"3.2.5 实操：制作人物抠像效果"。打开事件"3.2.5 实操：制作人物抠像效果"，导入相关素材，双击项目"制作人物抠像效果"，即可在"磁性时间线"窗口查看已添加至轨道中的素材片段，如图 3-132 所示。

02　按快捷键 Option 键后，选中"素材 .mp4"，长按鼠标左键并拖动，在字幕"镜头进行时"上方轨道中复制、粘贴"素材 .mp4"，如图 3-133 所示。

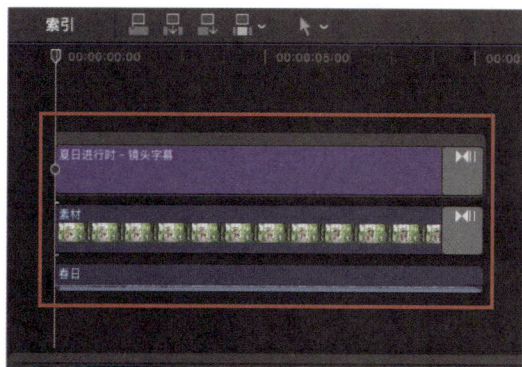

图 3-132

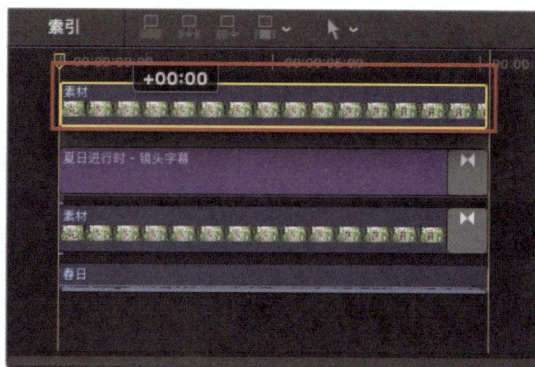

图 3-133

03　为了更好地对最上方轨道中"素材 .mp4"进行抠像，分别选中字幕"镜头进行时"和主要故事情节中"素材 .mp4"，执行"停用"命令，如图 3–134 所示。

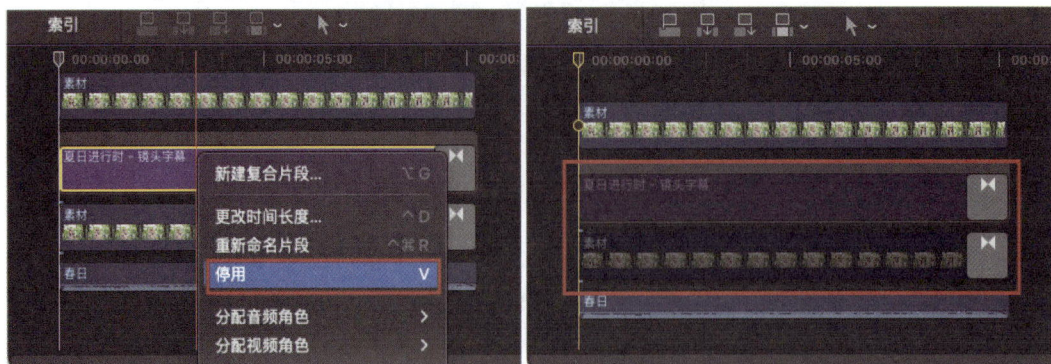

图 3–134

04 将"磁性蒙版"添加至最上方轨道"素材 .mp4"中，如图 3–135 所示。

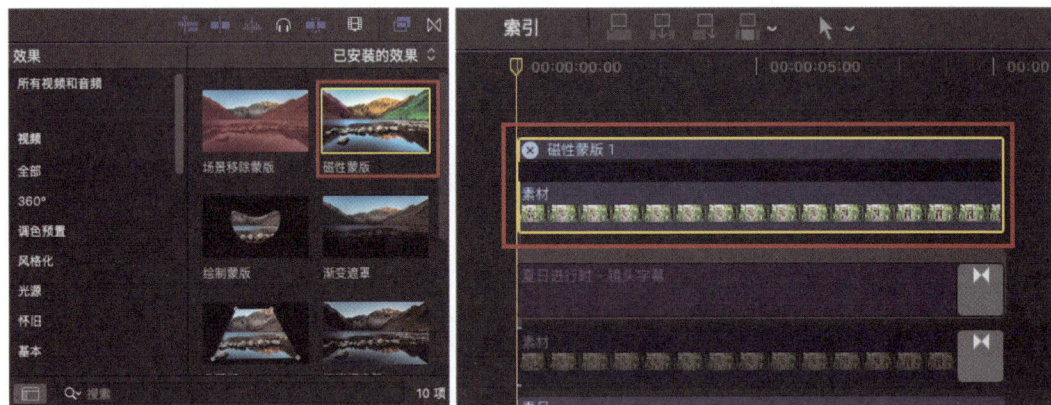

图 3–135

05 在"监视器"窗口中将画面中的女生框选，如图 3–136 所示。单击"分析"按钮后，单击完成即可。

图 3–136

3.3.6 实操：合成动画视频

我们可以通过使用关键帧，制作合成画面动画效果。本小节将制作动态扩散照片墙，效果如图 3–137 所示，下面介绍具体操作方法。

图 3-137

01　打开文件"合成动画视频.fcpxmld"并将其导入资源库"3.3"中，从而导入事件"3.2.6 实操：合成动画视频"。打开事件"3.2.6 实操：合成动画视频"，导入相关素材，双击项目"合成动画视频"，即可在"磁性时间线"窗口查看已添加至轨道中的素材片段。

02　将播放指示器分别移动至 00:00:00:00 处，添加"旋转""缩放""位置"关键帧，具体数值如图 3-138 所示。再将播放指示器移动至 00:00:03:00 处，添加"旋转""缩放""位置"关键帧，具体数值如图 3-139 所示。

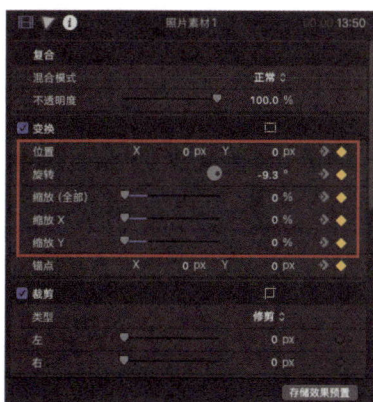

图 3-138

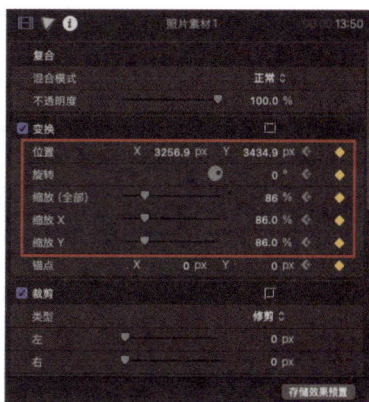

图 3-139

03　完成上述操作后，选中"照片素材 1.png"，按快捷键 Command+C 进行复制，按 Command 键，选中次级故事情节轨道中剩余素材，再按快捷键 Shift+Command+V，打开粘贴属性窗口，勾选"变换"选项，如图 3-140 所示，单击"粘贴"按钮。

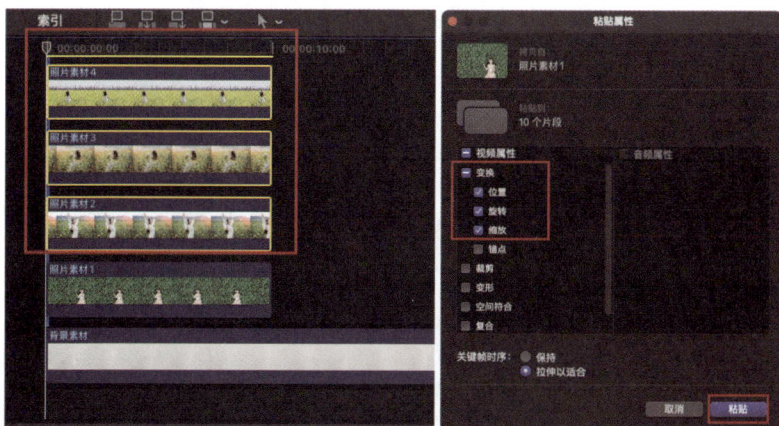

图 3-140

04 为了让照片更有散开的效果，选中所有名称序号为偶数的素材（照片素材2.png、照片素材4.png 等），将第1个关键帧中"旋转"数值更改为9.3°，将播放指示器分别放置在"照片素材2.png"至"照片素材10.png"第2个关键帧处，移动照片素材在画面中的位置，让其分散在四周，如图3-141所示。

05 完成上述操作后，从"照片素材2.png"开始，每个图片素材向右移动10帧，如图3-142所示。

图 3-141

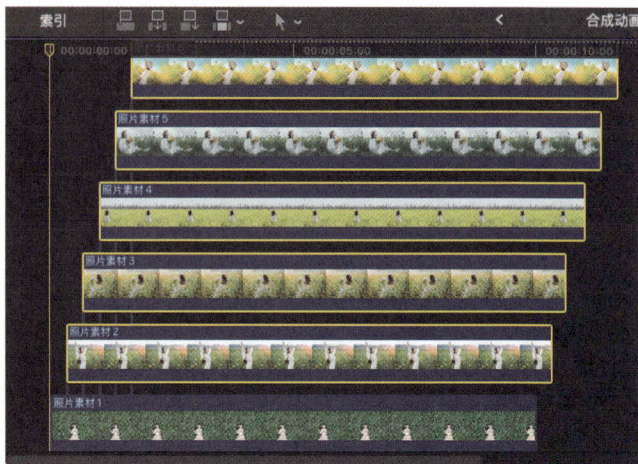

图 3-142

06 选中"照片素材11.png"，将时间指示器移动至第2个关键帧处，将"位置"参数中 X 数值更改为0px，Y 数值更改为0px，如图3-143所示。

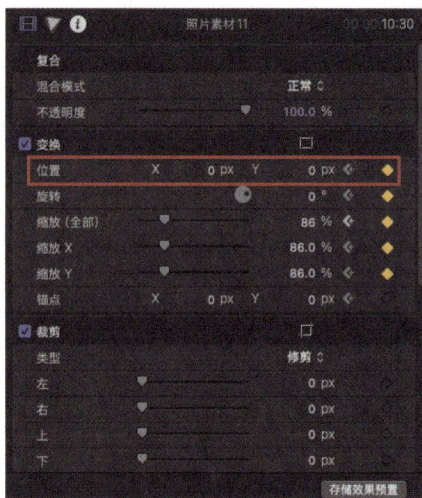

图 3-143

拓展案例：制作遮罩转场效果

本例讲解遮罩转场效果的制作方法。视频效果如图3-141所示。

图 3-144

难度：★★★

相关文件：第 3 章 \3.3\ 拓展案例 \ 制作遮罩转场效果

在线视频：第 3 章 \3.3\ 拓展案例 \ 制作遮罩转场效果 .mp4

本例知识点

- 找到素材画面中马车将要驶过的位置，在此处开始添加"绘制蒙版"关键帧。
- 一帧一帧为马车添加"控制点"关键帧，调整关键帧位置，直至马车走出画面。
- 在"控制点"关键帧的起始位置插入"羽化"关键帧，以实现更加平滑的转场效果。

04

第4章
学会流行剪辑技法，
掌握爆款短视频的秘诀

本章导读

　　在先前的章节中，我们已经深入探讨了Final Cut Pro的基础操作、高效编辑技巧、音频与字幕的精细处理，以及调色与特效制作的初步介绍等方面。这些技能为我们奠定了坚实的剪辑基础，但若要继续提升剪辑技术，掌握流行剪辑技法与'爆款'秘诀显得尤为关键。本章将聚焦于短视频创作的三大核心要素——速度变化、关键帧制作与高级卡点，通过基础讲解和一系列实战案例，指导您如何运用这些技法打造出既符合潮流又具个性化的视频作品。

4.1　丝滑变速，打造爆款视觉效果

在 Final Cut Pro 中，可以对片段进行匀速和变速等速度调整操作，同时保留音频的音高。在匀速调整视频片段时，可以通过"快速""慢速""自定义速度" 3 种方式进行设置，不同的播放速度会产生不同的时间长度。

4.1.1　均速更改片段速度

在 Final Cut Pro 中，可以对片段进行均速和变速等速度调整操作，同时保留音频的音高。在匀速调整视频片段时，可以通过"快速""慢速""流畅慢动作"和"自定义速度"这 4 种方式来进行设置，不同的播放速度会产生不同的时间长度。

1. 慢速

Final Cut Pro 中的慢速功能则是剪辑软件将视频速度变慢最为常见的传统方式。在"磁性时间线"窗口中选中素材片段，执行"修改"｜"重新定时"｜"慢速"命令，如图 4-1 所示，在展开的"慢速"子菜单栏中可选择 50%、25%、10% 3 种慢速播放效果。

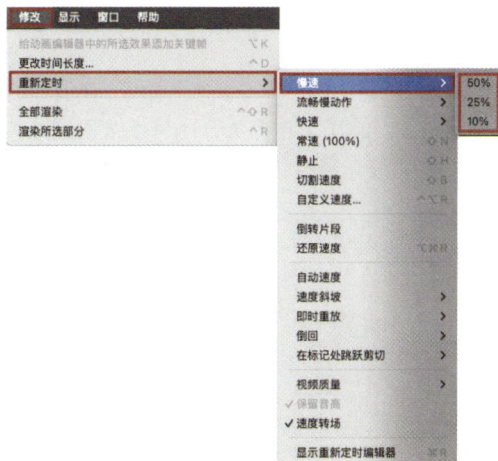

图 4-1

执行"修改"｜"重新定时"｜"显示重新定时编辑器"命令（快捷键 Command+R），如图 4-2 所示。在选择的片段上显示重新定时编辑器，然后单击指示条上文字右侧的三角按钮，展开列表框，选择"慢速"命令，然后在展开的列表选项中选择合适的数值即可，如图 4-3 所示。

图 4-2

图 4-3

在"监视器"窗口中展开"选取片段重新定时选项"列表框，选择"慢速"命令，然后在展开的列表选项中选择合适的数值即可，如图 4-4 所示。

采用以上任意一种方法，均可以将视频片段的播放速度调整为慢速。当调整为慢速后，视频片段的持续时间会增长，且指示条变为橙色，如图4-5所示。

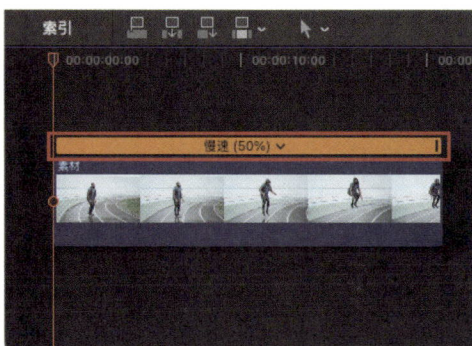

图4-4   图4-5

2. 快速

如果想将视频片段进行快速播放，并缩短视频片段的持续时间，则可以选择"快速"菜单栏中的命令进行调整。

选中视频片段，执行"修改"｜"重新定时"｜"快速"命令，在展开的"快速"菜单栏中选择2倍、4倍、8倍、20倍即可，如图4-6所示。除了上述方法，还可以按快捷键Command+R，打开重新定时编辑器后，单击指示条上文字右侧的三角按钮 ✔，展开列表框，选择"快速"命令，在展开的列表选项中选择合适的数值即可。

当视频速度调整为快速后，视频片段的持续时间会缩短，且指示条变为蓝色，如图4-7所示。

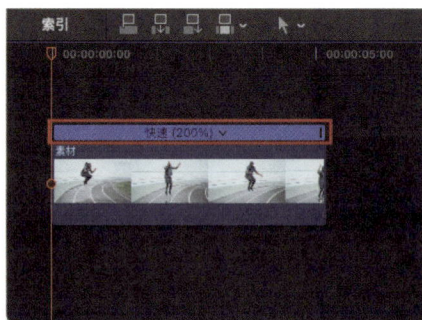

图4-6   图4-7

3. 自定义速度

通过"自定义速度"功能，可以自由调整片段播放速度。选中视频片段，执行"修改"｜"重新定时"｜"自定义速度"命令（快捷键Control+Option+R），即可在"磁性时间线"选中的片段上打开"自定义速度"对话框，在对话框中可以更改视频播放速度、播放方向和时间长度等参数，如图4-8所示。

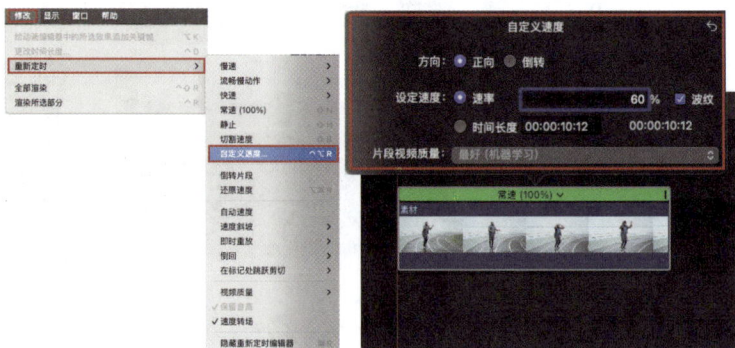

图4-8

当素材进行慢放处理后，或素材片段低于剪辑工程帧率时，我们可以通过补帧来弥补帧率的不足。在 Final Cut Pro 中，用户可以在"自定义速度"窗口中的"片段视频质量"选项中选择软件自带的补帧效果，让画面更加流畅和清晰。设定好速度后，按回车键，即可点亮"片段视频质量"选项框，如图 4-9 所示。单击"最好（机器学习）"选项即可展开"片段视频质量"选项栏，如图 4-10 所示，其中有 6 个选项供用户选择。

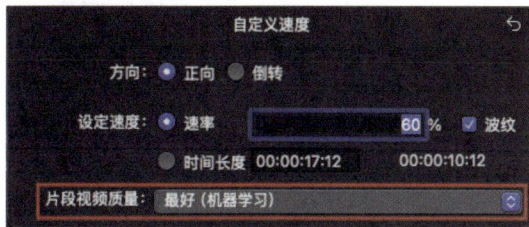

图 4-9

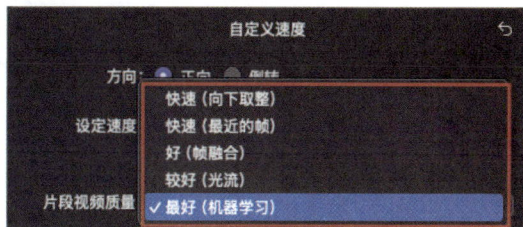

图 4-10

4. 流畅慢动作

"流畅慢动作"功能是 Final Cut Pro 于 2024 年在 10.8 版本中在人工智能算法下加持的新功能，相较于"慢速"功能，无须更改"片段视频质量"设置即可实现补帧，软件能够一键生成流畅的慢动作效果。

执行"修改"｜"重新定时"｜"流畅慢动作"命令，即可在展开的"慢速"子菜单栏中可选择 50%、25%、10% 3 种慢速播放效果，如图 4-11 所示。按快捷键 Command+R，打开重新定时编辑器后，单击指示条上文字右侧的三角按钮 ✓，展开列表框，选择"流畅慢动作"命令，在展开的列表选项中选择合适的数值即可。当调整为慢速后，视频片段的持续时间会增长，且指示条也会变为橙色，如图 4-12 所示。

图 4-11

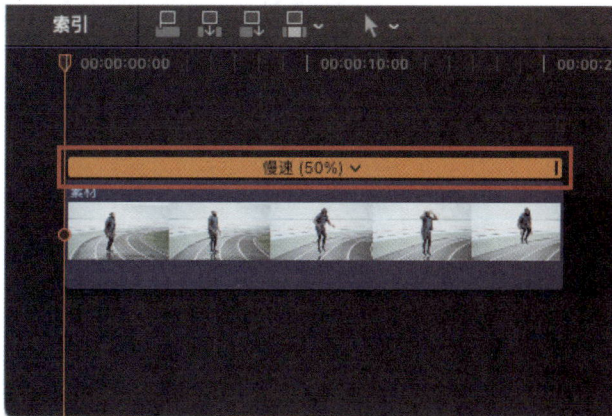

图 4-12

4.1.2　使用变速方法改变片段速率

使用"切割速度"命令，可以在视频片段中设定某个点，将片段的一部分进行快速播放，而另一部分进行慢速播放，使画面有节奏地进行变化。

将播放指示器移至合适位置，执行"修改"｜"重新定时"｜"切割速度"命令（快捷键 Shift+B），如图 4-13 所示，则可以将时间线等分为两部分，如图 4-14 所示。

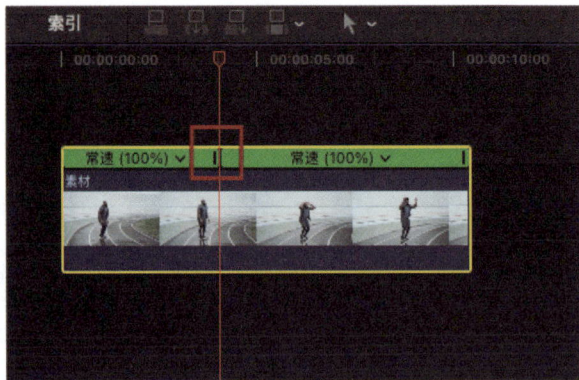

图 4-13　　　　　　　　　　　　　图 4-14

分割视频片段后，将两部分片段的速度进行慢速和快速调整，让视频进行变速播放，如图 4-15 所示。

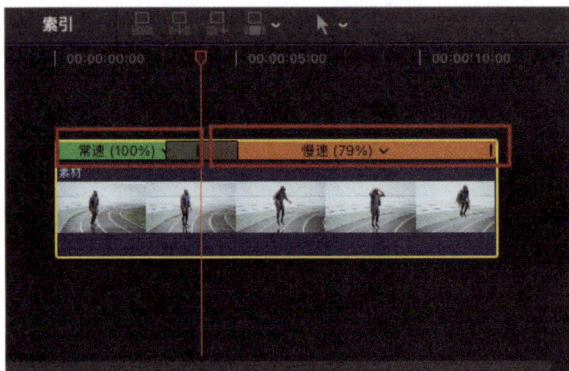

图 4-15

4.1.3　速度斜坡与快速跳剪

在 Final Cut Pro 软件中调整视频播放速度时，可以调整视频的分段速度和跳剪位置。下面进行具体介绍。

1. 使用速度斜坡

通过"速度斜坡"命令可以将视频分段为 4 个具有不同速度百分比的部分，从而创建变化效果。

在"磁性时间线"窗口中，选择要应用速度变化效果的范围片段或整个视频片段，执行"修改"｜"重新定时"｜"速度斜坡"命令，如图 4-16 所示。如果要分段降低视频的播放速度，则可以在"速度斜坡"子菜单中，选择"到 0%"命令；如果要分段提高视频的播放速度，则可以在"速度斜坡"子菜单中，选择"从 0%"命令。

图 4-16

2. 使用快速跳剪

跳剪是常用的一种剪辑手法，该剪辑手法能够压缩时空，增加片段节奏感。在处理一些过于平淡的片段时，可以使用这一手法。

在时间线中，选择要应用速度变化效果的范围片段或整个视频片段，执行"修改"｜"重新定时"｜"在标记处跳跃剪切"命令，如图 4-17 所示。在展开的子菜单中，选择不同的帧选项，可以跳跃至不同时间的帧进行剪切。

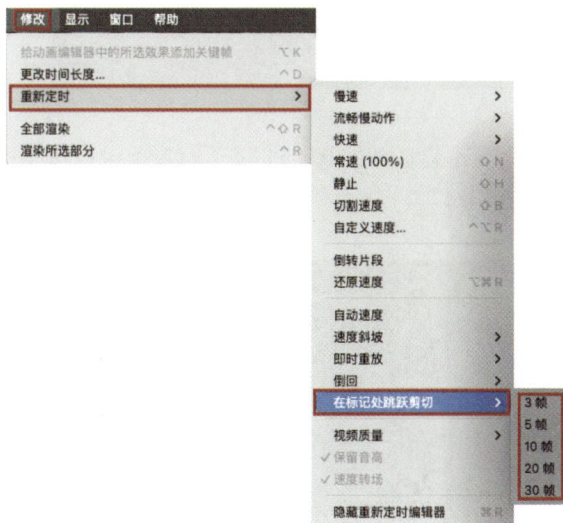

图 4-17

4.1.4　实操：快速制作变速镜头

在 Final Cut Pro 中，用户可以通过"自定义速度"功能更加便捷且快速地为素材片段制作变速效果。本小节案例将制作一个城市变速视频，下面介绍具体操作方法。

01　创建资源库"4.1"，打开文件"快速制作变速镜头 .fcpxmld"，将该文件导入至资源库"4.1"中，即可导入事件"4.1.4 实操：快速制作变速镜头"。打开事件"4.1.4 实操：快速制作变速镜头"，在事件中导入本小节案例相关素材，并双击项目"快速制作变速镜头"，即可在"磁性时间线"窗口看到已添加至轨道中的素材片段。

02　将播放指示器移动至 00:00:00:17 的位置，选中"DUBAI.mp3"，在键盘上按 M 键，即可在此处添加标记点，如图 4-18 所示。再将播放指示器移动至 00:00:02:11 的位置，选中"DUBAI.mp3"，在键盘上按 M 键，在此处添加标记点，如图 4-19 所示。

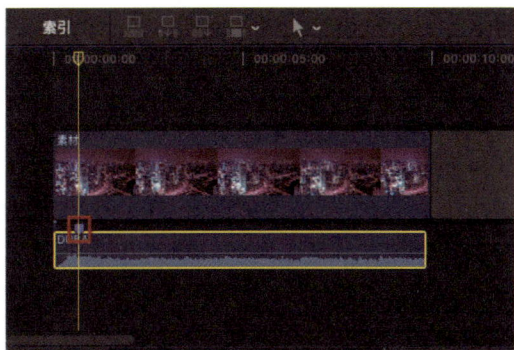

图 4-18

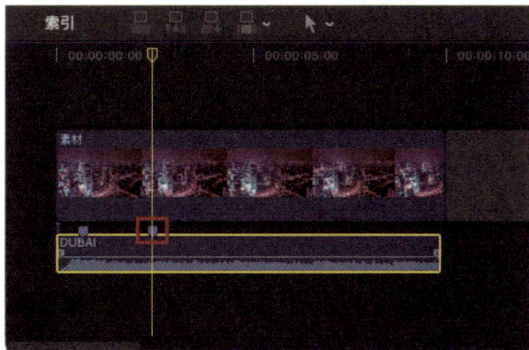

图 4-19

03　选中"素材 .mp4"，执行"修改"｜"重新定时"｜"显示重新定时编辑器"命令（快捷键 Command+R），在"素材 .mp4"上显示重新定时编辑器，如图 4-20 所示。

图 4-20

04　将播放指示器移动至第 1 个标记点 00:00:00:17 处，按快捷键 Shift+B，在此处将播放速度切割，如图 4-21 所示。再将播放指示器移动至第 2 个标记点 00:00:02:11 处，按快捷键 Shift+B，在此处将播放速度切割，如图 4-22 所示。

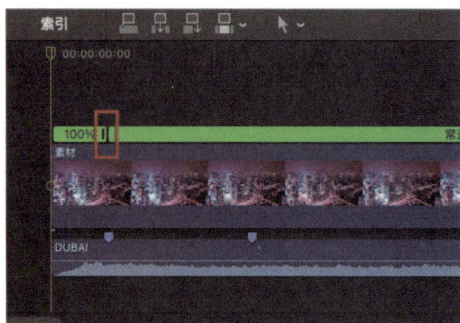

图 4-21

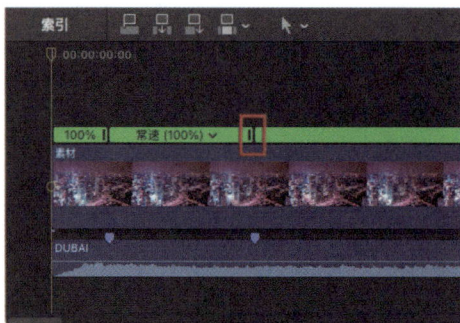

图 4-22

05　选中切割后的第 1 个速度片段，单击指示条上文字右侧的三角按钮 <kbd>✓</kbd>，展开列表框，选择"自定义"，打开"自定义速度"对话框，在"自定义速度"对话框中将速率数值更改为 300%，如图 4-23 所示。

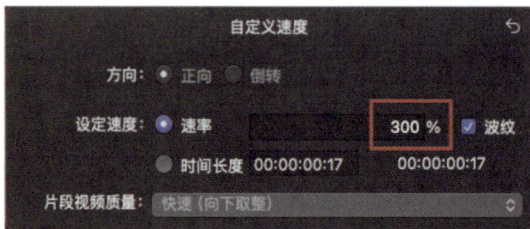

图 4-23

06　完成上述操作后，可以发现第 1 个速度片段指标条为蓝色，且时长缩小，如图 4-24 所示。为了让第 1 个速度切割点与第 1 个标记点对齐，双击速度之间的区域，即可打开"速度转场"窗口，如图 4-25 所示。

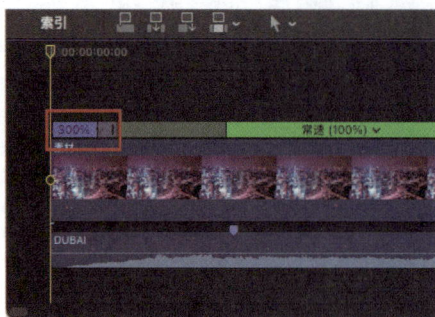

图 4-24

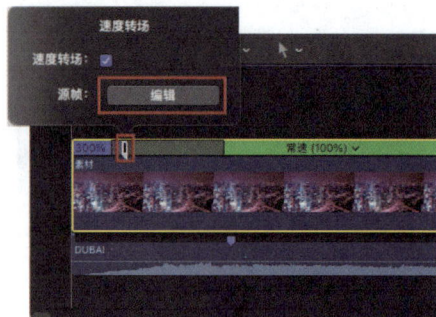

图 4-25

07 在"速度转场"窗口中单击"编辑"按钮即可在速度转场处出现一个图标，移动该图标可重新选择速度切割点，将该图标移动至第 1 个标记点 00:00:00:17 处，如图 4-26 所示。

08 两个速度中间区域灰色部分则为速度转场，灰色部分越长，速度变化也越平滑，并且不是非常明显。本小节案例为了让速度变化更加明显，将鼠标指针移动至速度转场两侧，缩小速度转场区域，如图 4-27 所示。

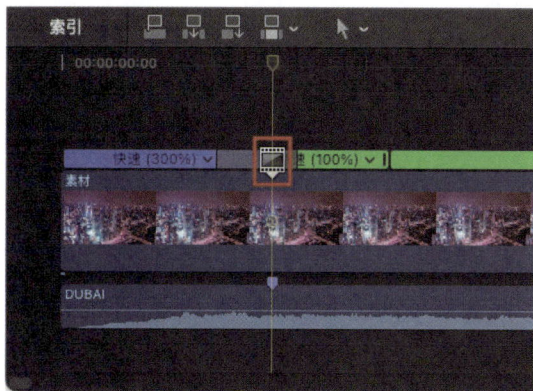

图 4-26

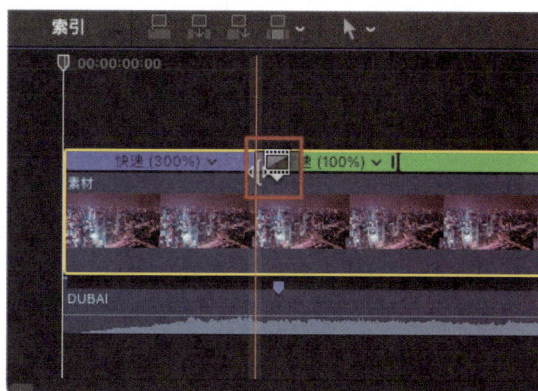

图 4-27

09 参照上述步骤，设置第 2 个速度片段的速率为 85%，将第 2 个切割点移动至第二个标记点 00:00:02:11 处，如图 4-28 所示。将第 3 个速度片段的速率设置为 300%，如图 4-29 所示。

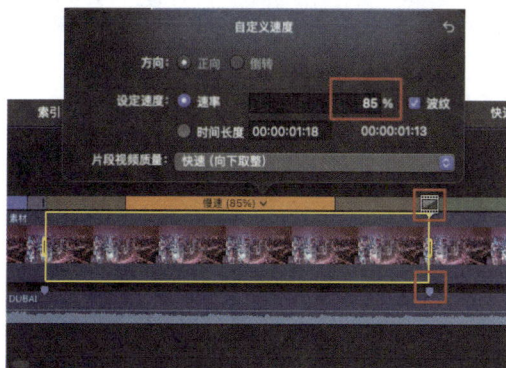

图 4-28

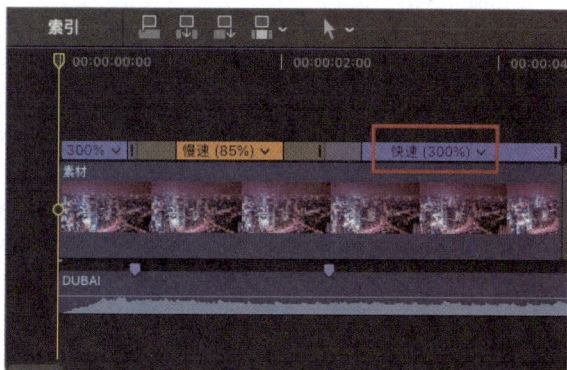

图 4-29

10 由于将第 2 个速度片段延长后，第一个速度转场也会相应延长，将鼠标指针移动至转场边缘，适当缩短速度转场时长即可，如图 4-30 所示。

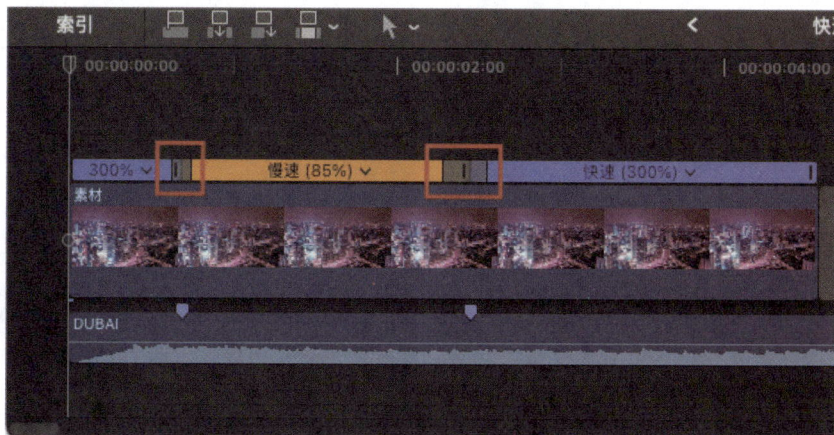

图 4-30

103

提示：虽然视频片段进行了速度切割，分成了多个不同的速度片段，但是，当在任意一个速度片段设置"片段视频质量"后，会作用于整个视频片段。所以在设置"片段视频质量"时，需根据实际情况而定。其中"快速（向下区取整）""快速（最近的帧）"均适用于快速片段，"好（帧融合）""较好（光流）""最好（机器学习）"更适用于慢速片段。例如，本小节案例中由于前后均为快速，所以将"片段视频质量"设置为"快速（向下区取整）"，若设置为"好（帧融合）""较好（光流）"或"最好（机器学习）"，第3个速度片段会出现明显的卡顿。

4.1.5 实操：制作慢动作效果

在视频制作中，有时候我们需要通过一段慢动作起到强调的效果。本案例将通过一段人物跳跃视频，介绍如何制作慢动作效果，下面介绍具体操作方法。

01 在资源库"4.1"中创建事件"4.1.5 实操：制作慢动作效果"，在该事件中创建项目"制作慢动作效果"，然后在事件中导入本小节案例相应素材"素材 .mp4"。

02 按快捷键 Command+R，在"素材 .mp4"上显示重新定时编辑器，如图 4-31 所示。

03 熟悉视频片段中人物动作，将播放指示器移动至 00:00:03:00 的位置，此时片段中的人物即将跳起。按快捷键 Shift+B，在此处切割，如图 4-32 所示。

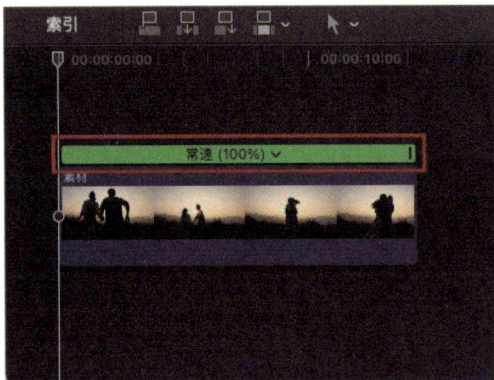

图 4-31

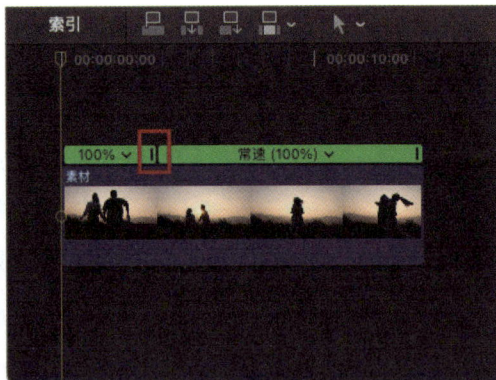

图 4-32

04 将播放指示器移动至 00:00:05:15 的位置，此时片段中的人物已经落至地面，按快捷键 Shift+B，在此处切割，如图 4-33 所示。

05 将播放指示器移动至 00:00:08:20 的位置，此时片段中的人物将要进行一个拥抱旋转的动作，按快捷键 Shift+B，在此处切割，如图 4-34 所示。

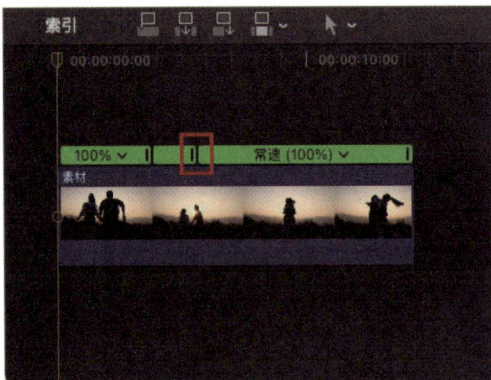

图 4-33

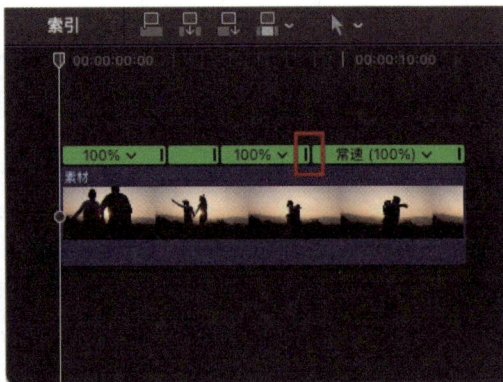

图 4-34

06 完成上述操作后，将"素材 .mp4"分成 4 个速度片段。由于该素材片段整体速度较慢，将第 1 个和第 3 个速度片段均调整至 200%，如图 4-35 所示。

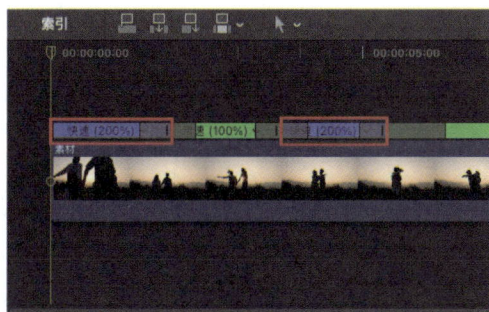

图 4-35

07　分别在第 2、4 个速度片段单击指示条上文字右侧的三角按钮 ，展开列表框，选择"流畅慢动作"命令，选择 50%，如图 4-36 所示。

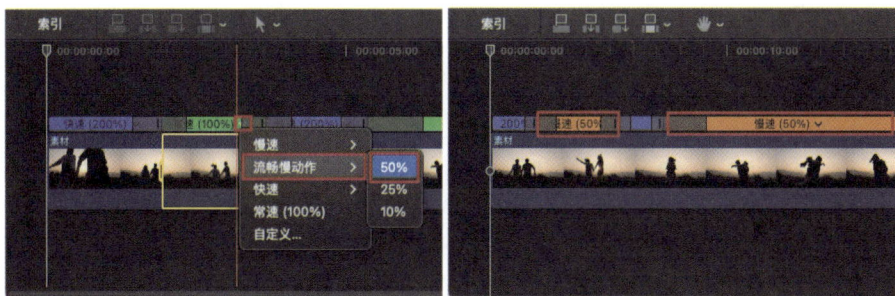

图 4-36

08　将鼠标指针移动至速度转场右侧，将第 1 个速度转场右侧调整至 00:00:02:22 处，此时为画面中人物跳至顶点状态，如图 4-37 所示。

图 4-37

09　将第 2 个速度转场左侧调整至 00:00:05:00 处，如图 4-38 所示。

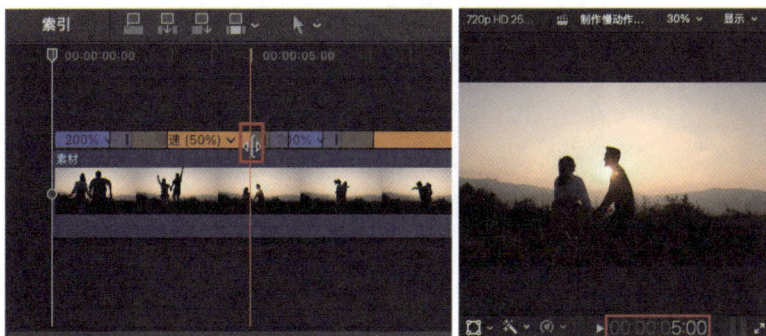

图 4-38

10　将第 3 个速度转场右侧调整至 00:00:07:17 处，如图 4-39 所示。

图 4-39

提示：在制作慢动作视频时，可以在慢速片段添加滤镜或自定义调色，突出重点，让画面对比更强烈。

4.2　神奇关键帧，万物皆可动

在剪辑中，关键帧是定义视频、音频或图像在特定时间点属性的标记，通过设置关键帧能控制元素在不同时刻的状态变化，如位置、大小、透明度、速度等，让变化更流畅自然。在 Final Cut Pro 中通过为素材的运动参数添加关键帧，可以产生基本的位置、缩放、旋转和不透明度等动画效果，还可以为已经添加至素材的视频效果属性添加关键帧，来营造丰富的视觉效果。

4.2.1　在检查器中制作关键帧

在"检查器"窗口中可以通过拖拽参数滑块，或输入精确的数字来制作关键帧动画。按快捷键 Command+4，在工作界面右上方打开"检查器"窗口，将其切换至"视频检查器"窗口，在该窗口中可设置"复合""变换""变形"等各选项区的关键帧参数，从而得到不同的视频动画效果，如图 4-40 所示。本小节将通过常用选项设置关键帧参数操作方法，介绍如何在"检查器"窗口中制作关键帧。

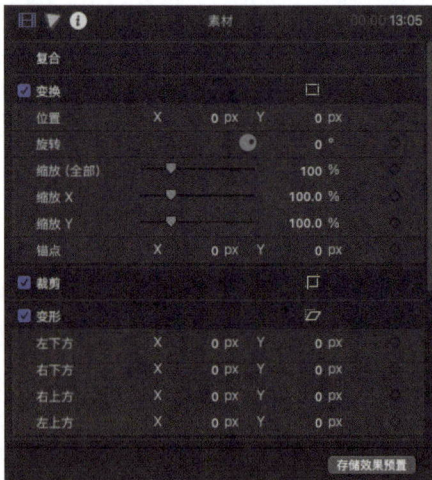

图 4-40

1. 透明度关键帧动画

通过设置透明度关键帧，可以制作出淡入淡出的特殊效果。移动播放指示器的位置，在"磁性时间线"窗口中选中视频素材片段，打开"视频检查器"窗口，展开"复合"选项框，在其中单击"不透明度"

右侧"添加关键帧"按钮⊕，如图 4-41 所示，关键帧标记将变为黄色，并在关键帧左侧设置"不透明度"参数，如图 4-42 所示，即可添加关键帧。添加第一个关键帧后，将播放指示器移动至其他任意位置，输入数值，即可自动生成关键帧，如图 4-43 所示。

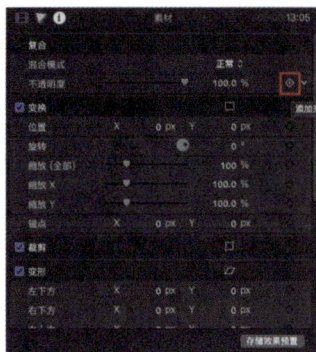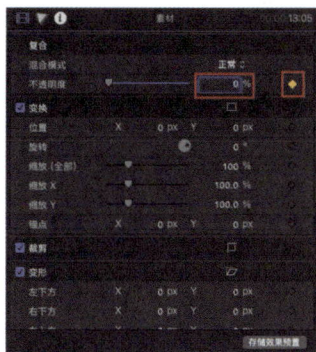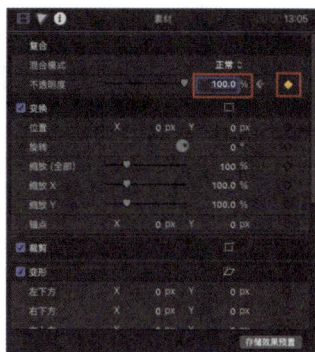

图 4-41　　　　　　　　　　图 4-42　　　　　　　　　　图 4-43

在添加多个透明度关键帧后，在"监视器"窗口中，单击"从播放头位置向前播放"按钮▶（空格键），可以预览制作好的淡入淡出动画效果，如图 4-44 所示。

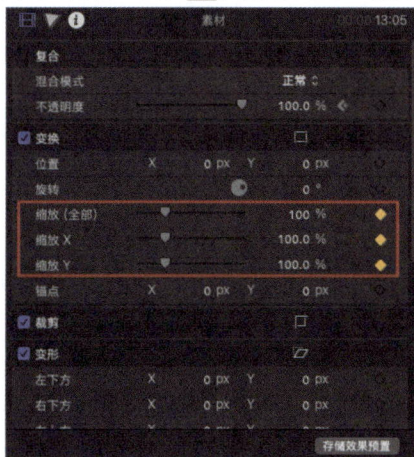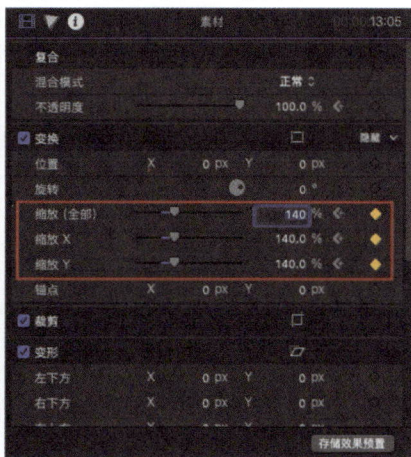

图 4-44

2. 缩放关键帧

通过设置"缩放"关键帧，可以有效地调整视频画面的显示大小。移动播放指示器的位置，在"磁性时间线"窗口中选中视频素材片段，打开"视频检查器"窗口，展开"变换"选项框，单击"缩放"选项右侧"添加关键帧"按钮⊕，然后设置"缩放"数值即可，如图 4-45 所示。

图 4-45

在添加多个透明度关键帧后，在"监视器"窗口中，单击"从播放头位置向前播放"按钮▶（空格键），可以预览制作好的缩放动画效果，如图 4-46 所示。

图 4-46

> 提示：在进行缩放设置时，一般调整"缩放（全部）"选项数值，这代表等比例调整缩放数值。同时还可以单独修改"缩放 X"和"缩放 Y"参数值，可以单独进行 X 轴和 Y 轴方向的缩放操作。

3. 旋转关键帧动画

通过设置"旋转"关键帧，可以有效地调整视频画面的角度。移动播放指示器的位置，在"磁性时间线"窗口中选中视频素材片段，打开"视频检查器"窗口，展开"变换"选项框，单击"旋转"选项右侧"添加关键帧"按钮⬥，添加关键帧并设置数值，如图 4-47 所示。

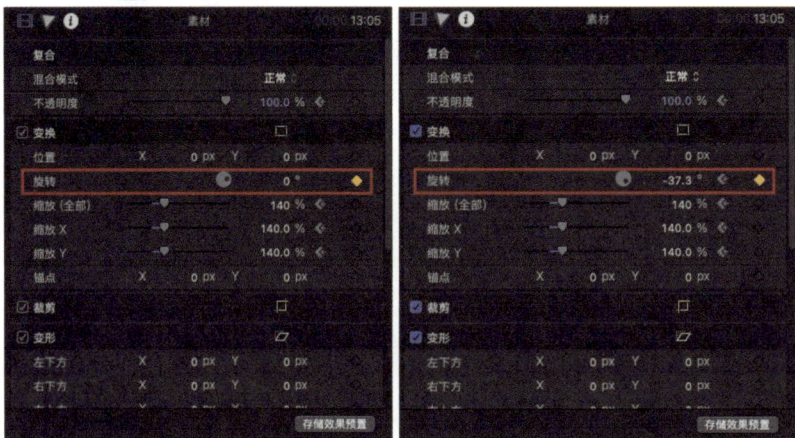

图 4-47

在添加多个透明度关键帧后，在"监视器"窗口中，单击"从播放头位置向前播放"按钮▶（空格键），可以预览制作好的旋转动画效果，如图 4-48 所示。

图 4-48

4. 位置关键帧动画

通过设置"位置"关键帧，可以有效地调整视频画面的显示位置。移动播放指示器的位置，在"磁性时间线"窗口中选中视频素材片段，打开"视频检查器"窗口，展开"变换"选项框，单击"位置"

选项右侧"添加关键帧"按钮 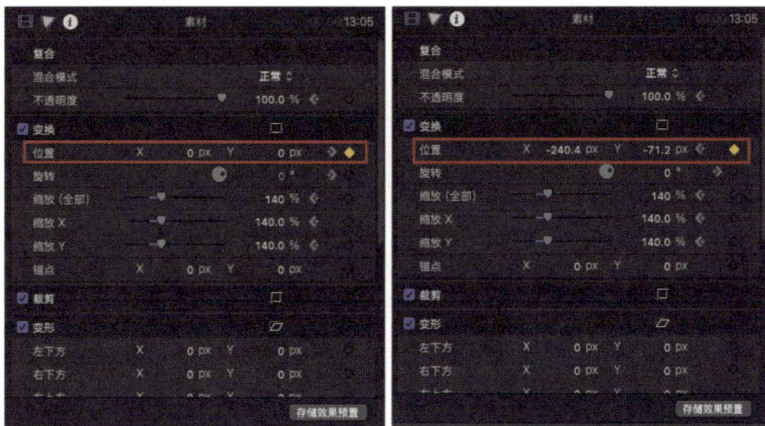，设置 X 轴和 Y 轴参数后，即可添加关键帧，如图 4-49 所示。

图 4-49

在添加多个透明度关键帧后，在"监视器"窗口中，单击"从播放头位置向前播放"按钮（空格键），可以预览制作好的位置动画效果，如图 4-50 所示。

图 4-50

4.2.2　在监视器中制作关键帧

除了在"视频检查器"窗口中制作关键帧动画外，也可以用更为直观的方式在"监视器"窗口中为片段的画面制作关键帧动画。

在"监视器"窗口中单击左下角，单击"变换"选项按钮 ，如图 4-51 所示，或者在"监视器"窗口中右击，在弹出的快捷菜单中，选择"变换"命令，如图 4-52 所示，均可激活"监视器"窗口。激活"监视器"窗口后，在左上角会出现"添加关键帧"按钮 ，素材片段画面会出现 8 个控制点，如图 4-53 所示。

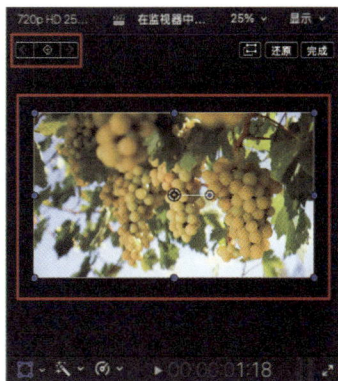

图 4-51　　　　　　　　　图 4-52　　　　　　　　　图 4-53

在"监视器"窗口中，选择其中一个控制点，按住鼠标左键并进行拖曳，即可调整视频素材的大小，如图 4-54 所示；如果需要变换素材的角度，可以单击素材画面中间的控制点，并进行拖曳，即可调整素材的角度，如图 4-55 所示。

 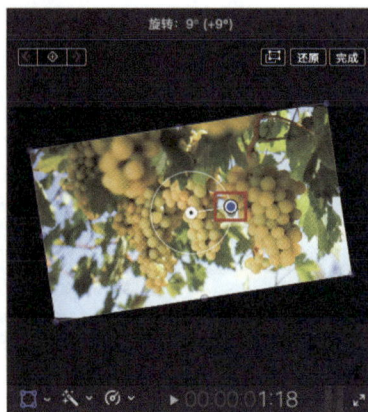

图 4-54   图 4-55

如果需要变换视频素材的位置，可以在"监视器"窗口的视频素材上，按住鼠标左键进行拖曳，即可移动素材的位置。

如果需要在"监视器"窗口中添加关键帧，只需单击"变换"按钮▣后，将播放指示器移动至需要调整的时间点，在画面中进行调整，然后单击"添加关键帧"按钮◈即可，或者先单击"添加关键帧"按钮◈，再在画面中进行调整，两种顺序均可，如图 4-56 所示。

图 4-56

在"监视器"窗口添加"变换" | "位置"关键帧后，画面中会出现箭头标识，如图 4-57 所示。右键单击箭头即可选择关键帧动画"线性"和"平滑"，一般默认为"平滑"，如图 4-58 所示。"线性"关键帧指的是关键帧之间的参数变化是匀速的，即数值以固定速率从起点到终点变化，变化过程无加速或减速，直接按直线路径过渡，适用于需要机械感、稳定节奏的场景（如匀速移动的文字、固定速度的缩放）。"平滑"关键帧指的是关键帧之间的参数变化是贝塞尔曲线过渡，允许自定义变化的加速度或减速度，变化过程更自然流畅，模拟真实物理运动（如缓入缓出、弹性效果），适用于需要动态感的动画（如镜头移动、复杂路径跟踪）。

图 4-57

图 4-58

在"监视器"窗口中添加关键帧后，同时在"视频检查器"窗口中也会显示添加关键帧按钮，并自动生成参数变换，如图 4-59 所示。

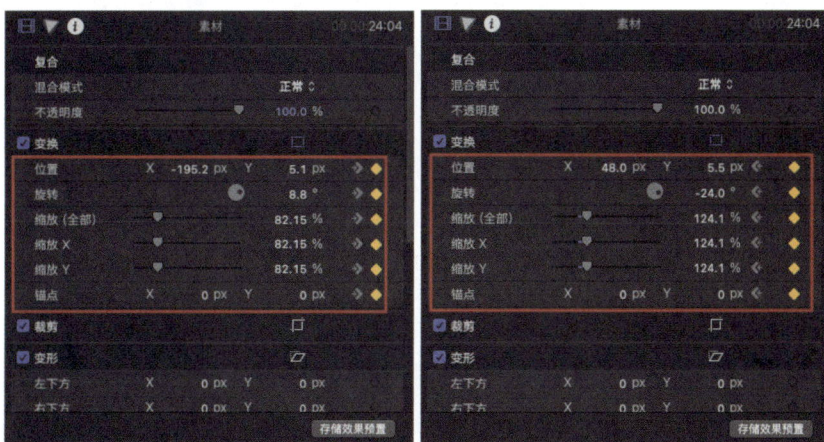
图 4-59

在"监视器"画面中除了可以添加"变换"选项关键帧，还可以添加"裁剪""变形"关键帧。在"监视器"窗口中展开"变换"按钮 右侧列表栏，即可选择需要添加关键帧的选项，如图 4-60 所示，添加关键的方法与"变换"选项一致。

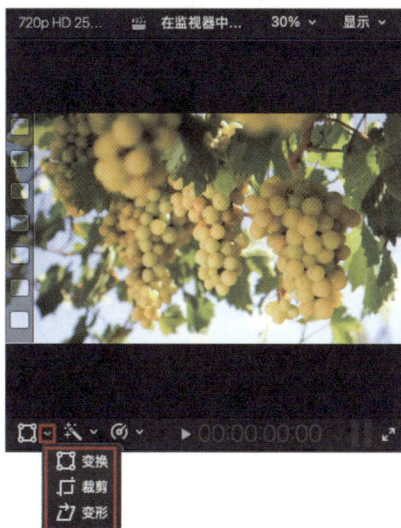
图 4-60

提示：在"监视器"窗口中，上方显示的百分比为素材片段在"监视器"窗口中显示的大小，用户可
以单击百分比右侧的按钮，在展开的菜单栏中选择显示画面大小，或者通过快捷键 Command+
加号（+）或 Command+ 减号（-）调整显示画面大小，如图 4-61 所示。

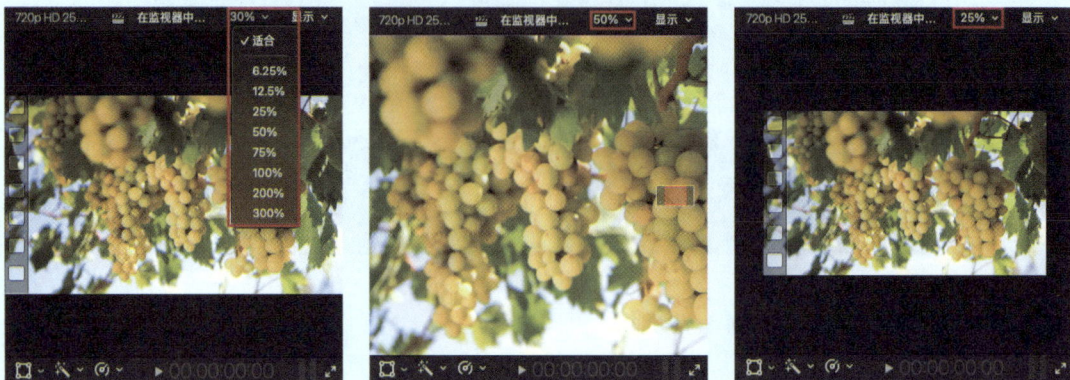

图 4-61

4.2.3　在时间线中制作关键帧

在设置关键帧动画时，除了可以通过"检查器"和"监视器"窗口进行设置以外，还可以在"磁性
时间线"窗口中通过"显示视频动画"命令显示视频动画，并打开"视频动画"对话框，如图 4-62 所示。"视
频动画"对话框中的选项与"检查器"窗口中的选项完全相同，同样包括"变换""修剪""变形"及"复
合：不透明度"4 个选项。

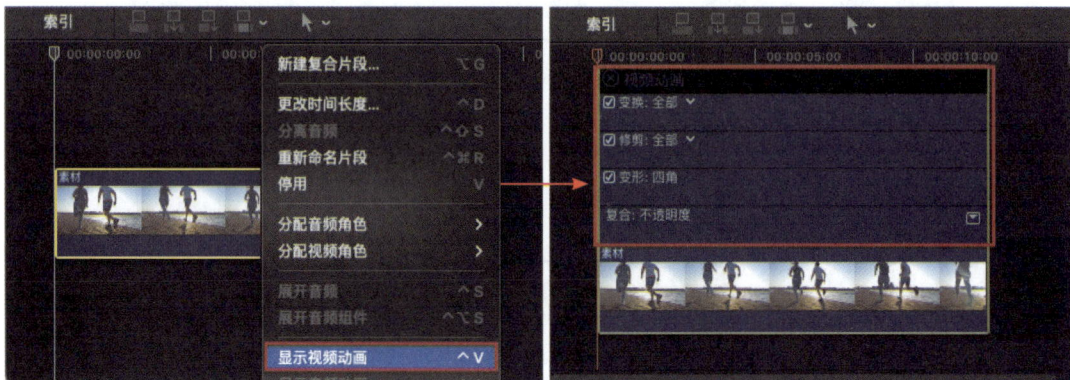

图 4-62

如果要用"磁性时间线"窗口控制不透明度动画，则单击"复合：不透明度"选项最右侧 图标，
或者在该区域双击，即可展开"复合：不透明度"面板。在该区域中有一条白色的调整线贯穿整个片段，
将鼠标指针悬停在调整线上，鼠标指针将变成上下双箭头形状，向上或向下拖曳调整，可以调整片段的
不透明度。默认情况下，不透明度 100%，越往下则透明度越高，在调整的过程中有百分比数字进行提示，
如图 4-63 所示。

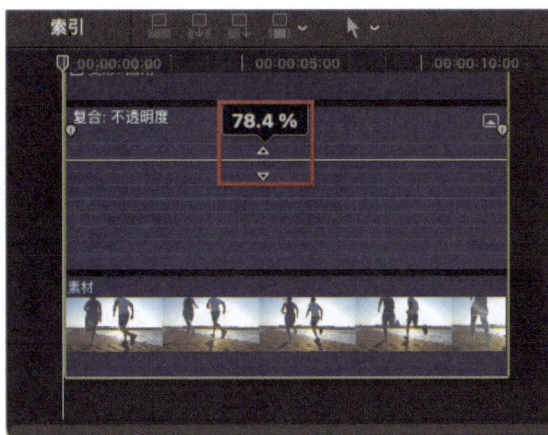

图 4-63

"复合：不透明度"面板两侧均有滑块，将鼠标指针放置在滑块上，将变成左右双箭头形状，如图 4-64 所示。向左或右移动滑块，即可在素材片段上创建渐显渐隐的效果，如图 4-65 所示。

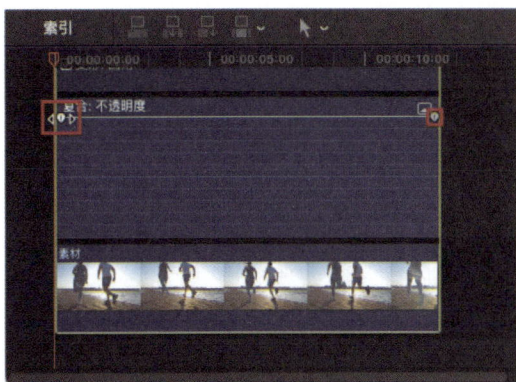
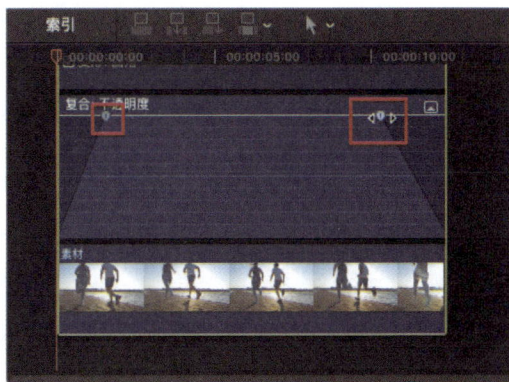

图 4-64　　　　　　　　　　　　　　　　图 4-65

在"视频检查器"窗口添加两个及以上"不透明度"关键帧后，将会在"复合：不透明度"面板中显示，将鼠标指针移动至两个关键帧中间位置，指针将变成上下左右箭头形状，右键单击，即可选择不同的贝塞尔曲线，让关键帧动画更加流畅，如图 4-66 所示。

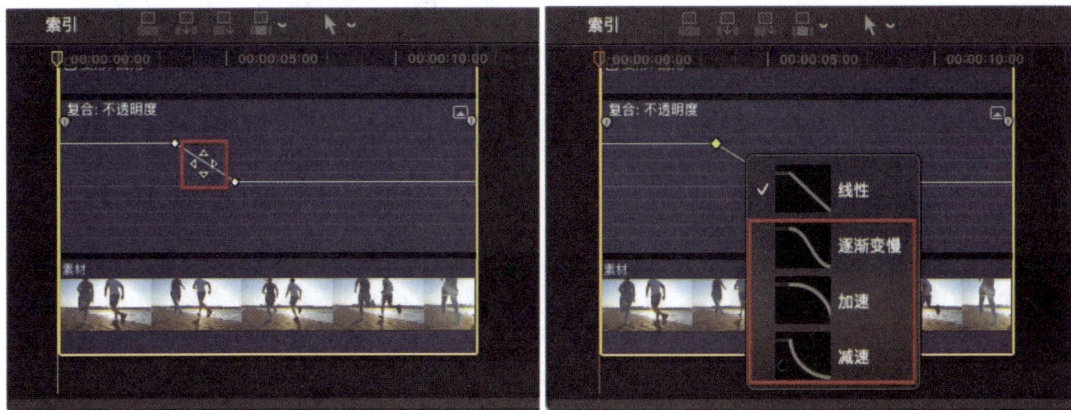

图 4-66

如果要用"磁性时间线"窗口控制变换动画效果，可以在"视频动画"对话框中，单击"变换：全部"右侧的三角按钮，展开列表框，如图 4-67 所示，通过列表框中的命令，可以调整视频片段的位置、旋转、缩放和锚点。

如果要用"磁性时间线"窗口控制修剪动画效果，可以在"视频动画"对话框中，单击"修剪：全部"右侧的三角按钮，展开列表框，如图 4-68 所示，选择不同的命令，可以从不同的位置修剪视频。

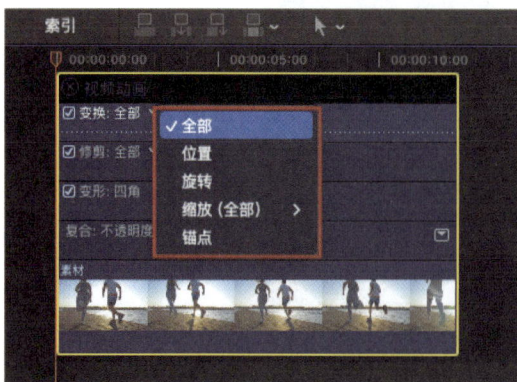

图 4-67

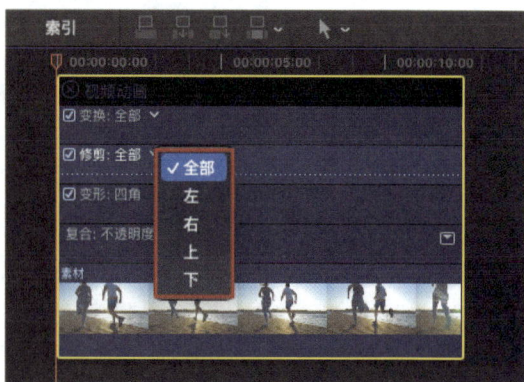

图 4-68

4.2.4 实操：制作旋转缩放关键帧

旋转缩放关键帧是制作视频时常用的两个选项。本小节将制作一个素材片段旋转 360° 效果的视频，下面介绍具体操作方法。

01 创建资源库"4.2"，创建事件"4.2.4 实操：制作旋转缩放关键帧"，创建项目"制作旋转缩放关键帧"，并导入"素材 .mp4"。

02 将"素材 .mp4"添加至"磁性时间线"轨道中后，将播放指示器移动至 00:00:03:10 的位置，在此处添加"缩放""旋转"关键帧，数值大小不变，如图 4-69 所示。

03 将播放指示器移动至 00:00:04:00 的位置，在此处添加"旋转""缩放"关键帧，将"旋转"数值更改为 45.0°，"缩放"数值更改为 250.0%，如图 4-70 所示。

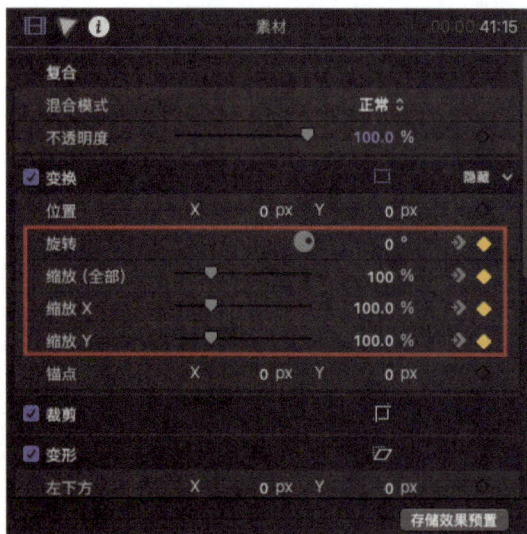

图 4-69

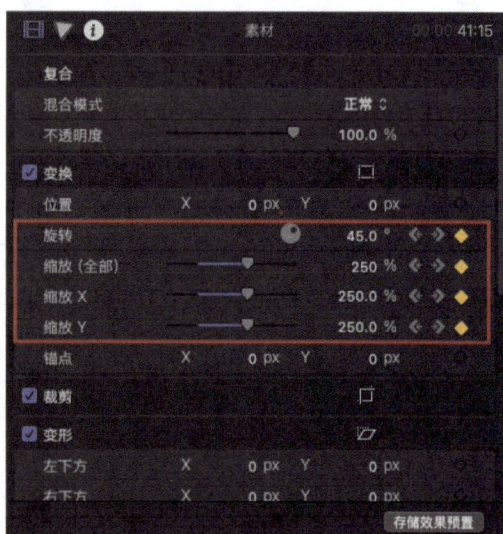

图 4-70

04 将播放指示器移动至 00:00:04:20 的位置，在此处添加"旋转""缩放"关键帧，将"旋转"数值更改为 90.0°，"缩放"数值更改为 250.0%，如图 4-71 所示。

05 将播放指示器移动至 00:00:05:10 的位置，在此处添加"旋转""缩放"关键帧，将"旋转"数值更改为 135.0°，"缩放"数值更改为 250.0%，如图 4-72 所示。

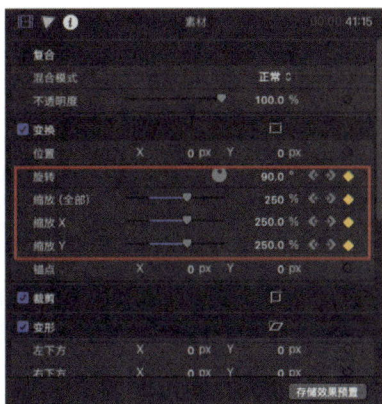

图 4-71

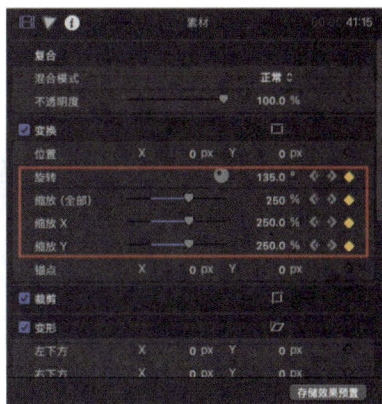

图 4-72

06　将播放指示器移动至 00:00:04:20 的位置，在此处添加"旋转""缩放"关键帧，将"旋转"数值更改为 180.0°，"缩放"数值更改为 250.0%，如图 4-73 所示。

07　将播放指示器移动至 00:00:05:10 的位置，在此处添加"旋转""缩放"关键帧，将"旋转"数值更改为 225.0°，"缩放"数值更改为 250.0%，如图 4-74 所示。

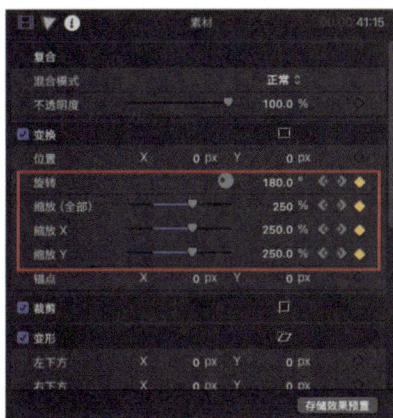

图 4-73

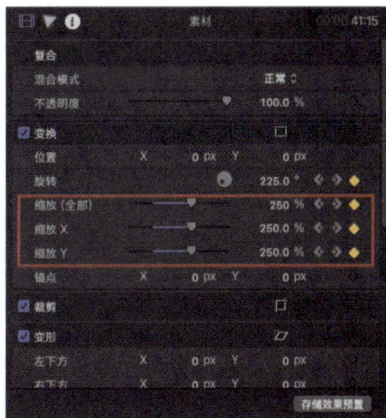

图 4-74

08　将播放指示器移动至 00:00:04:20 的位置，在此处添加"旋转""缩放"关键帧，将"旋转"数值更改为 270.0°，"缩放"数值更改为 250.0%，如图 4-75 所示。

09　将播放指示器移动至 00:00:05:10 的位置，在此处添加"旋转""缩放"关键帧，将"旋转"数值更改为 360.0°，"缩放"数值更改为 100.0%，如图 4-76 所示，缩放旋转效果即制作完成。

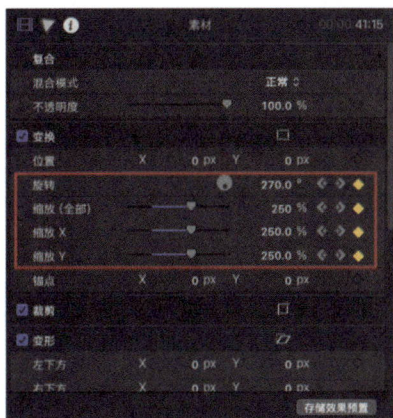

图 4-75

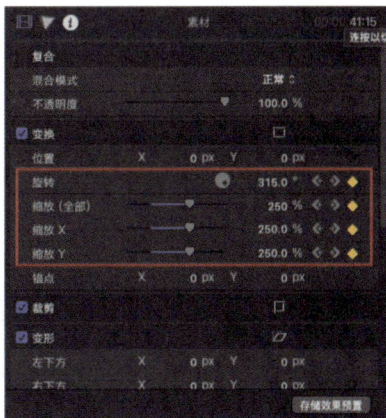

图 4-76

4.2.5 实操：制作不透明度关键帧

"不透明度"关键帧可以用于制作影片的渐显渐隐效果，本小节案例将通过为影片添加渐显渐隐效果，介绍如何制作不透明度关键帧，效果如图 4-77 所示，下面介绍具体操作方法。

图 4-77

01　打开文件"制作透明度关键帧 .fcpxmld"并将其导入资源库"4.2"中，从而导入事件"4.2.5 实操：制作透明度关键帧"。打开事件"4.2.5 实操：制作透明度关键帧"，导入相关素材，双击项目"制作透明度关键帧"，即可在"磁性时间线"窗口查看已添加至轨道中的素材片段。

02　在"磁性时间线"窗口中选中"素材 .mp4"，按快捷键 Control+V，打开"视频动画"窗口，单击"复合：不透明度"选项最右侧 图标，或者在该区域双击，展开"复合：不透明度"面板。

03　将鼠标指针移动至"复合：不透明度"面板左侧滑块上，鼠标指针变成左右箭头后，向右移动 01:18。如图 4-78 所示。

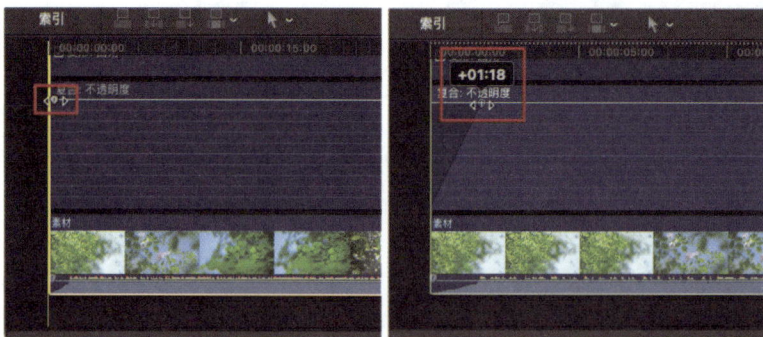

图 4-78

04　完成上述操作后，渐显效果即制作完成。

05　将播放指示器移动至 00:00:32:00 的位置，在"视频检查器"中添加"不透明度"关键帧，数值为 100.0%，如图 4-79 所示。

06　将播放指示器移动至素材片段结尾 00:00:33:11 处，在此处添加"不透明度"关键帧，数值为 0.0%，如图 4-80 所示。

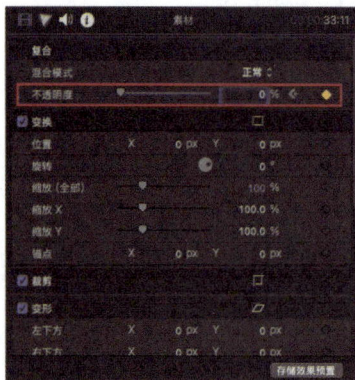　　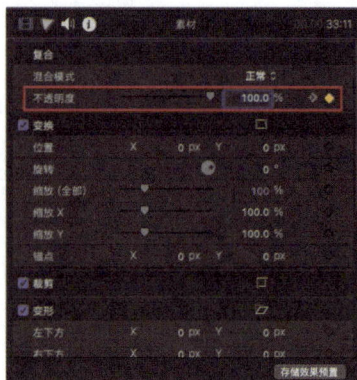

图 4-79　　　　　　　　　图 4-80

07　完成上述操作后，"复合：不透明度"面板中将显示添加的关键帧，如图 4-81 所示。

08　将鼠标指针移动至两个关键帧的中间任意位置，即可出现上下左右箭头，右键单击，选择"逐渐变慢"，如图 4-82 所示，渐隐效果即制作完成。

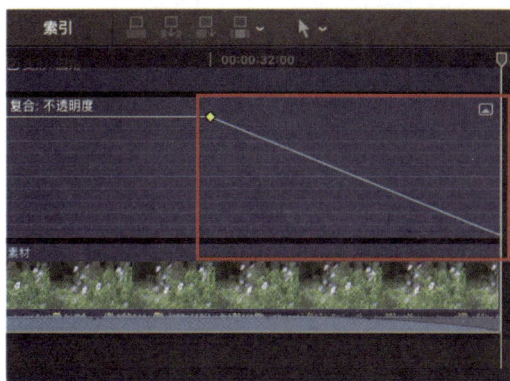

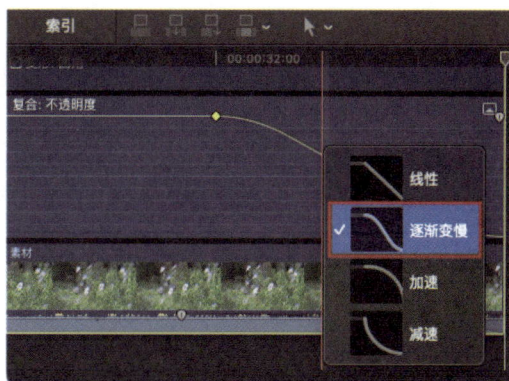

图 4-81　　　　　　　　　　　　　　　　图 4-82

4.2.6　实操：使用关键帧控制音量变化

通过为音频添加关键帧来制作音量变化效果，可以使音频的出现和过渡显得更加自然和协调。本小节将制作火车驶过视频，向读者介绍如何在 Final Cut Pro 中为音频添加关键帧，下面介绍具体操作方法。

01　打开文件"使用关键帧控制音量变化 .fcpxmld"并将其导入资源库"4.2"中，从而导入事件"4.2.6 实操：使用关键帧控制音量变化"。打开事件"4.2.6 实操：使用关键帧控制音量变化"，导入相关素材，双击项目"使用关键帧控制音量变化"，即可在"磁性时间线"窗口查看已添加至轨道中的素材片段。

02　将播放指示器移动至开头 00:00:00:00 处。在"磁性时间线"窗口中选中音频素材片段"火车鸣笛声 .mp3"，在"音频检查器"窗口中单击"音量"选项右侧的"添加关键帧"按钮，即可添加第一个关键帧，将音量数值调整为无限小，如图 4-83 所示。

03　将播放指示器移动至 00:00:04:06 的位置，在此处再添加"音量"关键帧，将数值调整为 0dB，如图 4-84 所示，音量关键帧即制作完成。

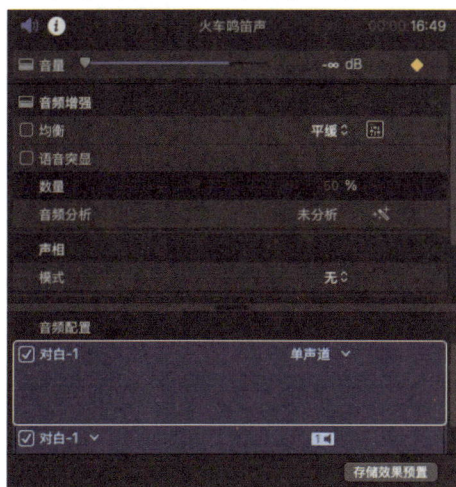

图 4-83　　　　　　　　　　　　　　　　图 4-84

4.2.7　实操：制作色彩渐变效果

我们还可以通过"颜色检查器"并结合关键帧，制作色彩渐变效果。本小节将制作人物颜色渐变慢动作视频，效果如图 4-85 所示，下面介绍色彩渐变具体操作方法。

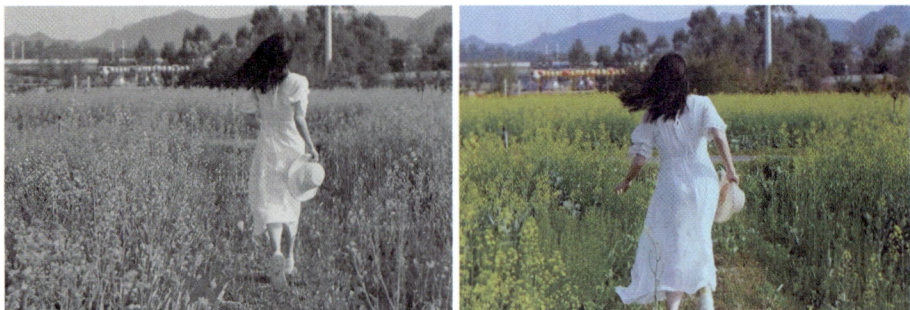

图 4-85

01　打开文件"制作色彩渐变效果 .fcpxmld"并将其导入资源库"4.2"中,从而导入事件"4.2.7 实操:制作色彩渐变效果"。打开事件"4.2.7 实操:制作色彩渐变效果",导入相关素材,双击项目"制作色彩渐变效果",即可在"磁性时间线"窗口查看已添加至轨道中的素材片段。

02　在"颜色检查器"中添加"颜色版 1",如图 4-86 所示。

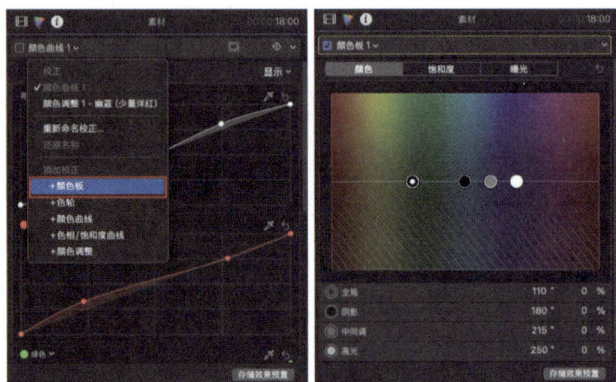

图 4-86

03　单击"饱和度"选项,将播放指示器移动至 00:00:04:15 的位置,单击"颜色版 1"选项区右侧的"添加关键帧"按钮◈,即可在此处添加"颜色版 1"关键帧,在此处将"全局"数值调整至 –100%,"阴影"数值调整至 20%,"中间调"数值调整至 4%,"高光"数值调整至 20%,如图 4-87 所示。

04　将播放指示器移动至 00:00:05:15 的位置,在此处添加"颜色版 1"关键帧,将"全局"数值调整至 0%,其余数值不变,如图 4-88 所示。

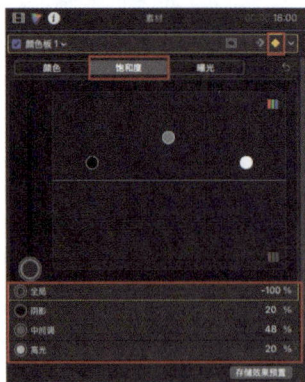
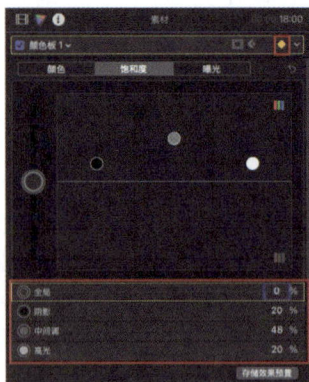

图 4-87　　　　　　　　　　图 4-88

05　完成上述操作后,打开"视频检查器",选中"假影"效果选项框,将颜色更改为浅黄棕色,并将"模糊（Blur Amount）"数值更改为 25.0,最后分别在 00:00:04:15 和 00:00:05:15 处添加"不透明度（Opacity）"关键帧,00:00:04:15 处"不透明度（Opacity）"数值为 0%,00:00:05:15 处"不透明度（Opacity）"

数值为 54.41%，具体如图 4-89 所示。

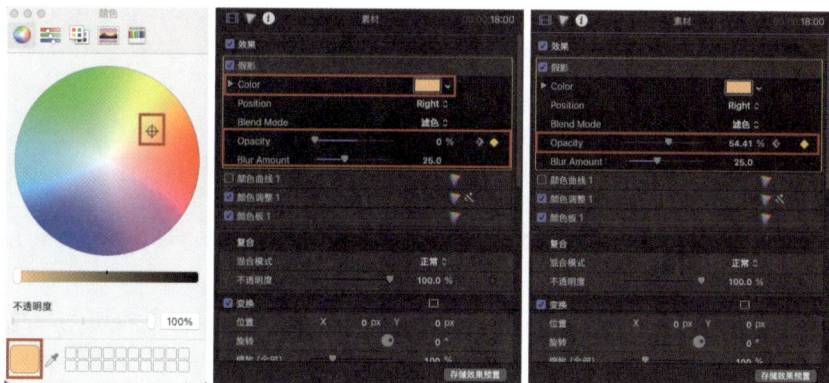

图 4-89

4.3　超燃卡点，感受音乐的魅力

卡点视频是一种通过精准剪辑，使视频画面的切换、动作的衔接以及音乐节奏的鼓点、节拍等元素完美匹配的视频类型。当视频节奏与音乐完美融合时，每一个画面都如同音符般跳跃，这正是创意卡点的魅力所在。在 Final Cut Pro 中，用户可以通过添加标记点来制作卡点视频。本节将从添加标记点的操作方法开始，向读者介绍如何使用 Final Cut Pro 进行不同类型的卡点创意剪辑。

4.3.1　标记点的使用

在 Final Cut Pro 中，用户通过为音频添加标记点，让卡点视频制作更加清晰和便捷。

01　将一段音频素材拖入"磁性时间线"窗口中，在"更改片段在时间线外观"窗口中放大素材外观，让音频波形更加清晰，如图 4-90 所示。

图 4-90

02　观察波形图，并播放音频，可以发现该音频前面部分有非常明显且规律的鼓点，在波形图上有明显的突出，如图 4-91 所示。

03　将播放指示器移动至每一个突出的点上，执行"标记"|"标记"|"添加标记"命令，或按快捷键 M 键，即可添加标记点，如图 4-92 所示。

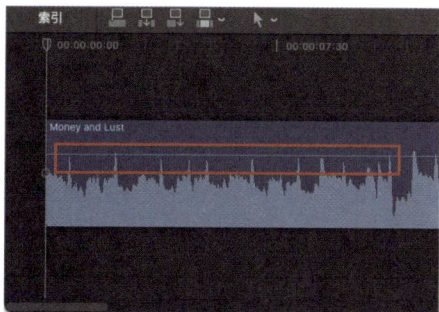

图 4-91

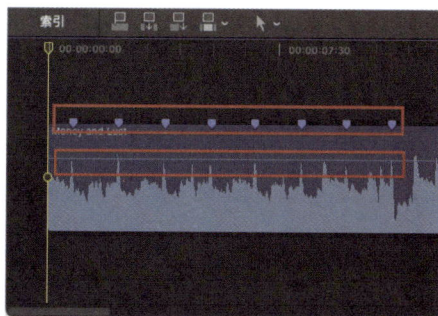

图 4-92

119

04 在主要故事情节上添加标记点时，无须选中素材片段，按 M 键即可直接将标记点添加至素材片段上。次级故事情节上的素材片段需要被选中，再按 M 键，即可在次级故事情节素材片段上添加标记点。

4.3.2 实操：制作动态相册

动态相册是给静态照片加动态效果、转场与音乐，让其"动"起来的多媒体作品，能更生动展现回忆，带来丰富的视觉体验。本小节案例将制作动态相册视频，下面将介绍具体操作方法。

01 创建资源库"4.3"，创建事件"4.3.2 实操：制作动态相册"，创建项目"制作动态相册"，并导入本小节案例所有素材。

02 选中音频素材"飘落.mp3"，单击"将所选片段连接到主要故事情节（Q）"按钮，将音频素材"飘落.mp3"连接到主要故事情节下方，如图 4-93 所示。

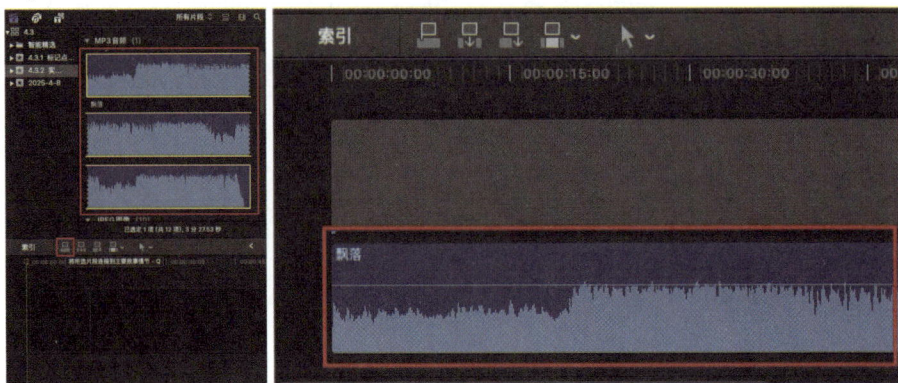

图 4-93

03 在"音频检查器"窗口中将音量调整至 3.0dB，音频"均衡"调整为"低音增强"，如图 4-94 所示。

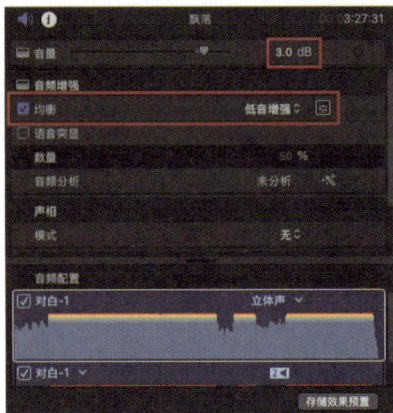

图 4-94

04 根据音频素材内容添加标记点，具体参考见表 4-1。

表 4-1

序号	标记点	时间
1	标记点 1	00:00:00:00
2	标记点 2	00:00:01:09
3	标记点 3	00:00:02:24
4	标记点 4	00:00:03:28

续表

序号	标记点	时间
5	标记点 5	00:00:05:12
6	标记点 6	00:00:06:18
7	标记点 7	00:00:07:25
8	标记点 8	00:00:10:19
9	标记点 9	00:00:11:23
10	标记点 10	00:00:13:07
11	标记点 11	00:00:14:13

05　添加完标记点后，根据标记点按快捷键 Command+B，对主要故事情节进行切割，如图 4-95 所示。

06　完成上述操作后，按照素材名称顺序添加至主要故事情节中，对音频素材"飘落 .mp3"所连接的主要故事情节进行依次替换，如图 4-96 所示。其中，在"事件浏览器"中为"素材 7.mp4"添加入点，入点时间为 00:00:04:04。

图 4-95　　　　　　　　　　　　　　　　图 4-96

07　将播放指示器移动至 00:00:18:25 处，按快捷键 Command+B，对"素材 11.png"和"飘落 .mp3"进行裁切并删除。

08　选中所有主要故事情节中的素材片段，按 Option 键，在上方次级故事情节轨道中对素材片段进行复制并粘贴，如图 4-97 所示。

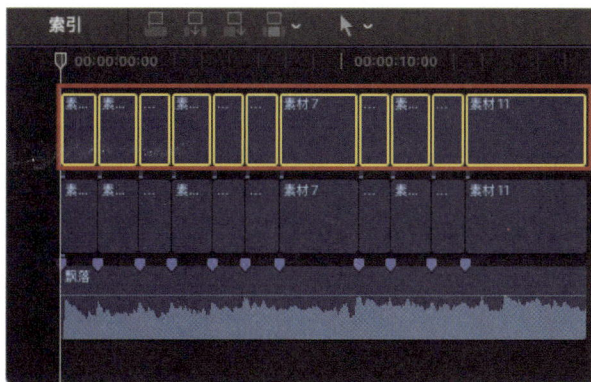

图 4-97

09　由于所有图片素材均与"监视器"画面大小不符，将所有主要故事情节中的图片素材"缩放"数值均更改至 120%，如图 4-98 所示。

图 4-98

10 将次级故事情节中的所有图片和视频素材片段"缩放"数值均更改为 90%，如图 4-99 所示。

图 4-99

11 将"立体翻转"转场添加至次级故事情节中所有素材片段中间位置，首尾不用添加，如图 4-100 所示，转场时长为 00:00:00:20，动态相册效果即制作完成。

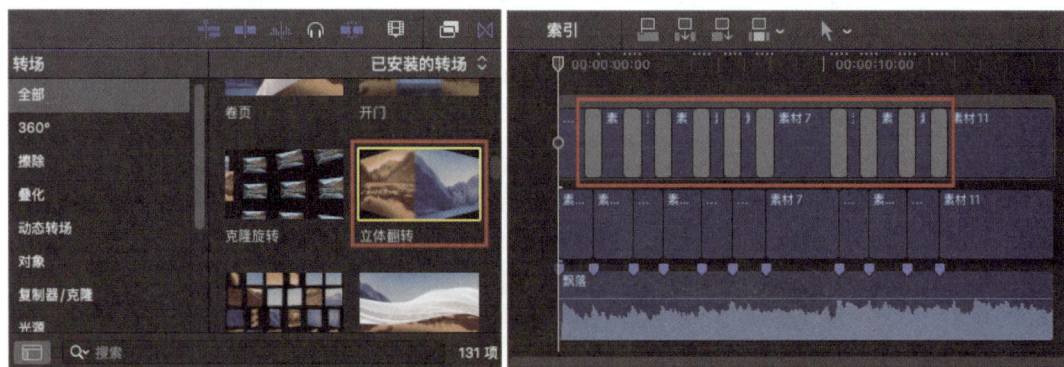

图 4-100

提示：将音频素材"飘落 .mp3"连接到"磁性时间线"窗口时，由于第一个导入素材为音频素材，
　　　　需要设置项目具体规格，将视频速率更改为 30p，如图 4-101 所示。

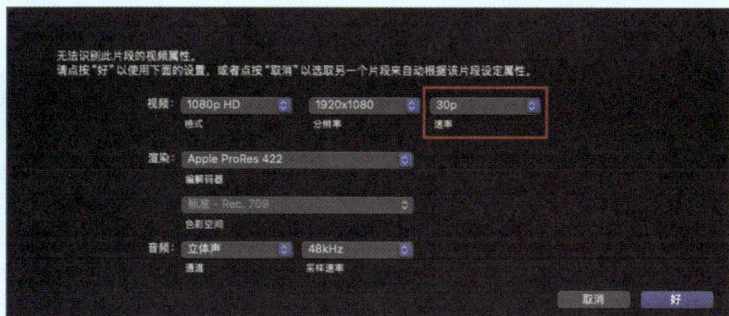

图 4-101

4.3.3　实操：制作百叶窗卡点视频

百叶窗卡点视频是短视频常见且基础的卡点视频类型。本小节将介绍如何制作百叶窗音乐卡点视
频，效果如图 4-102 所示，下面将介绍具体操作方法。

图 4-102

01　打开文件"制作百叶窗卡点视频 .fcpxmld"并将该文件导入至资源库"4.3"中，即可导入事件
"4.3.3 实操：制作百叶窗卡点视频"。打开事件"4.3.3 实操：制作百叶窗卡点视频"，在事件中导入本小
节案例相关素材，并双击项目"制作百叶窗卡点视频"，即可在"磁性时间线"窗口看到已添加至轨道
中的音频素材"夜晚的声音 .wav"，并且该音频素材已添加标记点，如图 4-103 所示。

02　长按"素材 .mp4"，按 Option 键，在上方次级故事情节轨道中复制、粘贴 3 次，如图 4-104 所示。

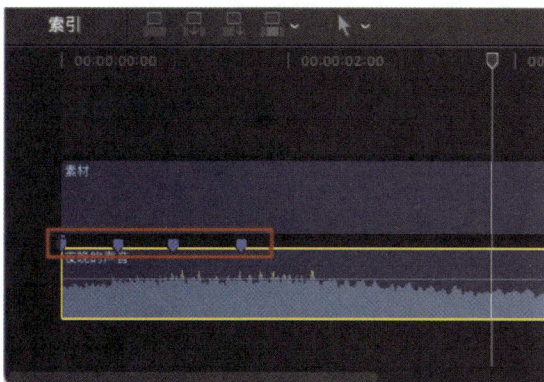

图 4-103

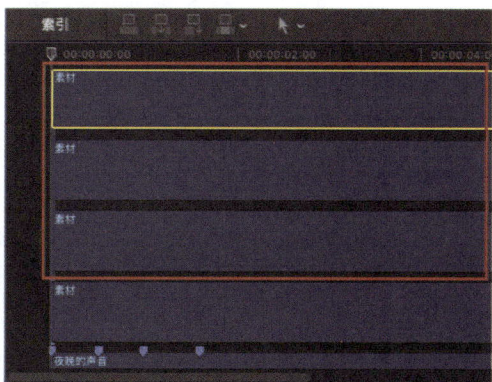

图 4-104

03 根据音频素材"夜晚的声音.wav"中的标记点，对次级故事情节中的"素材.mp4"进行裁切，最终如图4-105所示。

04 在"效果浏览器"窗口中，选中"角蒙版"，如图4-106所示，并将"角蒙版"添加至轨道中所有的"素材.mp4"中。

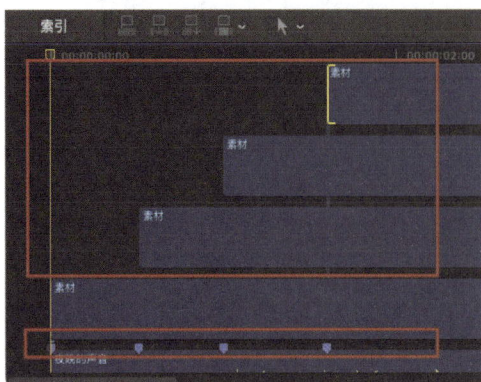
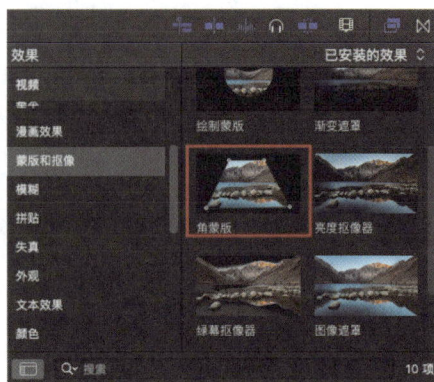

图4-105　　　　　　　　　　　　　　　　图4-106

05 为了制作百叶窗效果，在"视频检查器"窗口中更改角蒙版具体数值，用"角蒙版"在"素材.mp4"上绘制矩形蒙版。主要故事情节中"素材.mp4"的角蒙版数值如图4-107所示；次级故事情节轨道1中"素材.mp4"角蒙版数值如图4-108所示；次级故事情节轨道2中"素材.mp4"角蒙版数值如图4-109所示；次级故事情节轨道3中"素材.mp4"角蒙版数值如图4-110所示。

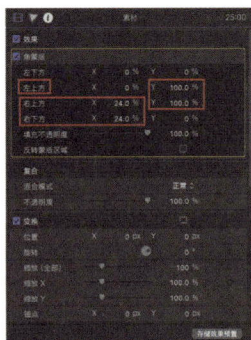
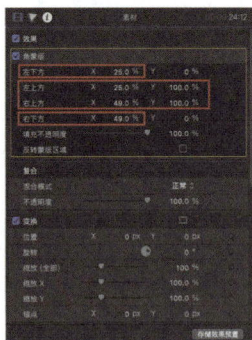
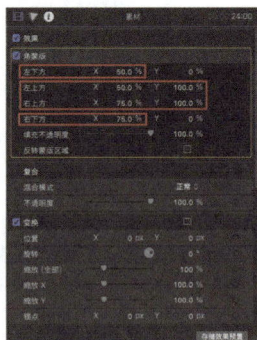
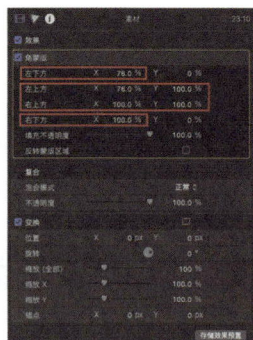

图4-107　　　　　　图4-108　　　　　　图4-109　　　　　　图4-110

06 为了制作闪白开场效果，将"白场.png"添加至次级故事情节轨道1开始位置，位于主要故事情节中"素材.mp4"上方，保留时长00:07，并添加"角蒙版"，其中"左下方"和"左上方"X值为3.0%，"右下方"和"右上方"X值为6.0%，如图4-111所示。

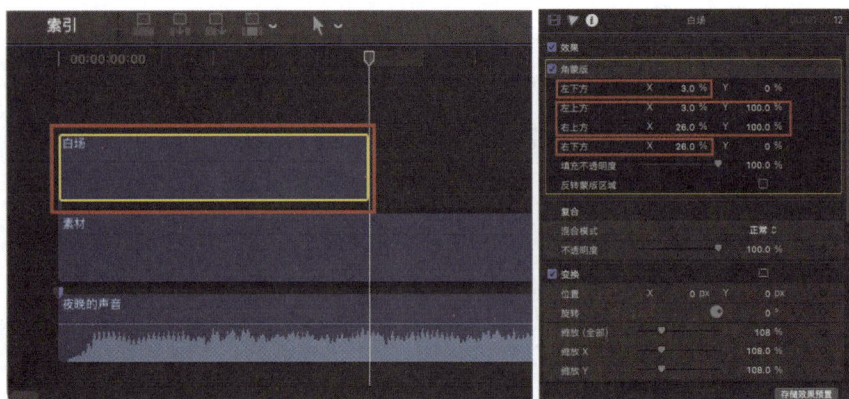

图4-111

07　将播放指示器分别移动至 00:00:00:00 和 00:00:00:07 处，选中"白场 .png"，添加"复合"｜"不透明度"关键帧，将数值更改为 0%，如图 4-112 所示。将播放指示器移动至 00:00:00:03 处，选中"白场 .png"，添加"复合"｜"不透明度"关键帧，将数值更改为 100%，如图 4-113 所示。

08　完成上述操作后，长按"白场 .png"，按 Option 键，在所有"素材 .mp4"开始位置的上方轨道中进行复制、粘贴，如图 4-114 所示。

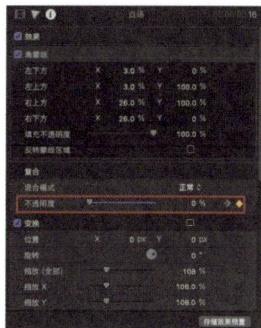
图 4-112

图 4-113

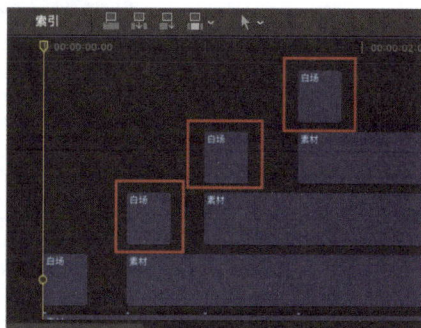
图 4-114

09　完成上述操作后，为了让"白场 .png"与各个轨道中的"素材 .mp4"契合，调整各个轨道中"白场 .png"的角蒙版数值。次级故事情节轨道 3 中"白场 .png"的角蒙版数值如图 4-115 所示；次级故事情节轨道 4 中"白场 .png"的角蒙版数值如图 4-116 所示；次级故事情节轨道 5 中"白场 .png"的角蒙版数值如图 4-117 所示。

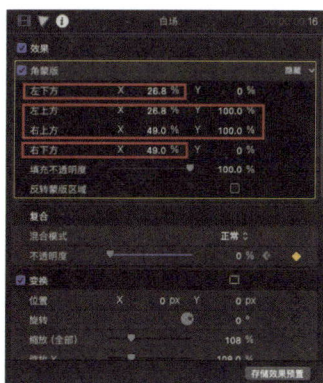
图 4-115

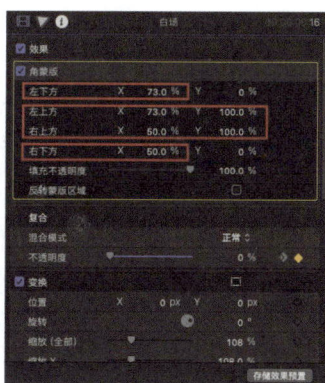
图 4-116

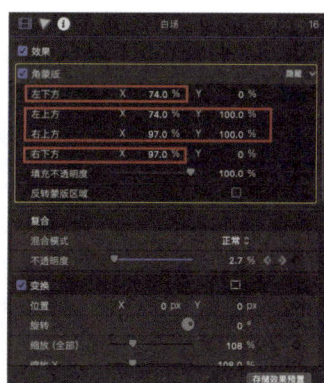
图 4-117

4.3.4　实操：制作活动快剪视频

"活动快剪"是通过快速剪辑、卡点配乐，将活动亮点浓缩成片的创作形式。该形式聚焦氛围营造、节奏把控与亮点呈现，适用于品牌宣传、活动复盘等多种场景。本小节将以"非遗活动快剪"制作为例（效果参见图 4-118），详细介绍具体操作方法。

图 4-118

01 在资源库"4.3"中，创建事件"4.3.4 实操：制作活动快剪视频"，在事件中导入本小节案例相关素材，并创建项目"制作活动快剪视频"。

02 在"事件浏览器"窗口中选中"国潮 .mp3"，单击"将所选片段连接到主要故事情节"按钮 ▣，如图 4-119 所示。

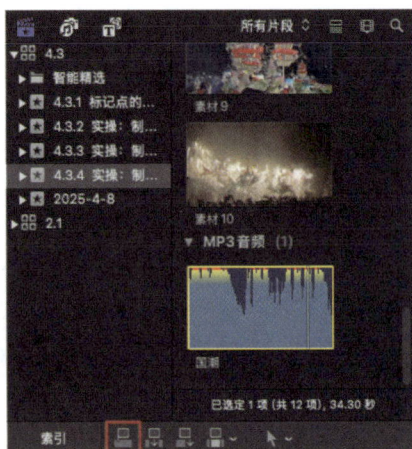

图 4-119

03 由于创建项目时为"自动设置"，默认新建项目的规格会根据第一个视频片段的属性进行设定。所以在导入音频后，即会打开因为无法识别视频属性而打开的"自定义设置"对话框，将"速率"更改为 25p，如图 4-120 所示。

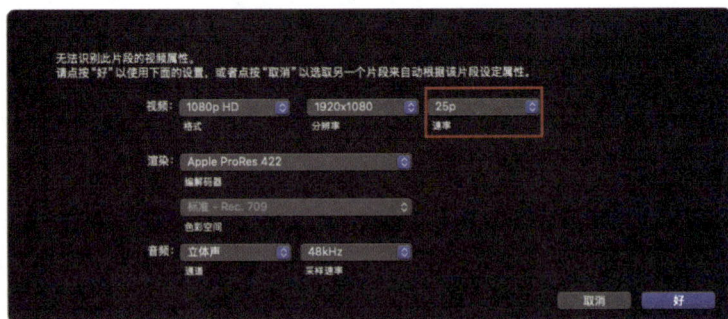

图 4-120

04 完成上述操作后，音频"国潮 .mp3"即链接至主要故事情节下方音频轨道中，如图 4-121 所示。

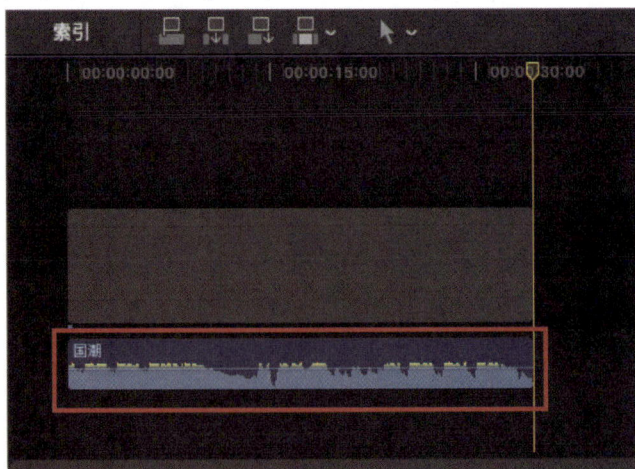

图 4-121

05 根据"国潮.mp3"节奏和鼓点添加标记点，如图 4-122 所示。

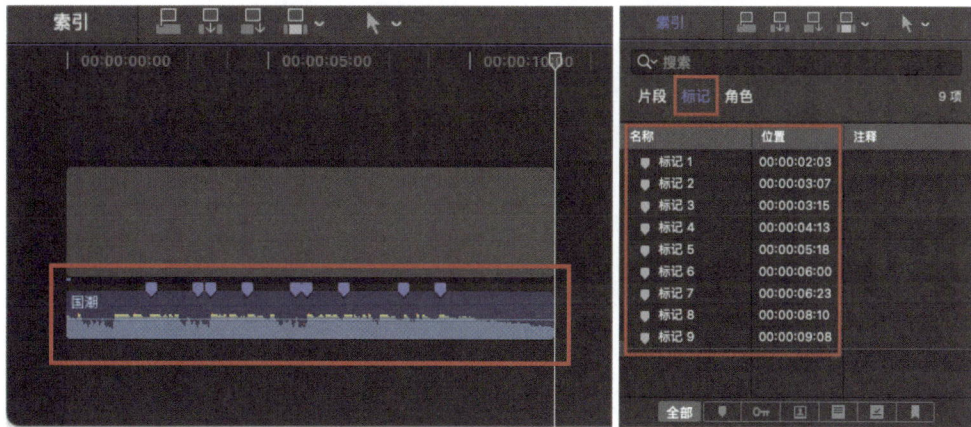

图 4-122

06 根据"国潮.mp3"对主要故事情节进行切割。

07 在次级故事情节中添加"素材 1.mp4"，打开"重新定时编辑器"，将播放指示器移动至 00:00:08:10 处，按快捷键 Shift+B，切割速度，如图 4-123 所示。将切割后第一段速度更改为 800%，如图 4-124 所示。

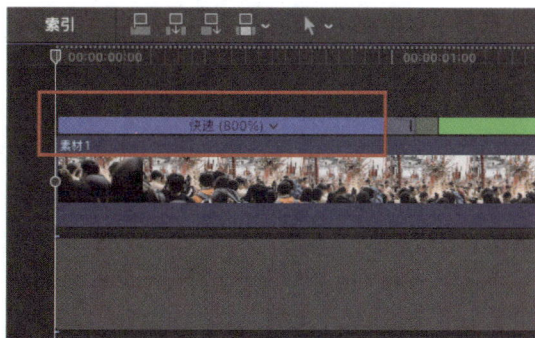

<table>
<tr><td align="center">图 4-123</td><td align="center">图 4-124</td></tr>
</table>

08 完成上述操作后，将播放指示器移动至 00:00:02:03，选中"素材 1.mp4"，按快捷键 Command+B 进行切割，并删除切割后右侧部分内容，如图 4-125 所示。

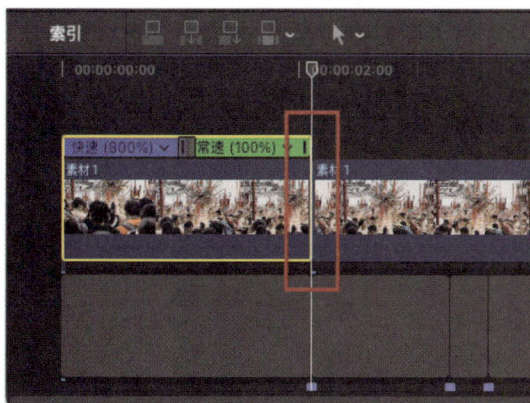
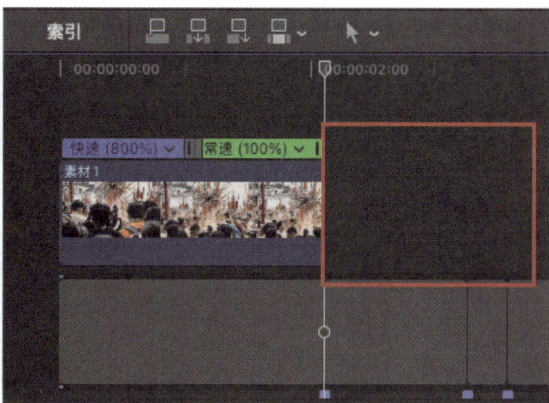

图 4-125

09 将"素材 2.mp4"添加至"素材 1.mp4"后方，并将播放指示器移动至 00:00:04:13 处进行裁剪，如图 4-126 所示。

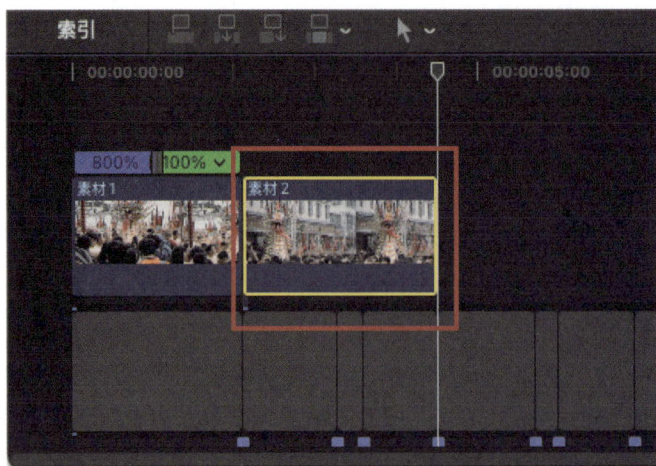

图 4-126

10　将"素材 4.mp4"添加至"素材 2.mp4"上方轨道中，时长为第 2 个至第 4 个标记点，如图 4-127 所示，将其音量调整为 — ∞ dB（调整至最小），将缩放数值调整至 59.0%，对其画面进行裁剪，调整在画面中的位置，具体数值参考图 4-128。

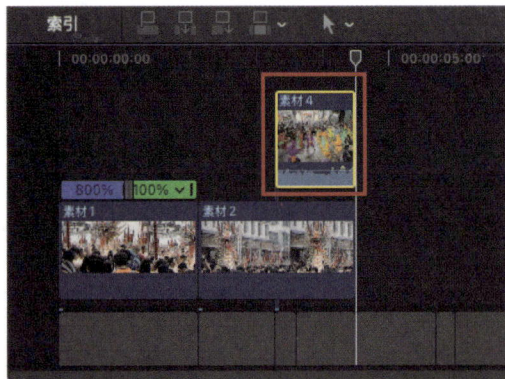

图 4-127

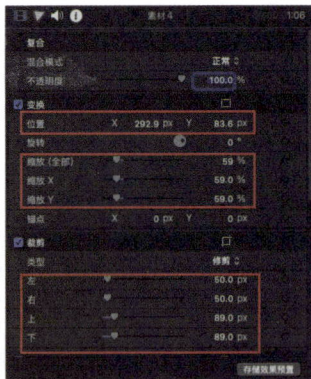

图 4-128

11　将"素材 3.mp4"添加至"素材 4.mp4"上方轨道中，时长为第 3 个至第 4 个标记点，如图 4-129 所示。在"视频检查器"中对画面进行大小、位置调整和裁剪，如图 4-130 所示。

图 4-129

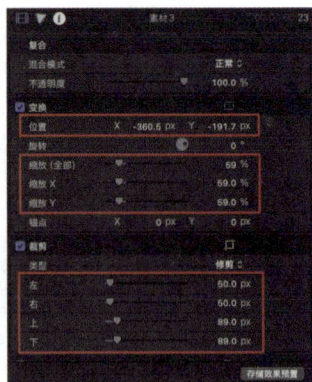

图 4-130

12　根据主要故事情节切割内容添加后续素材，具体如图 4-131 所示。其中"素材 6.mp4"需复制粘贴"素材 3.mp4"的"变换"和"裁剪"属性，"素材 7.mp4"需复制、粘贴"素材 4.mp4"的"变换"和"裁剪"属性。

图 4-131

13　将次级故事情节裁剪好的"素材 1.mp4""素材 2.mp4""素材 5.mp4""素材 6.mp4""素材 9.mp4""素材 10.mp4"调整至主要故事情节轨道中，如图 4-132 所示。

图 4-132

拓展案例：制作卡点变色效果

分析

本例讲解卡点变色效果的制作方法。视频效果如图 4-133 所示。

图 4-133

难度：★★

相关文件：第 4 章 \ 拓展案例 \ 制作卡点变色效果

在线视频：第 4 章 \ 拓展案例 \ 制作卡点变色效果 .mp4

本例知识点

• 找到一首鼓点明确的伴奏音乐。

• 在鼓点处对"素材 .mp4"进行切割。

• 将切割后第一段内容的饱和度调低。将切割后第二段内容饱和度调高，制造强烈的色彩对比效果。

05

第5章

视频画面太单调怎么
办，手把手教你做特效

本章导读

在视频剪辑领域，特效指的是运用特定技术手段对视频素材进行
加工处理，以创造出独特的视觉效果。随着短视频行业的蓬勃发展，特
效的使用变得日益普遍，吸引了越来越多的观众。例如，转场特效能够
使视频片段之间的过渡更加平滑自然；色彩特效则能够调整画面色调，
以更好地符合主题氛围；而画面变形特效则为视频增添了趣味性和奇幻
感。在接下来的内容中，我们将深入探讨如何利用 Final Cut Pro 这
款专业软件，制作出丰富多样且引人注目的特效效果。无论是初学者希
望入门，还是经验丰富的创作者希望进一步提升技能，本章都将提供实
用的技巧和方法。

5.1　视频效果，一键添加瞬间出彩

Final Cut Pro 内置了丰富且实用的视频效果，您可以在"效果浏览器"窗口中直接访问它们。从功能分类的角度来看，这些效果能够实现多种目标。例如，您可以使用这些效果将多个片段组合成复合图像，巧妙地将人物片段与风景片段融合，创造出独特的场景；还可以对片段进行放大、重新定位或重构，以此来突出重点元素或改变画面的构图。此外，利用这些内置效果，您还可以裁剪片段，移除拍摄时意外出现的不必要元素，如麦克风、灯光设备等，从而优化画面内容。

5.1.1　认识效果浏览器

"效果浏览器"窗口位于"磁性时间线"窗口右侧。打开创建好的项目，单击"磁性时间线"窗口工具栏右侧"显示或隐藏效果浏览器（快捷键 Command+5）"按钮▣，即可打开"效果浏览器"窗口，如图 5-1 所示。其中分为"视频效果"和"音频效果"。

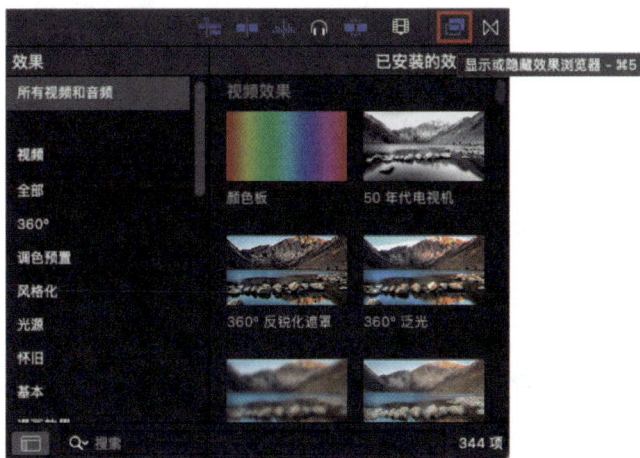

图 5-1

5.1.2　实操：添加视频效果

用户可以直接在 Final Cut Pro 中添加视频效果，操作方法较为简单。本小节案例将制作照片回忆视频，效果如图 5-2 所示，下面介绍具体操作方法。

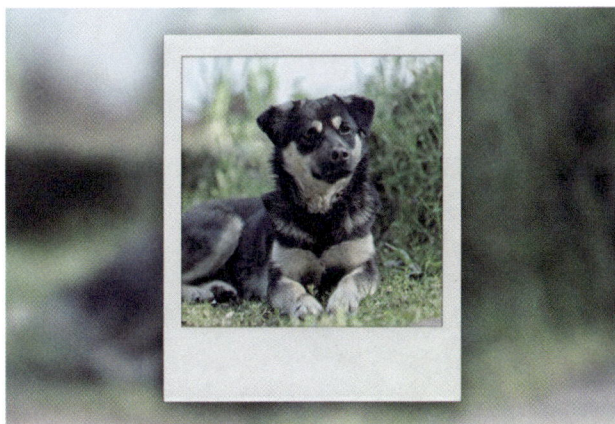

图 5-2

01　创建资源库"5.1"，打开文件"添加视频效果 .fcpxmld"将其导入至资源库"5.1"中，此时会导入事件"5.1.2 实操：添加视频效果"。打开该事件，在其中导入本小节案例相关素材，然后双击项目"添加视频效果"，即可在"磁性时间线"窗口看到已添加至轨道中的素材片段。

02 单击"磁性时间线"窗口工具栏右侧"显示或隐藏效果浏览器（快捷键 Command+5）"按钮，打开"效果浏览器"窗口，在"风格化"选项框中，选择"照片回忆"效果，如图 5-3 所示。长按"照片回忆"效果并拖动至"素材 .mp4"中间，即可添加"照片回忆"效果，如图 5-4 所示。

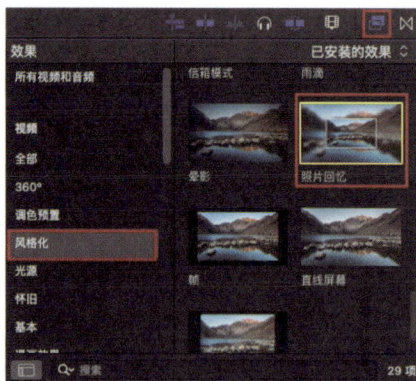 

图 5-3   图 5-4

03 添加"照片回忆"效果后，在"视频检查器"中查找该效果，可对其参数进行调整，使效果与素材更加协调，具体数值如图 5-5 所示。

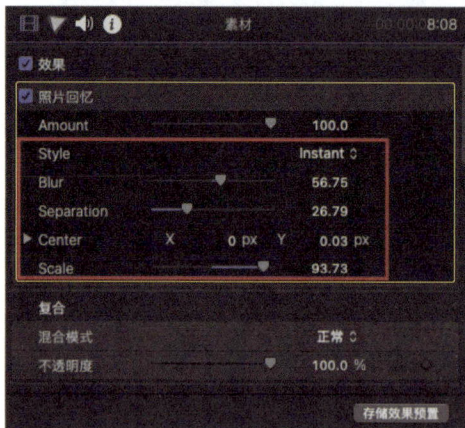

图 5-5

5.1.3 实操：为多个片段添加视频效果

当素材数量达到 3 个及以上时，一个一个添加视频效果会较耗时耗力。本小节将制作一个春天出游的视频，介绍如何一次性为多个片段添加视频效果，效果如图 5-6 所示，下面介绍具体操作方法。

图 5-6

01 打开文件"为多个片段添加视频效果 .fcpxmld"并将其导入资源库"5.1"中，从而导入事件"5.1.3 实操：为多个片段添加视频效果"。打开事件"5.1.3 实操：为多个片段添加视频效果"，导入相关素材，双击项目"为多个片段添加视频效果"，即可在"磁性时间线"窗口查看已添加至轨道中的素材片段。

02　将"假影"效果添加至"素材 1.mp4"中，如图 5-7 所示。

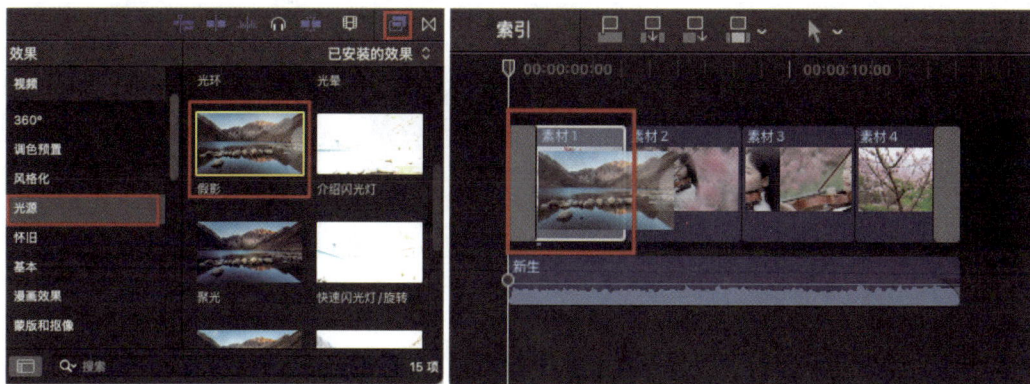

图 5-7

03　在"视频检查器"中，选中"假影"效果选项框，将颜色更改为肉色，将"不透明度（Opacity）"数值更改为 43.4%，将"模糊（Blur Amount）"数值更改为 25.0，如图 5-8 所示。

04　完成上述操作后，选中"素材 1.mp4"，按快捷键 Command+C 即可复制，再框选剩余所有素材"素材 2.mp4""素材 3.mp4""素材 4.mp4"，按快捷键 Shift+Command+V，打开"粘贴属性"窗口，勾选"效果"｜"假影"，如图 5-9 所示，即可将该效果一次性粘贴至剩余素材中。

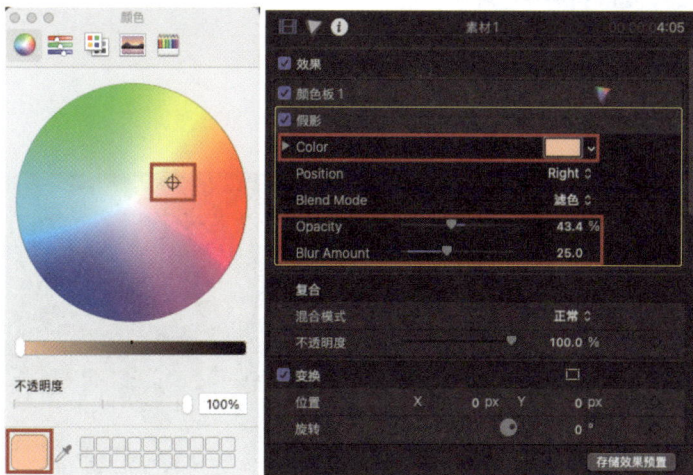

图 5-8

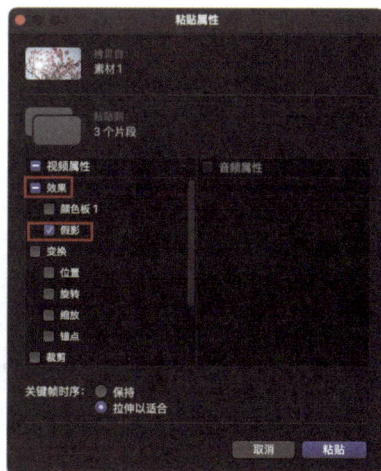

图 5-9

5.1.4　实操：视频效果的复制和删除

复制和删除效果是使用剪辑软件时不可或缺的基本编辑技巧。本小节将通过一个案例介绍如何在 Final Cut Pro 中对视频效果进行编辑，具体操作方法如下。

01　打开文件"视频效果的复制和删除 .fcpxmld"并将其导入资源库"5.1"中，从而导入事件"5.1.4 实操：视频效果的复制和删除"。打开事件"5.1.4 实操：视频效果的复制和删除"，导入相关素材，双击项目"视频效果的复制和删除"，即可在"磁性时间线"窗口查看已添加至轨道中的素材片段。

02　将"侧边光源"视频效果添加至"素材 1.mp4"中，即可在"视频检查器"窗口中查看该效果，如图 5-10 所示。

03　在"视频检查器"窗口中单击"侧边光源"视频效果，按 Delete 键，即可将该效果删除，如图 5-11 所示。

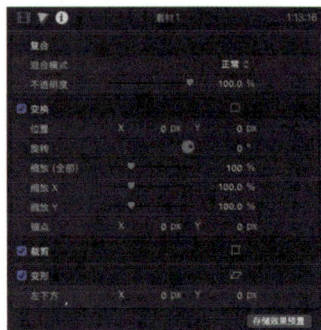

图 5-10   图 5-11

04　将"春日阳光"滤镜效果添加至"素材 2.mp4"中，如图 5-12 所示。

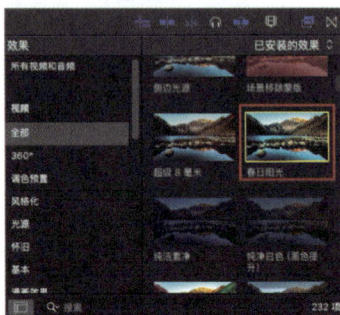

图 5-12

05　选中"素材 2.mp4"，在"视频检查器"中单击以"颜色板 1"显示的滤镜效果"春日阳光"，打开"颜色检查器"窗口，进行细节调整，如图 5-13 所示。

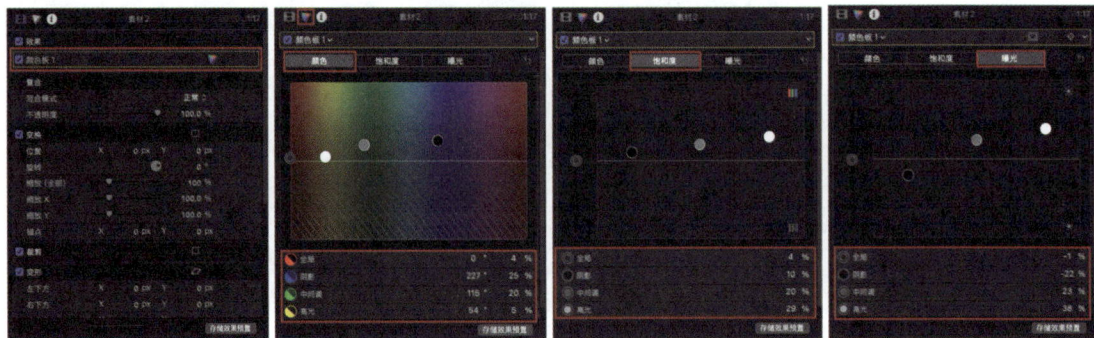

图 5-13

06　完成上述操作后，选中"素材 2.mp4"，按快捷键 Command+C 进行复制，再按 Command 或 Shift 键，选中剩余所有视频素材片段，如图 5-14 所示，按快捷键 Shift+Command+V，打开"粘贴属性"窗口，勾选"颜色板 1"，再单击"粘贴"按钮即可，如图 5-15 所示。

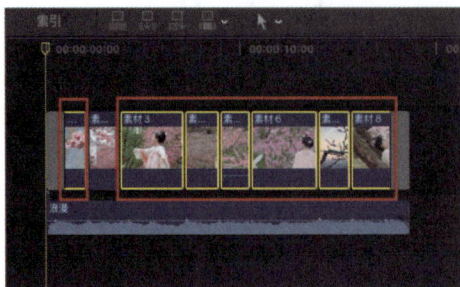

图 5-14   图 5-15

5.1.5　实操：制作怀旧风格短片

　　怀旧风格是一种在艺术、设计、文化等多个领域广泛采用的风格，尤其在当前的影视和短视频领域，它通过再现、模仿过去的元素以及情感渲染，激发人们对特定历史时期或往昔生活的怀念和情感共鸣。本小节将指导您如何制作一个怀旧风格的短片，其效果如图 5-16 所示。接下来将详细介绍具体的操作步骤。

图 5-16

　　01　打开文件"制作怀旧风格短片 .fcpxmld"并将其导入资源库"5.1"中，从而导入事件"5.1.5 实操：制作怀旧风格短片"。打开事件"5.1.5 实操：制作怀旧风格短片"，导入相关素材，双击项目"制作怀旧风格短片"，即可在"磁性时间线"窗口查看已添加至轨道中的素材片段。

　　02　将"特效 2.png"添加至次级故事情节轨道中，确保其起始时间与"素材 4.mp4"同步，结束时间则与"素材 8.mp4"相匹配，具体如图 5-17 所示。

　　03　单击"特效 2.png"，在"视频检查器"窗口中将其"缩放"数值更改为 105%，如图 5-18 所示。

图 5-17

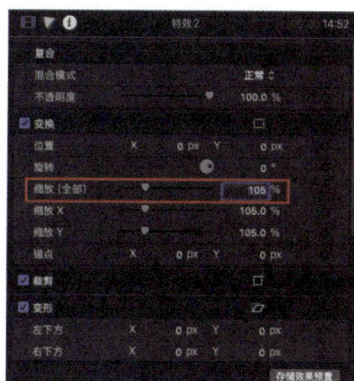

图 5-18

　　04　将"泛光"转场效果添加至"特效 2.png"起始位置，将"渐变图像"转场效果添加至"特效 2.png"结尾位置，如图 5-19 所示。

图 5-19

05　选中"特效 2.png"起始位置"泛光"转场效果，将其结尾位置与主要故事情节中转场结尾位置对齐，如图 5-20 所示。

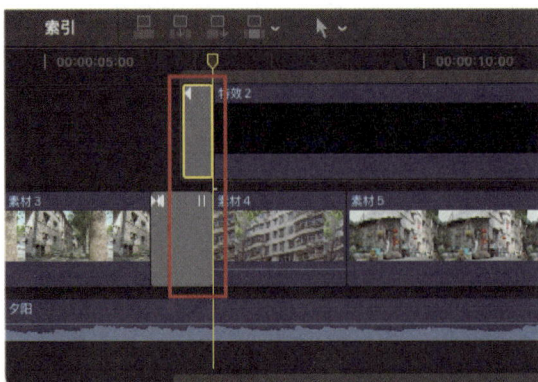

图 5-20

06　完成上述操作后，将"老电影""超级 8 毫米"视频效果添加至"素材 4.mp4"中，如图 5-21 所示。

图 5-21

07　单击"素材 4.mp4"，在"视频检查器"窗口中更改"老电影""超级 8 毫米"视频效果数值，具体如图 5-22 所示。

08　完成"素材 4.mp4"中的"老电影""超级 8 毫米"视频效果设置后，选中"素材 4.mp4"，按快捷键 Command+C 进行复制；选中"素材 5.mp4""素材 6.mp4""素材 7.mp4""素材 8.mp4"，按快捷键 Shift+Command+V，打开"粘贴属性"窗口；勾选"老电影""超级 8 毫米"视频效果，单击"粘贴"按钮，如图 5-23 所示，即可完成怀旧风格短片制作。

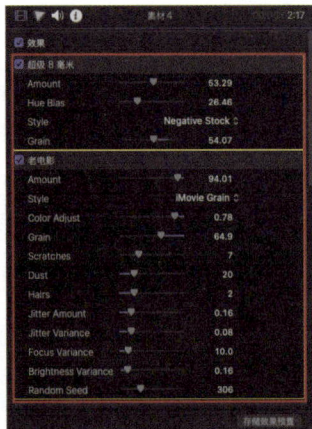

图 5-22

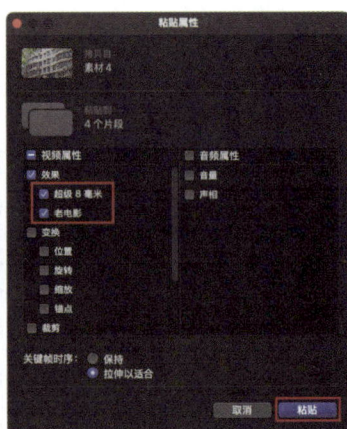

图 5-23

──────── 拓展案例：制作定格动画效果 ────────

分析

本例讲解定格动画效果的操作方法，最终效果如图 5-24 所示。

图 5-24

难度：★ ★ ★ ★

相关文件：第 5 章 \5.1\ 拓展案例 \ 制作定格动画效果

在线视频：第 5 章 \5.1\ 拓展案例 \ 制作定格动画效果 .mp4

本例知识点

• 在视频、动画等领域，"帧"是构成动态画面的基本单位。

• 定格动画效果是一种通过逐格拍摄对象并使之连续放映，从而产生对象在运动的视觉效果。

• 定格动画是基于"帧"的概念来制作的，"帧"是构成定格动画的基础元素。同时，为一段视频制作定格动画效果，可以通过抽帧的方式达成。

• 以 5 帧为单位，保留第 1 帧，将剩余 4 帧删除，通过复制、粘贴第 1 帧填补删除的空隙部分，即可制作出定格动画卡顿的效果。

• 可以拍摄多张单帧画面，在剪辑时每帧时长保留 5 帧，依次摆放并累积，即可形成定格动画效果。

5.2　音频特效，让视频声音更有感染力

优秀的影视作品之所以吸引人，不仅因为剧情和视觉效果，还因为背景音乐的巧妙运用。在先前的章节中，我们不仅介绍了 Final Cut Pro 的音频编辑界面，还学习了如何制作音乐卡点视频，对如何在 Final Cut Pro 中编辑音频素材有了初步了解。在 Final Cut Pro 中，我们还可以制作出多种多样的音效，为作品增添独特听觉元素。本小节将进一步介绍如何在 Final Cut Pro 中制作不同的音频效果。

5.2.1　常用音频效果介绍

音频效果一般位于"效果浏览器"中。常用的音频效果有电平、调制、回声、空间和失真等，下面将对这些常用的音频效果进行讲解。

1. 电平音频效果

电平音频效果可以控制音频的大小，将焦点和入点、出点添加到片段中，并优化声音，以在不同情况下进行播放。"效果浏览器"窗口的"电平"列表框中包含众多电平音频效果，常用的电平音频效果有 Adaptive Limiter、Compressor、Enveloper、Expander 等，如图 5-25 所示。

2. 调制音频效果

调制音频效果用于给声音增添动感和深度。调制音频效果通常会使传入的信号延迟几毫秒，并使用低频振荡器（LFO）调制延迟的信号（低频振荡器可用于调制某些效果中的延迟时间）。"效果浏览器"窗口的"调制"列表框中包含众多调制音频效果，如图 5-26 所示。

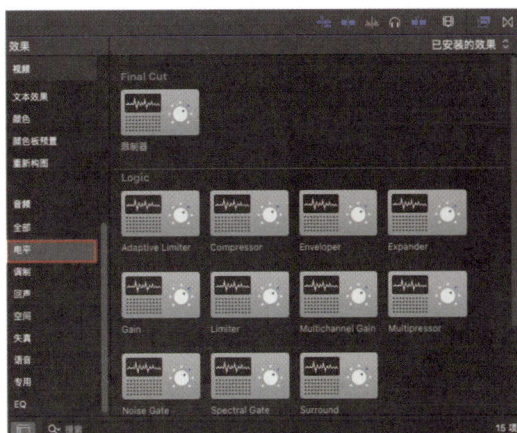

图 5-25

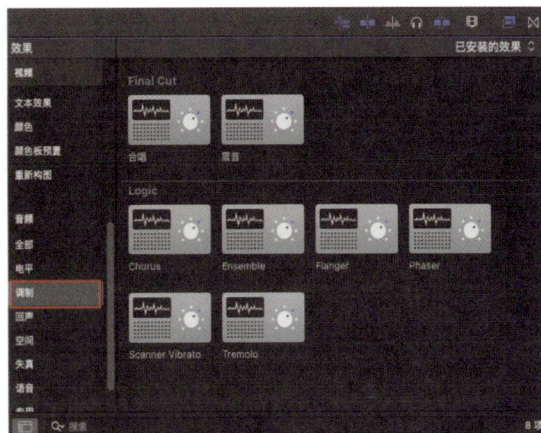

图 5-26

3. 回声音频效果

回声音频效果可用于存储输入信号，并在推迟一段时间后重复保持或延迟的信号，从而创建回声效果或延迟效果。"效果浏览器"窗口的"回声"列表框中，包含众多回声音频效果，如图 5-27 所示。

4. 空间音频效果

空间音频效果可用来模拟多种原声环境的声音，例如房间、音乐厅、洞窟或空旷场所的声音。"效果浏览器"窗口的"空间"列表框中包含众多空间音频效果，如图 5-28 所示。

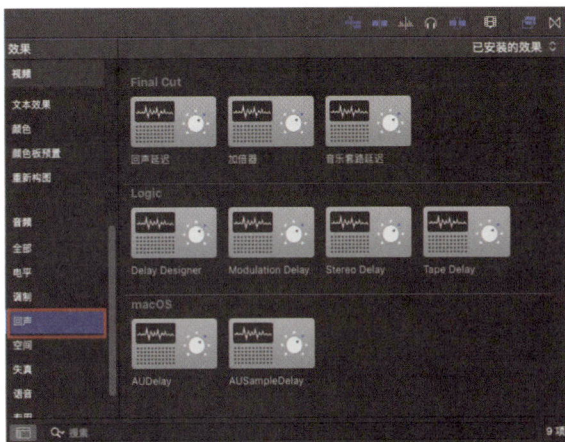

图 5-27

图 5-28

5. 失真音频效果

使用失真音频效果可以创建模拟失真的声音，还可以从根本上转换音频。失真音频效果一般用于模拟由电子管、晶体管或数码电路产生的失真效果。"效果浏览器"窗口的"失真"列表框中包含众多失真音频效果，如图 5-29 所示。

6. 语音音频效果

使用语音音频效果可以校正声音的音高问题或改善音频信号，还可以创建同音或轻微加重的声部，甚至可以创建和声。"效果浏览器"窗口的"语音"列表框中包含众多语音音频效果，如图 5-30 所示。

图 5-29

图 5-30

7. 专用音频效果

专用音频效果用于完成制作音频时碰到的任务。例如，Denoiser（降噪器）会消除或减少低于某个临界音量的噪声，Exciter（激励器）通过生成人工高频组件来给录音添加生命力，SubBass（最低音栓）可生成源于传入信号的人工低音信号。"效果浏览器"窗口的"专用"列表框中包含众多专用音频效果，如图 5-31 所示。

8. EQ 音频效果

EQ 是最常见的音频效果器，它可以调整音频片段中不同频率的电平，从而控制某一频率电平的大小。这样的操作可以改善音频的声音品质，规避某些频率上的噪声。"效果浏览器"窗口的"EQ"列表框中包含众多 EQ 音频效果，如图 5-32 所示。

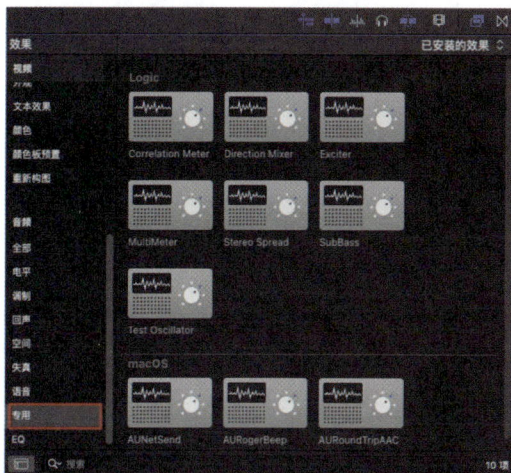

图 5-31

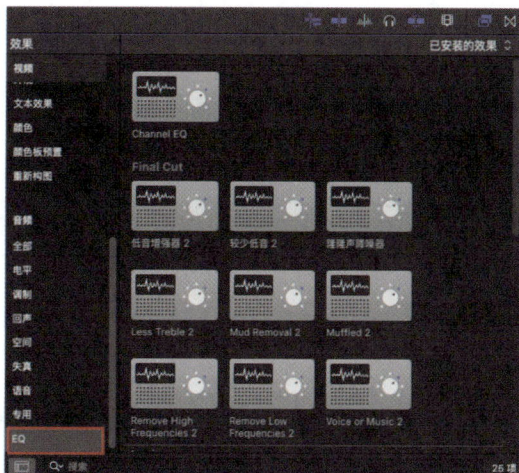

图 5-32

5.2.2　实操：制作音频渐变效果

声音一般分为由无声到最大音量的上升阶段（起音阶段）、声音开始降低的衰退阶段（衰减阶段）、声音延续的保持阶段（持续阶段）以及声音逐渐消失的释放阶段（消音阶段），音波显示为一个连贯的过程。编辑时片段分割会截断声音起止，故可在音频片段头尾添加渐变效果，使声音淡入淡出、连接自然。本小节案例将通过"雨天江南美景"短片，介绍如何制作音频渐变效果，下面介绍具体操作方法。

01　创建资源库"5.2"，打开文件"制作音频渐变效果 .fcpxmld"并将其导入至资源库"5.2"中，此时会导入事件"5.2.2 实操：制作音频渐变效果"。打开该事件，在其中导入本小节案例相关素材，然后双击项目"制作音频渐变效果",即可在"磁性时间线"窗口看到已添加至轨道中的素材片段。

02　在"磁性时间线"窗口工具栏右侧,单击"更改片段在时间线中的外观"按钮 ⊞,放大时间线,如图 5-33 所示。

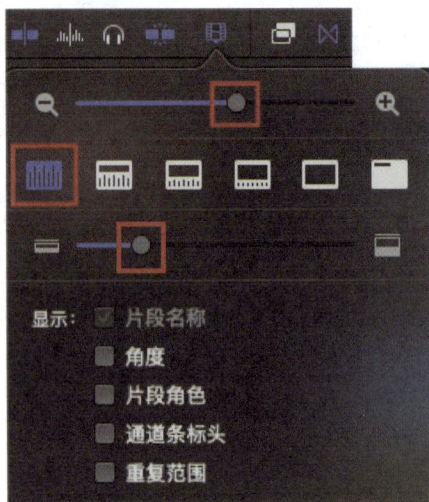

图 5-33

03　将播放指示器移动至开通位置,将鼠标指针移动至音频素材"小楼又东风 .mp4"起始滑块处,鼠标指针显示为左右箭头,向右拖动滑块,时长 01:00.04,如图 5-34 所示。

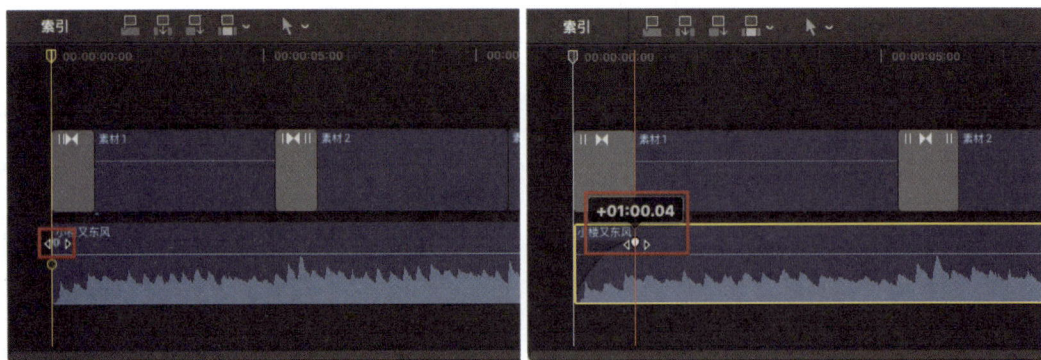

图 5-34

04　将鼠标指针移动至起始滑块处,单击鼠标右键打开菜单栏,选择"S 曲线",如图 5-35 所示,开头音频渐显效果即制作完成。

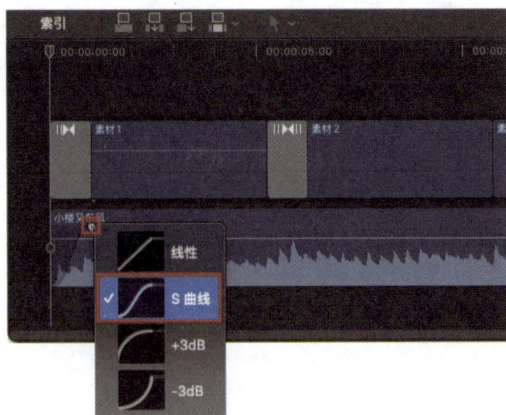

图 5-35

05　将播放指示器移动至结尾处，将鼠标指针移动至结尾滑块位置，鼠标指针此时为左右箭头，拖动滑块向左移动时长 01:00.02，如图 5-36 所示。

06　完成上述操作后，用鼠标右键单击结尾滑块，选择"S 曲线"，如图 5-37 所示，结尾音频渐隐效果即制作完成。

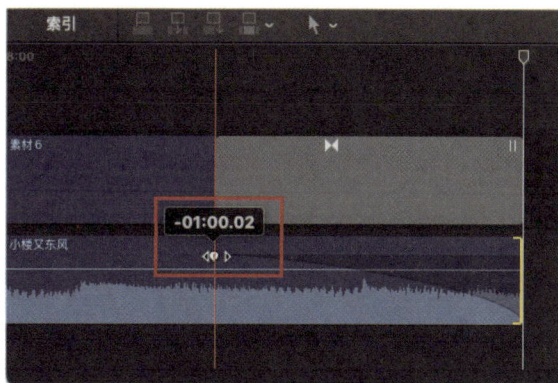
图 5-36

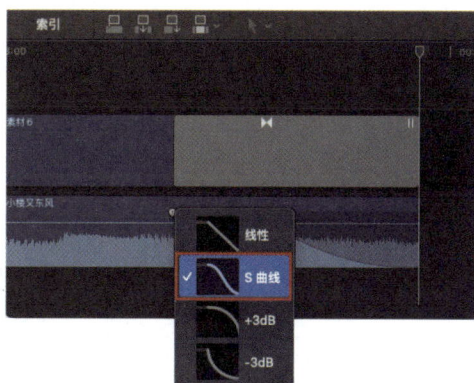
图 5-37

5.2.3　实操：设置环绕声模式

环绕声是一种多声道音频系统，通过多个扬声器在听者周围创造出一种三维的声音体验，常见环绕声格式包括 5.1、7.1 等。在 Final Cut Pro 中可以一键开启环绕声模式，音频通道会从原来的两个扩展为 6 个或更多。本小节案例将为一个短片的背景音乐制作环绕声效果，下面介绍具体操作方法。

01　打开文件"设置环绕声模式 .fcpxmld"并将其导入资源库"5.2"中，从而导入事件"5.2.3 实操：设置环绕声模式"。打开事件"5.2.3 实操：设置环绕声模式"，导入相关素材，双击项目"设置环绕声模式"，即可在"磁性时间线"窗口查看已添加至轨道中的素材片段。

02　单击背景音乐，打开"音频检查器"窗口，在"声相"选项区中单击"模式"右侧 ■ 按钮，展开下拉列表，选择"基本环绕声"选项，如图 5-38 所示。

03　在"声相"选项区的"环绕声声相器"中，拖曳声相器中心的圆形滑块，调整各个音频通道的声音，如图 5-39 所示，环绕声即制作完成。

图 5-38

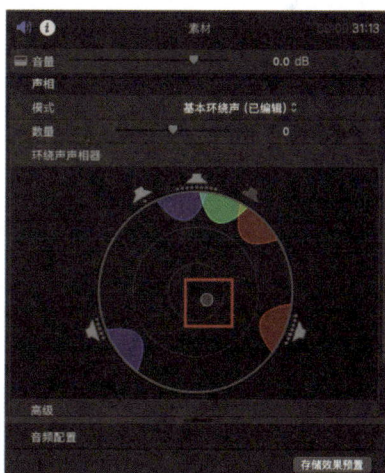
图 5-39

提示：在"环绕声声相器"中，通过添加关键帧，可制作出 3D 立体环绕声。

5.2.4 实操：制作回声效果

回声涉及声音的反射，声音经过一次或多次反射后以独立形式返回，具有明显间隔和辨识度，可清晰区分原声和回声。本小节案例介绍在 Final Cut Pro 制作回声效果的操作方法。

01 打开文件"制作回声效果 .fcpxmld"并将其导入资源库"5.2"中，从而导入事件"5.2.4 实操：制作回声效果"。打开事件"5.2.4 实操：制作回声效果"，导入相关素材，双击项目"制作回声效果"，即可在"磁性时间线"窗口查看已添加至轨道中的素材片段。

02 打开"效果浏览器"，在"回声"列表框中选择"回声延迟"效果，如图 5-40 所示。

03 将"回声延迟"效果拖曳至音频素材片段"在夜里哭泣 .mp3"上，"回声延迟"效果在"音频检查器"中显示，在"回声延迟"选项区中将"数量"更改为 25.0，如图 5-41 所示。

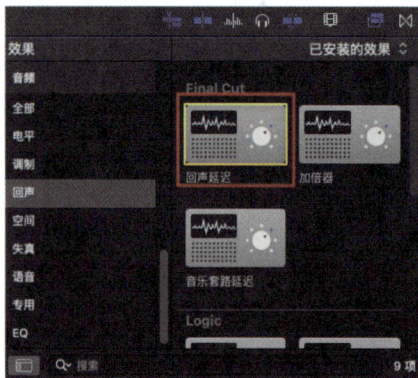
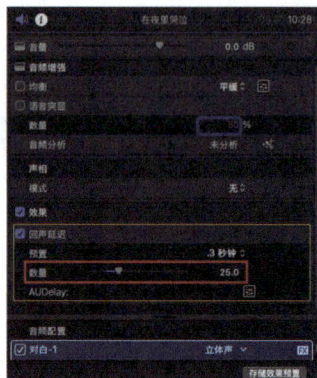

图 5-40 图 5-41

> 提示："数量"数值越高，"回声延迟"效果越明显，空间感越强，但是过高的"数量"数值会导致音频较为杂乱。

5.2.5 实操：为视频特效配音

一段视频的视觉效果往往需要恰当的背景音效来加以衬托。本小节案例将为一个女生制作生气时的音效，下面介绍具体操作方法。

01 打开文件"为视频特效配音 .fcpxmld"并将该文件导入至资源库"5.2"中，即可导入事件"5.2.5 实操：为视频特效配音"。打开事件"5.2.5 实操：为视频特效配音"，在事件中导入本小节案例相关素材，并双击项目"为视频特效配音"，即可在"磁性时间线"窗口看到已添加至轨道中的素材片段。

02 将"火焰燃烧 .mp3"添加至"素材 .mp4"下方轨道中，如图 5-42 所示。将播放指示器移动至00:00:02:17 的位置，选中"火焰燃烧 .mp3"，按快捷键 Command+B 进行切割，并将右侧部分删除，如图5-43 所示。

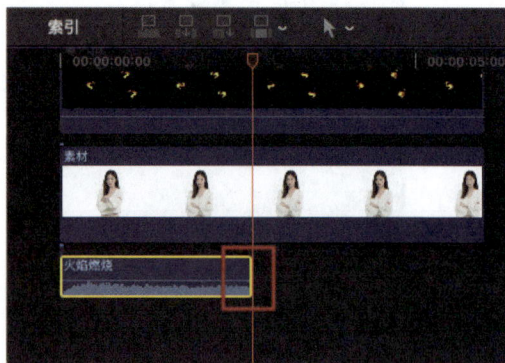

图 5-42 图 5-43

03　将裁切后的音频素材"火焰燃烧 .mp3"向右复制、粘贴，将播放指示器移动至 00:00:03:11 处，选中粘贴后的音频素材"火焰燃烧 .mp3"，按快捷键 Command+B 进行切割，如图 5-44 所示。将粘贴后的音频素材"火焰燃烧 .mp3"切割的左侧部分删除，并将剩余部分向前移动至 00:00:02:17 处，如图 5-45 所示。

图 5-44

图 5-45

04　选中剪切后的第二段音频素材"火焰燃烧 .mp3"，按快捷键 Option，向右复制、粘贴，并将结尾与"素材 .mp4"对齐，如图 5-46 所示。

05　完成上述操作后，将鼠标指针移动至第三段音频素材"火焰燃烧 .mp3"结尾处滑块，向左拖曳时长 00:05.15，如图 5-47 所示。

图 5-46

图 5-47

06　将播放指示器移动至 00:00:00:02 的位置，将"生气 .mp3"添加至"火焰燃烧 .mp3"下方轨道中，如图 5-48 所示。选中"生气 .mp3"，在"音频检查器"中将"均衡"更改为"低音增强"，如图 5-49 所示。

图 5-48

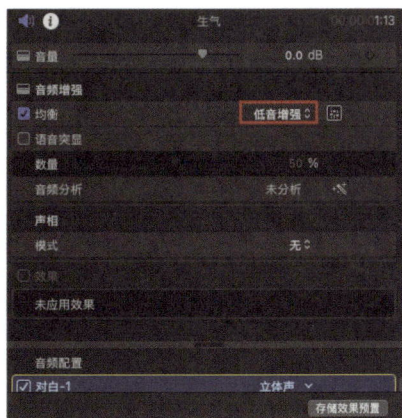
图 5-49

拓展练习：制作机器人音效

分析

本例讲解制作机器人音效的操作方法。

难度：★

相关文件：第 5 章 \5.2\ 拓展案例 \ 制作机器人音效

在线视频：第 5 章 \5.2\ 拓展案例 \ 制作机器人音效 .mp4

本例知识点

• "效果浏览器"窗口的"失真"列表框中包含众多失真音频效果。

• 在音频中添加"Shortwave Radio2"和"Distortion"音频效果，即可制作出机器人音效。

5.3 字幕特效，让短视频更有专业范

5.3.1 字幕预设效果

在 Final Cut Pro 左侧"字幕和发生器"窗口的"字幕"列表框，包含大量字幕特效，用户可以在其中选择自己所需的字幕预设效果，如图 5-50 所示。

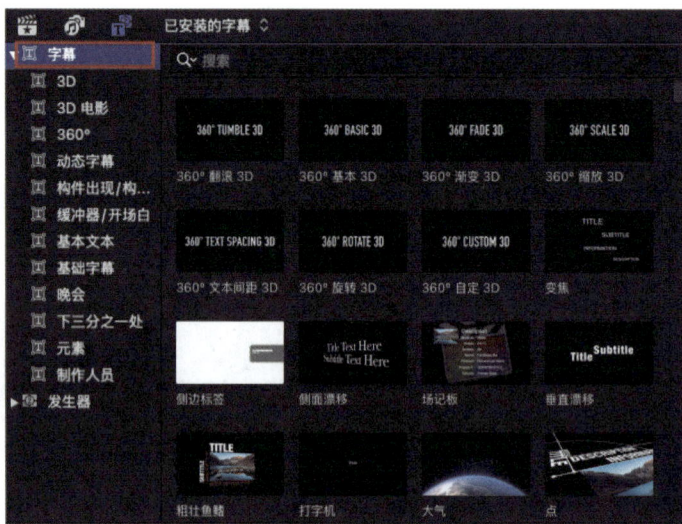

图 5-50

在"字幕"列表框中选择任意一款字幕预设，按住鼠标左键，拖曳至主要故事情节上方，如图 5-51 所示。选中添加的字幕素材，打开"文本检查器"，更改文字内容、外观即可，如图 5-52 所示。

图 5-51

图 5-52

5.3.2　发生器的使用

Final Cut Pro 的"字幕和发生器"窗口中的"发生器"列表框提供了多种动态素材与视频模板，直接调用这些素材与模板，可以方便、快捷地进行视频编辑。下面将详细讲解 Final Cut Pro 中发生器的使用方法，包括背景发生器、元素发生器以及纹理发生器。

1. 背景发生器

"字幕和发生器"窗口的"背景"列表框中包含单色背景、木纹和石材等纹理背景，以及含有动画移动效果的动画背景。

在"字幕和发生器"窗口的左侧列表框中选择"背景"选项，在右侧的列表框中选择一种背景发生器，如图 5-53 所示。按住鼠标左键拖曳，将其添加至"磁性时间线"窗口的任意视频轨道，如图 5-54 所示。

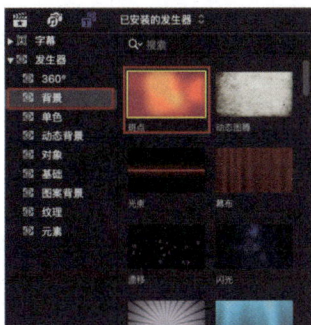

图 5-53　　　　　　　　　　　　　　　　图 5-54

将背景发生器添加至视频轨道后，可在"发生器检查器"窗口进行细节调整，如图 5-55 所示。

图 5-55

2. 元素发生器

在很多影视剧的粗剪过程中，会看到一个带有时间码的影片，该时间码会从画面的第一帧持续到画面结束。时间码可以方便各个部门的工作人员对影片进行全面检查，然后根据时间码的汇总意见进行修订。

在"字幕和发生器"窗口的左侧列表框中选择"元素"选项，然后在右侧的列表中选择"时间码"发生器即可，如图 5-56 所示。

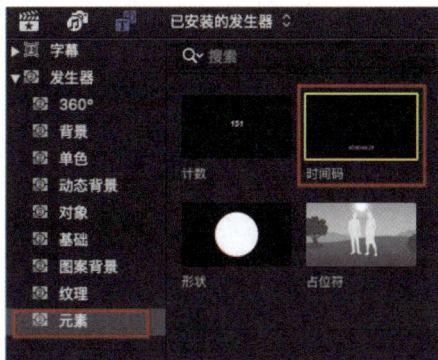

图 5-56

选中发生器后,按住鼠标左键拖曳,将其添加至"磁性时间线"窗口的任意轨道上,如图5-57所示。接着在"发生器检查器"窗口进行细节调整即可,如图5-58所示。

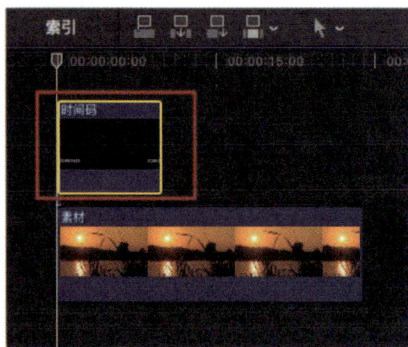

图 5-57   图 5-58

3. 纹理发生器

在"字幕和发生器"窗口的左侧列表框中选择"纹理"选项,如图5-59所示,然后在右侧的列表框中自行选择一种纹理发生器,按住鼠标左键拖曳,将其添加至"磁性时间线"窗口的视频轨道上即可。

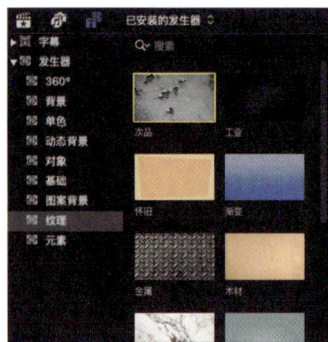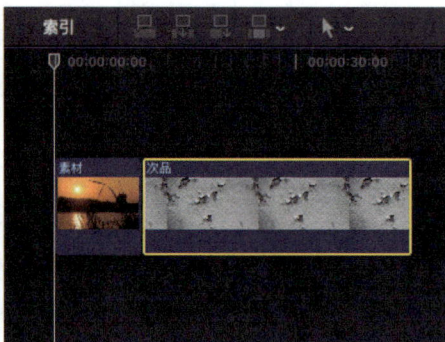

图 5-59

5.3.3 实操:制作时间码

在视频片段上添加"时间码"发生器,可以直接在视频片段上显示视频的时间长度,可以更加快捷且精准找到标记位置。本小节案例将为一个短片添加时间码,效果如图5-60所示,下面介绍具体操作方法。

图 5-60

01　创建资源库"5.3",打开文件"制作时间码.fcpxmld"并将其导入至资源库"5.3"中,此时会导入事件"5.3.3 实操:制作时间码"。打开该事件,在其中导入本小节案例相关素材,然后双击项目"制作时间码",即可在"磁性时间线"窗口看到已添加至轨道中的素材片段。

02　打开"字幕和发生器"窗口中的"发生器"列表框，单击"元素"选项，然后在右侧的列表框中选择"时间码"发生器，如图 5-61 所示。将"时间码"发生器拖曳至"素材 .mp4"上方次级故事情节即可，时长与"素材 .mp4"保持一致，如图 5-62 所示。

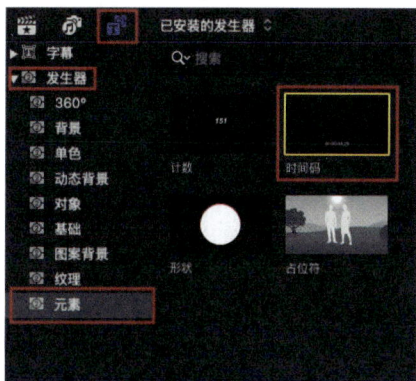

图 5-61

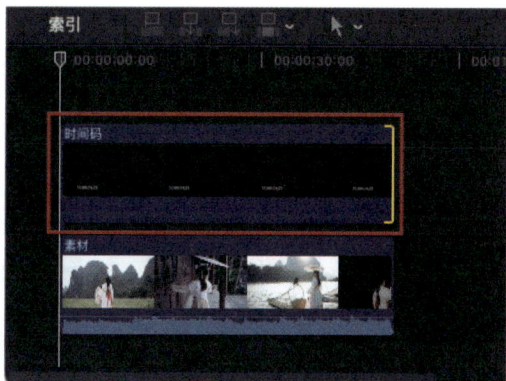

图 5-62

03　选中"时间码"发生器，在"发生器检查器"窗口中，将"大小（Size）"数值更改为 63.0，将"标签（Label）"文本框中的"Project"删除，展开"背景颜色（Background Color）"选项，将"不透明度"数值调整至 0.6，"位置（Center）"中 X 坐标为 –0.05px，Y 坐标为 –0.02px，如图 5-63 所示。

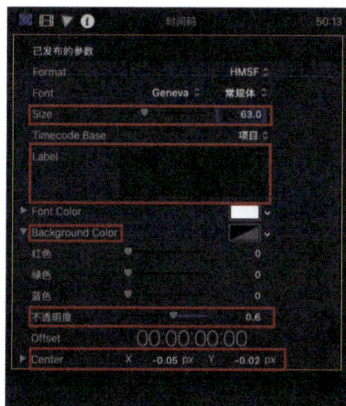

图 5-63

5.3.4　实操：制作3D开场字幕

"字幕和发生器"窗口中有很多字幕预设效果，用户可以直接添加至"磁性时间线"窗口中，极大地节省剪辑时间。本小节案例将为一段新能源汽车短片制作一个 3D 开场字幕，效果如图 5-64 所示，下面介绍具体操作方法。

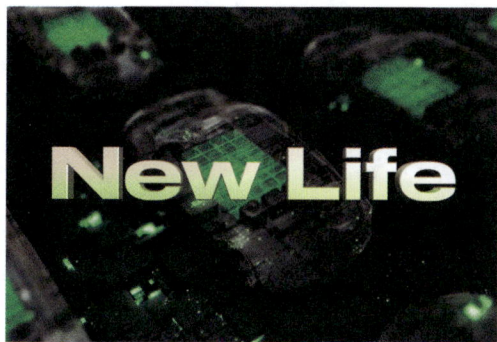

图 5-64

01 打开文件"制作 3D 开场字幕 .fcpxmld"并将其导入资源库"5.3"中，从而导入事件"5.3.4 实操：制作 3D 开场字幕"。打开事件"5.3.4 实操：制作 3D 开场字幕"，导入相关素材，双击项目"制作 3D 开场字幕"，即可在"磁性时间线"窗口查看已添加至轨道中的素材片段。

02 打开"字幕和发生器"窗口中的"字幕"列表框，单击"3D"选项，然后在右侧的列表框中选择"文本间距 3D"，如图 5-65 所示。将"文本间距 3D"拖曳至"素材 .mp4"上方次级故事情节即可，时长为默认时长 03:17，如图 5-66 所示。

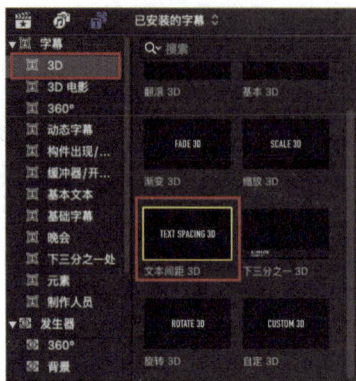
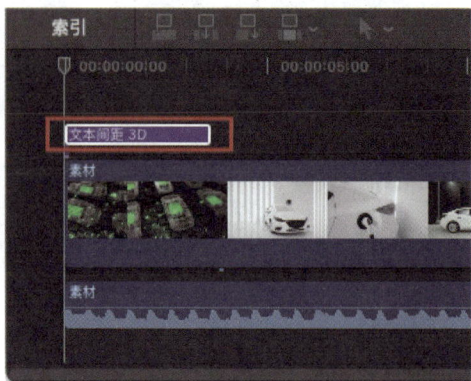

图 5-65   图 5-66

03 单击"磁性时间线"窗口中的文字素材，在"文本检查器"窗口中将文本内容更改为"New Life"，字体为 Druk Wide，大小为 229.0，字间距为 1.33%，位置中 Y 坐标为 –12.84px，如图 5-67 所示。

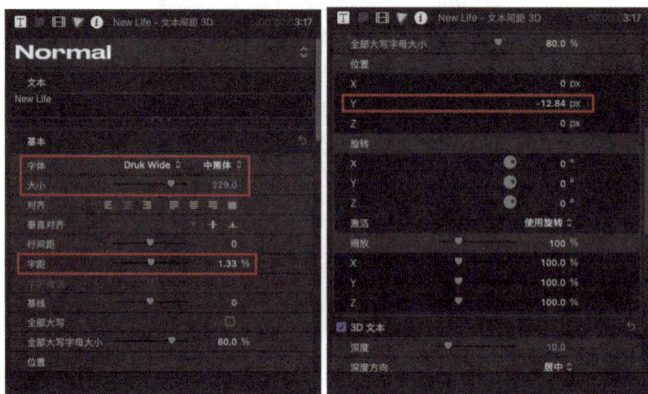

图 5-67

04 由于文本为 3D 文本，在"3D 文本"选项中可对细节进行修改，具体如图 5-68 所示，其中字体颜色为渐变，单击滑块可更改渐变颜色，如图 5-69 所示。3D 开场字幕即制作完成。

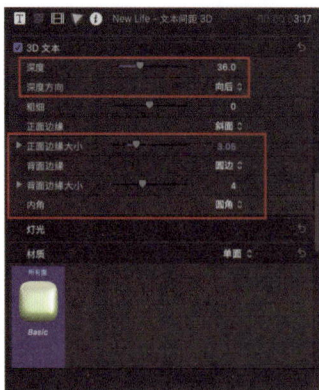
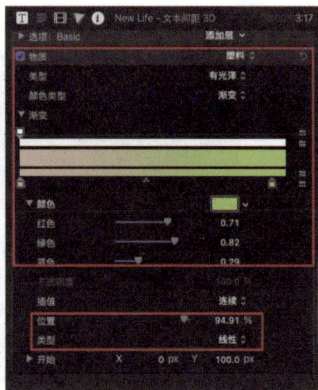

图 5-68   图 5-69

5.3.5　实操：制作滚动字幕

滚动字幕是各类影片中常用的字幕效果类型，最为常见的则是影视剧片尾字幕。Final Cut Pro 中有片尾滚动字幕预设，制作方法十分简单，效果如图 5-70 所示，下面介绍具体操作方法。

图 5-70

01　打开文件"制作滚动字幕 .fcpxmld"并将其导入资源库"5.3"中，从而导入事件"5.3.5 实操：制作滚动字幕"。打开事件"5.3.5 实操：制作滚动字幕"，导入相关素材，双击项目"制作滚动字幕"，即可在"磁性时间线"窗口查看已添加至轨道中的素材片段。

02　打开"字幕和发生器"窗口中的"字幕"列表框，在搜索文本框中搜索"滚动"，即可选中"滚动"预设字幕，如图 5-71 所示。播放指示器移动至 00:00:01:00 处，将"滚动"拖曳至"素材 .mp4"上方次级故事情节即可，时长为默认时长，如图 5-72 所示。

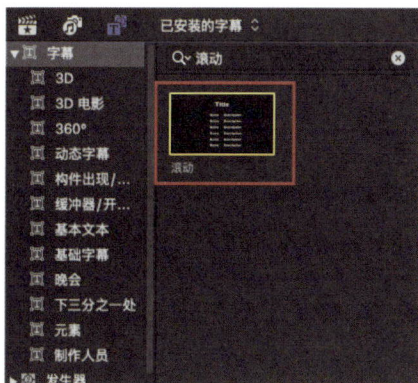

图 5-71

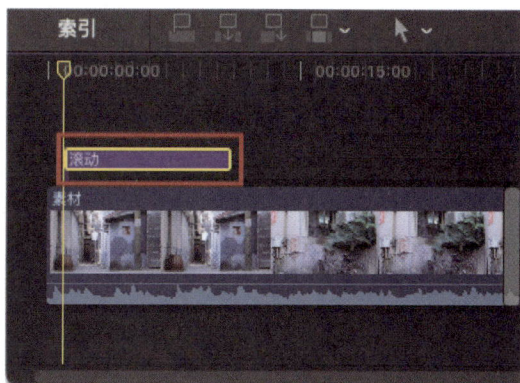

图 5-72

03　单击"磁性时间线"窗口中的文字素材，在"文本检查器"窗口中将文本框向下延长，如图 5-73 所示。对内容进行更改，根据"监视器"画面调整文字位置，具体如图 5-74 所示。输入文字内容后，调整位置，X 坐标为 –56.05px，Y 坐标为 29.79px，如图 5-75 所示。

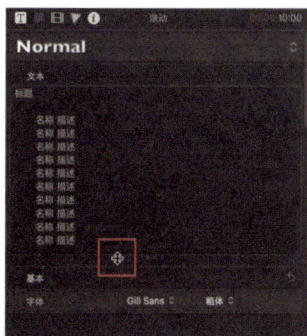

图 5-73

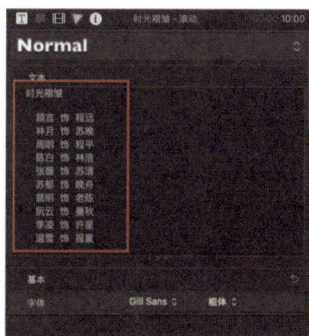

图 5-74

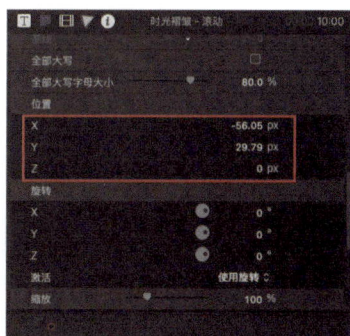

图 5-75

拓展案例：制作打字效果

分析

本例讲解打字效果的操作方法，最终效果如图 5-76 所示。

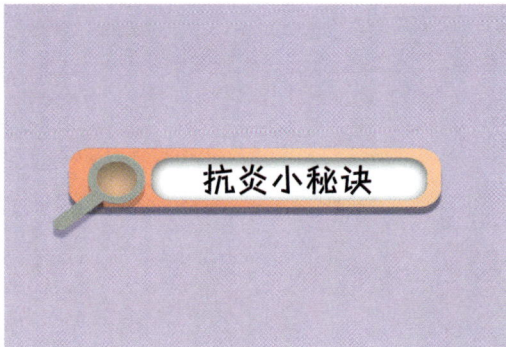

图 5-76

难度：★★

相关文件：第 5 章 \5.3\ 拓展案例 \ 制作打字效果

在线视频：第 5 章 \5.3\ 拓展案例 \ 制作打字效果 .mp4

本例知识点

· 打开"字幕和发生器"窗口中的"字幕"列表框，单击"构建出现 / 构建消失"选项，然后在右侧的列表框中选择"打字机"字幕效果，将其添加至"磁性时间线"窗口中。

· 单击"打字机"文字素材，在"文本检查器"窗口更改文字内容、字体样式等。

· 完成上述设置后，添加"打字音效 .mp3"，可让打字效果更加生动。

06

第6章

电影感短视频剪辑实操，
轻松制作朋友圈大片

本章导读

在先前章节中，我们已学习了关于使用剪映进行视频剪辑创作的各方面。本章开始，将进行短片剪辑综合讲解。本章从居家日常 Vlog 到婚礼 MV 创作，系统介绍电影感短视频剪辑的核心技能，覆盖情节设计、多线叙事、动态字幕制作、专业调色及音乐适配全流程。让读者能制作出高质量、强吸引力的朋友圈"大片"。

6.1 把日子过得有滋有味，制作居家日常Vlog

在视频创作中，Vlog 视频作为人们分享生活的方式，是我们一直绕不开的话题。Vlog 制作方法有很多种，我们可以记录一天或一段时间发生的事，可以"流水账"，也可以"别出心裁"。本节案例将制作适合短视频社交平台的居家日常 Vlog，视频效果如图 6-1 所示。

图 6-1

6.1.1 添加与编辑音乐

在短视频平台上，短小精悍的 Vlog 通常会配上一段节奏明快、易于记忆的卡点音乐。本案例将从编辑音乐入手，介绍如何制作一个居家日常风格的 Vlog。

01 创建资源库"6.1 把日子过得有滋有味，制作居家日常 Vlog"，创建事件"6.1 制作居家日常 Vlog"，在该事件中创建项目"居家日常 Vlog"。按快捷键 Command+I，导入本节案例素材至事件中。

02 将"Vlog 伴奏 .mp3"添加至主要故事情节中，熟悉该伴奏，可以发现其中有很明显且规律的鼓点，根据鼓点添加标记，具体如图 6-2 所示。

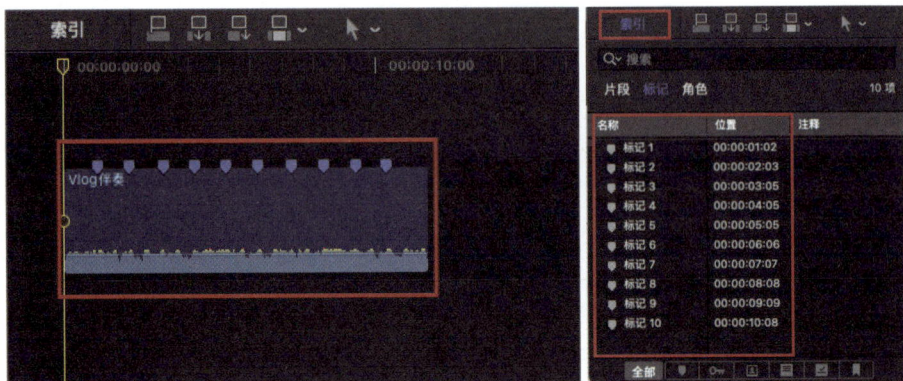

图 6-2

03 完成上述操作后，为了让音乐结束更加自然，向左移动"Vlog 伴奏 .mp3"结尾音量滑块，时长为 00:20.10，如图 6-3 所示。

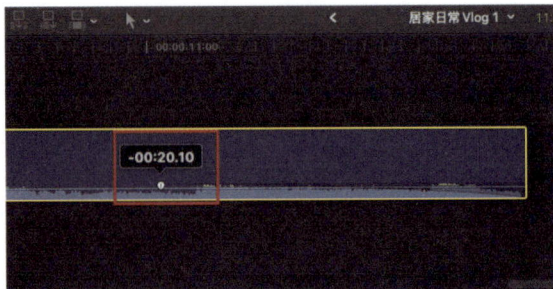

图 6-3

6.1.2　制作故事情节

为伴奏音乐添加完标记后，可根据标记对素材进行裁剪。本小节将详细讲解如何制作故事情节，具体操作步骤如下。

01　为伴奏音乐"Vlog 伴奏 .mp3"添加完标记后，选中"Vlog 伴奏 .mp3"，单击鼠标右键执行"从故事情节中提取（Option+Command+ ↑ ）"命令，主要故事情节轨道中将会自动生成空白片段，如图 6-4 所示。

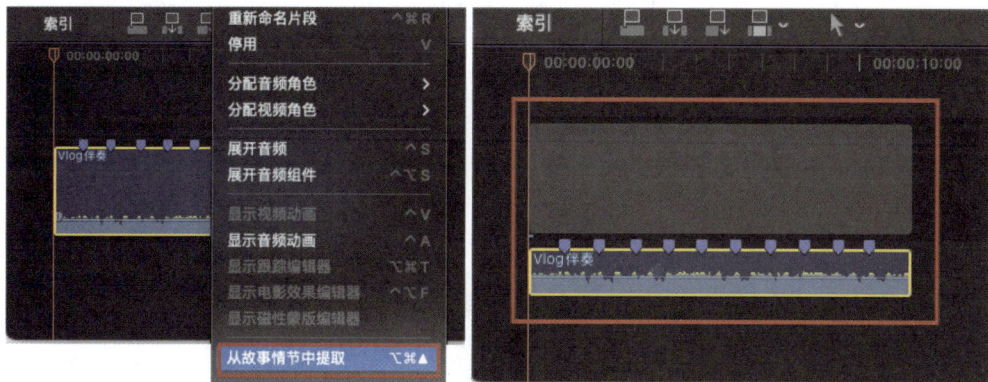

图 6-4

02　在主要故事情节中，根据伴奏音乐"Vlog 伴奏 .mp3"的标记点进行裁切，如图 6-5 所示。按照表 6-1 顺序，从主要故事情节裁切后第 2 个片段开始，依次将素材替换至主要故事情节轨道中，如图 6-6 所示。

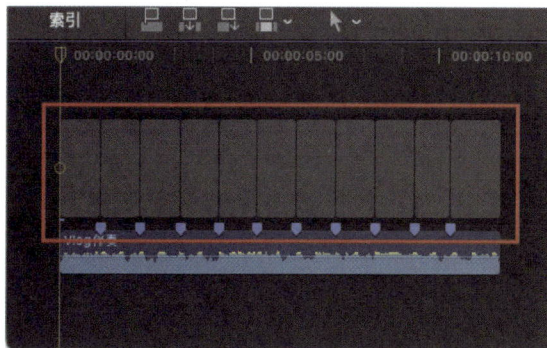

图 6-5

图 6-6

表 6-1

序号	素材顺序	片段内容	入点和出点
1	素材 1.mp4 （缩放：110%）	闹钟为早上 7 点，刚刚起床	00:00:04:20—00:00:05:23
2	素材 2.mp4	女生早起刷牙	00:00:07:44—00:00:08:18
3	素材 4.mp4	早餐	00:00:10:13—00:00:11:18
4	素材 3.mp4	女生穿着睡衣在窗边晒太阳喝咖啡	00:00:01:17—00:00:02:22
5	素材 5.mp4	女生坐在窗边，一边看书一边喝咖啡	00:00:06:21—00:00:08:03
6	素材 6.mp4	女生开始准备做运动	00:00:02:14—00:00:03:20
7	素材 7.mp4	女生做拉伸动作	00:00:03:14—00:00:02:20
8	素材 8.mp4	女生做完运动后擦额头上的汗	00:00:01:17—00:00:02:23

续表

序号	素材顺序	片段内容	入点和出点
9	素材 9.mp4	女生午后在阳台上自拍	00:00:00:23—00:00:02:03
10	素材 10.mp4	女生傍晚独自在家听音乐	00:00:01:15—00:00:03:02

03　完成上述操作后，将"缩放"转场添加至替换好素材片段的中间位置，时长均为 00:00:00:05，如图 6-7 所示。

图 6-7

04　为了让画面更加生动，在"转场检查器"中对"缩放"转场进行修改。单数"缩放"转场（例如，第 1 个、第 3 个），"方向（Direction）"更改为"In"，双数"缩放"转场（例如，第 2 个、第 4 个），"方向（Direction）"更改为"Out"，如图 6-8 所示。

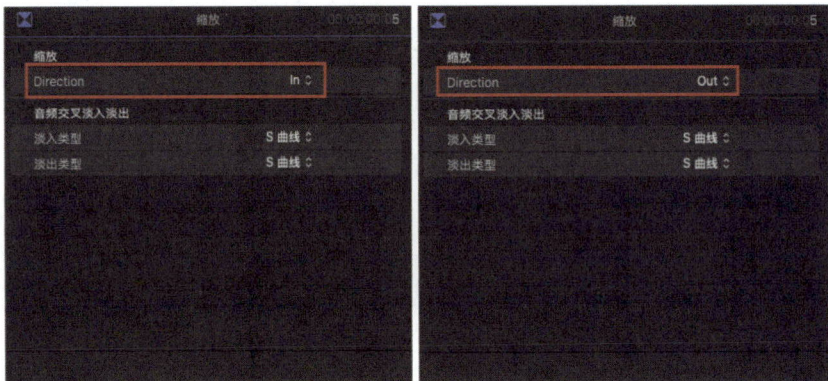

图 6-8

05　将"素材 4.mp4""素材 10.mp4"添加至第 1 个空白片段中，选中"Vlog 伴奏 .mp3"，在 00:00:00:12 处添加标记点，如图 6-9 所示。

06　将"素材 5.mp4""素材 8.mp4"添加至"素材 10.mp4"上方轨道中，开始位置为 00:00:00:12，如图 6-10 所示。

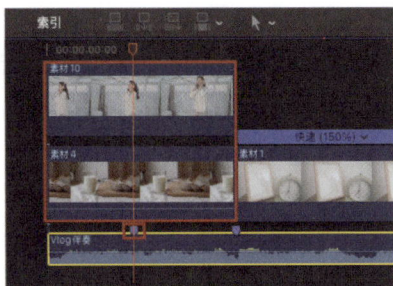

图 6-9

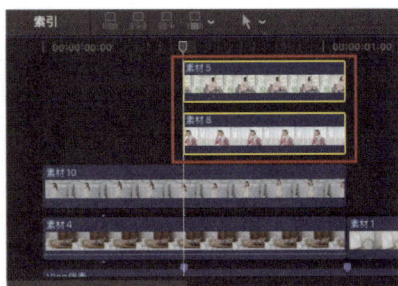

图 6-10

07　将"角蒙版"添加至"素材 4.mp4""素材 10.mp4""素材 5.mp4""素材 8.mp4"中，并绘制蒙版，具体如图 6-11 所示。

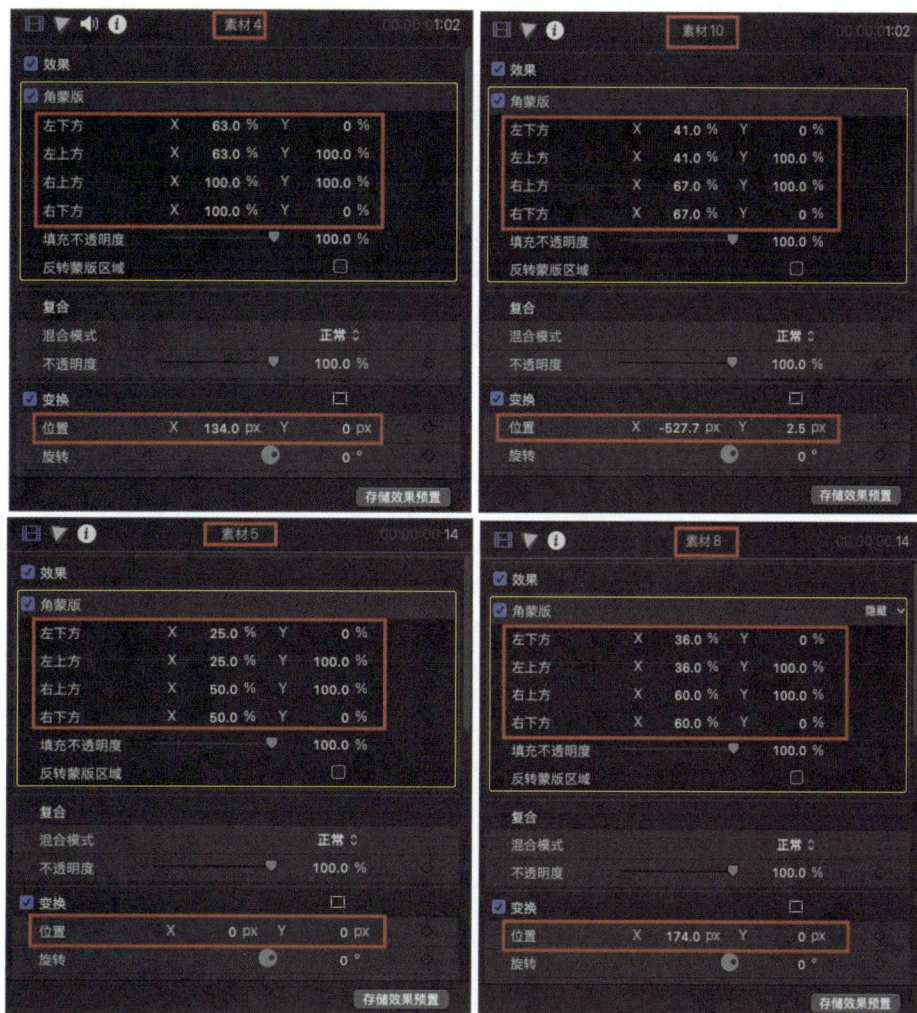

图 6-11

08　将"滑动"转场添加至"素材 4.mp4""素材 10.mp4""素材 5.mp4""素材 8.mp4"中。在"转场检查器"中，"素材 4.mp4"转场方向为右，"素材 10.mp4"转场方向为左，"素材 5.mp4"转场方向为下，"素材 8.mp4"转场方向为上，如图 6-12 所示。

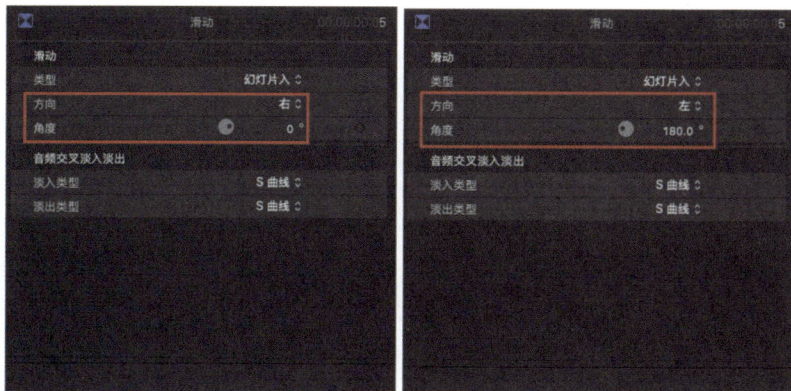

图 6-12

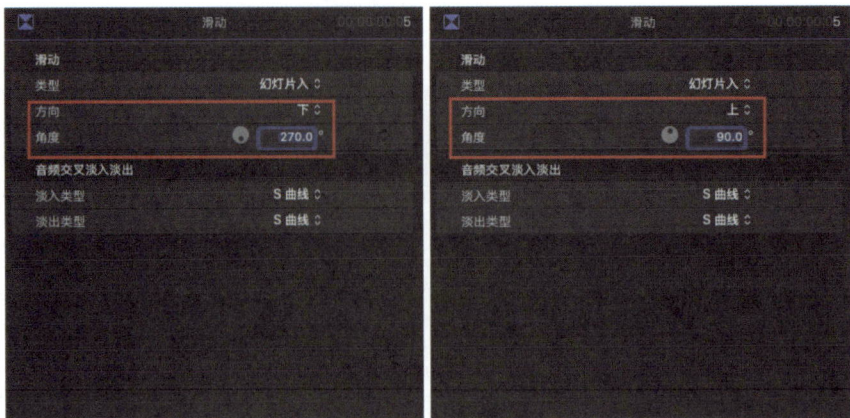

图 6-12（续）

6.1.3 创建字幕动画

完成故事情节制作后，需要通过字幕增强视频的信息传递效率与视觉层次感，下面介绍具体操作方法。

01 在"字幕和发生器"窗口的"字幕"列表中，单击"基础字幕"选项，在打开的列表框中，选中字幕"基础渐隐"，将其添加至"素材 5.mp4"上方轨道中，并且适当延长，如图 6-13 所示。

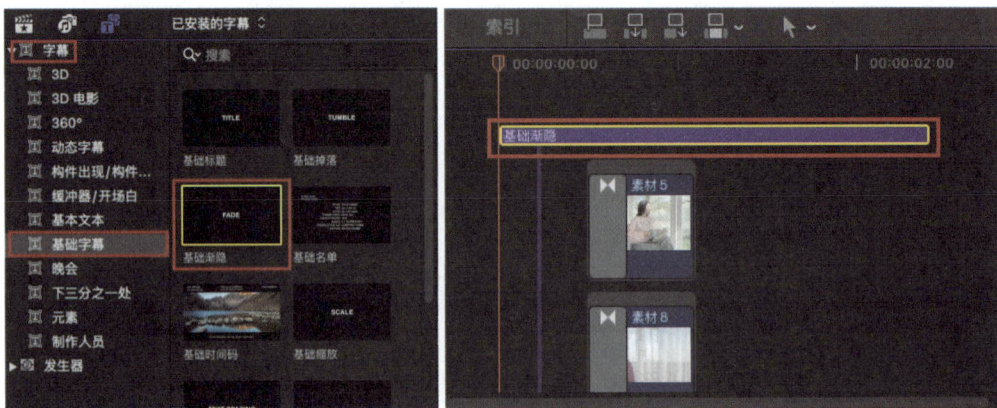

图 6-13

02 选中字幕"基础渐隐"，在"文本检查器"窗口中，将文本内容更改为"周末 Vlog"，字体选择一个合适的手写体，大小为 259.0，字间距数值为 –7.39%，缩放数值更改为 141.0%，位置数值中 Y 坐标为 –89.98px，勾选"投影"复选框，在该选项中，将不透明度数值更改为 87.78%，具体如图 6-14 所示。

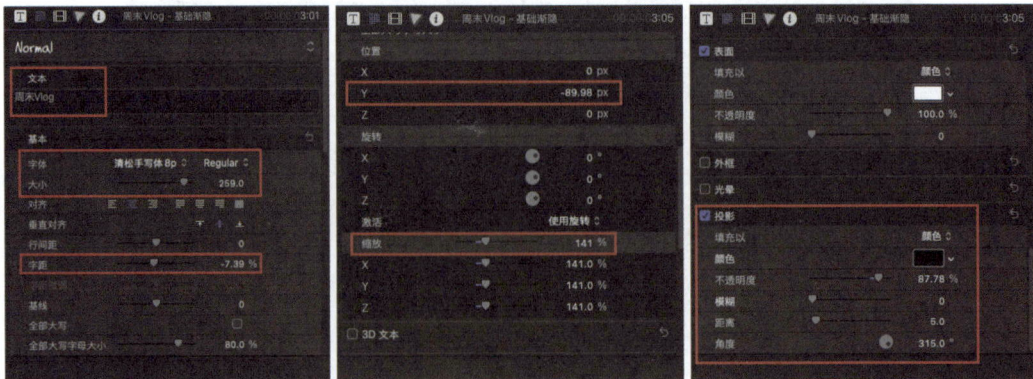

图 6-14

03　完成上述操作后，将"环形字幕.mov"添加至字幕"基础渐隐"上方轨道中，"环形字幕.mov"和字幕"基础渐隐"结束时间均为 00:00:03:01，如图 6-15 所示。

图 6-15

04　选中"环形字幕.mov"，分别在 00:00:00:00、00:00:00:14 处添加"不透明度"关键帧，其中 00:00:00:00 处"不透明度"数值为 0，00:00:00:14"不透明度"数值为 100.0%，显示"复合：不透明度"视频动画，将此处关键帧调整为"加速"，如图 6-16 所示。

05　在"环形字幕.mov"中，分别在 00:00:02:20、00:00:03:01 处添加"不透明度"关键帧，其中 00:00:02:20 处"不透明度"数值为 100.0%，00:00:03:01"不透明度"数值为 0，显示"复合：不透明度"视频动画，将此处关键帧调整为"逐渐变慢"，如图 6-17 所示。

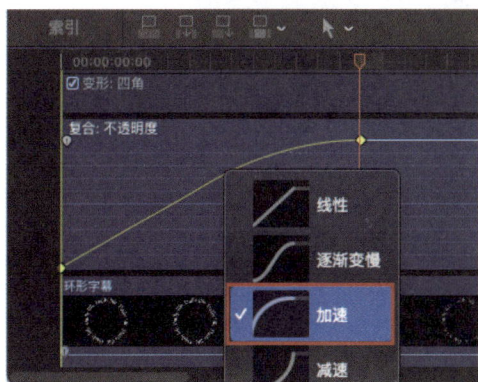

图 6-16

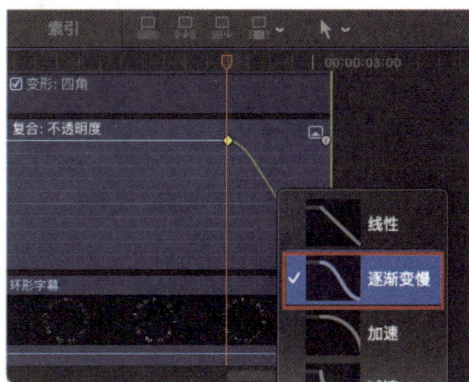

图 6-17

06　选中字幕"基础渐隐"，打开"字幕检查器"窗口，更改字幕出场设置。将"Speed：Out"更改为"加速，减速（Accelerate，Decelerate）"，"出场时间（Fade Duration：Out）"更改为 10.0，如图 6-18 所示。

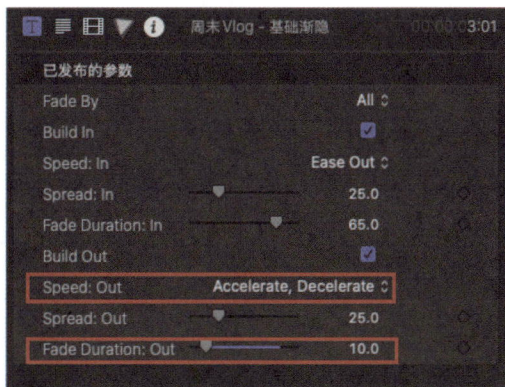

图 6-18

07 为了让开场字幕更加生动，选中"环形字幕.mov"，在 00:00:00:14 和 00:00:03:01 处添加"旋转"关键帧，00:00:00:14 处"旋转"数值为 0°，00:00:00:14 处"旋转"数值为 720.0°，如图 6-19 所示。

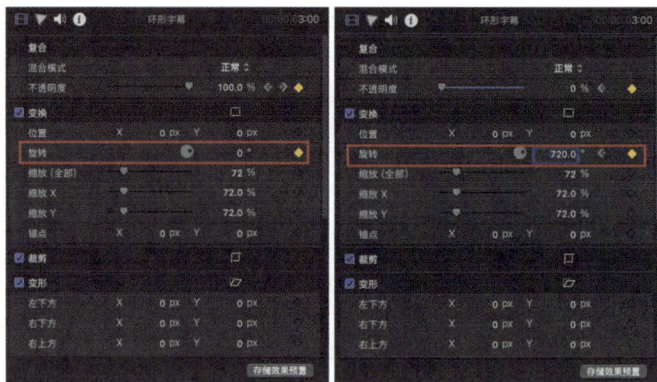

图 6-19

08 将开场设置好的字幕"基础渐隐"复制、粘贴 3 次至"素材 4.mp4"~"素材 10.mp4"上方次级故事情节轨道中，如图 6-20 所示。

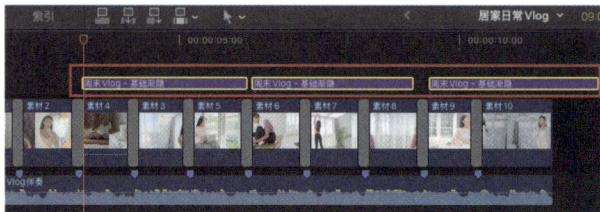

图 6-20

09 分别选中 3 段字幕"基础渐隐"，文本内容和时长如表 6-2 所示。

表 6-2

序号	字幕	开始和结束
1	Morning	00:00:03:02—00:00:06:05
2	Sport	00:00:06:05—00:00:09:09
3	Self-consistent	00:00:09:09—00:00:11:16

10 选中字幕"Morning"，在"字幕检查器"中取消"出场（Build Out）"勾选，如图 6-21 所示。选中字幕"Sport"，在"字幕检查器"中取消"入场（Build In）""出场（Build Out）"勾选，如图 6-22 所示。选中字幕"Self-consistent"，在"字幕检查器"中取消"入场（Build In）"勾选，并将"出场（Build Out）"选项中"出场时间（Fade Duration：Out）"更改为 65.0，如图 6-23 所示。

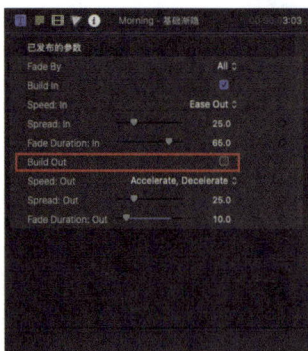
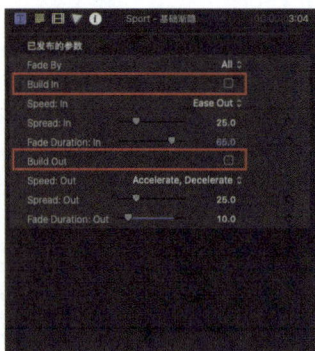
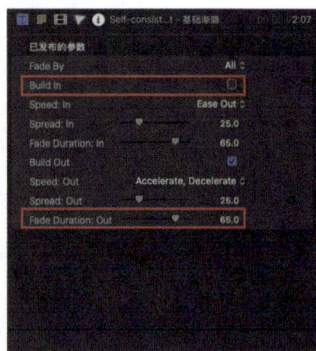

图 6-21　　　　　　　　图 6-22　　　　　　　　图 6-23

6.1.4　为视频调色

在完成视频内容的剪辑工作之后，接下来的步骤是进行调色处理，以确保色彩的统一性，并进一步吸引观众。本小节将讲解"居家 Vlog"调色步骤，具体操作如下。

01　选中"素材 2.mp4"，添加"颜色板 1"，在"颜色"选项框中，"全局"数值为 96°、–9%，"阴影"数值为 148°、15%，"中间调"数值为 208°、2%，"高光"数值为 250°、0，如图 6–24 所示。

02　在"饱和度"选项框中，"全局"数值为 16%，"阴影"数值为 7%，"中间调"数值为 15%，"高光"数值为 –27%，如图 6–25 所示。

03　在"曝光"选项框中，"全局"数值为 –19%，"阴影"数值为 –19%，"中间调"数值为 22%，"高光"数值为 19%，如图 6–26 所示。

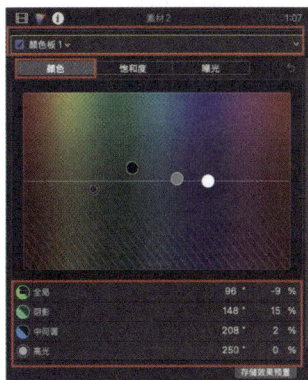 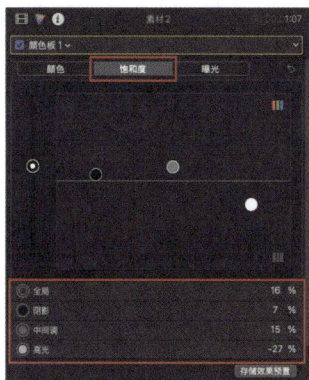 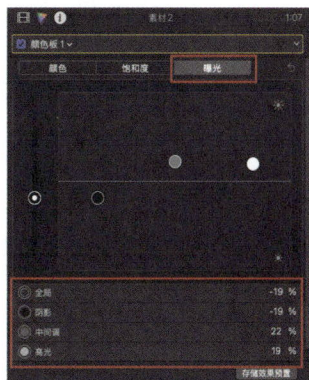

图 6-24　　　　　　　　图 6-25　　　　　　　　图 6-26

04　添加"颜色曲线 1"，对"亮度""红色"曲线进行细微调整，如图 6–27 所示。

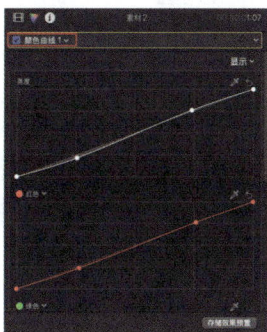

图 6-27

05　选中"素材 2.mp4"，按快捷键 Command+C 将其复制。按快捷键 Command 选中剩余所有素材，按快捷键 Shift+Command+V 打开"粘贴属性"面板，勾选"颜色曲线 1""颜色板 1"，单击"粘贴"按钮，如图 6–28 所示。

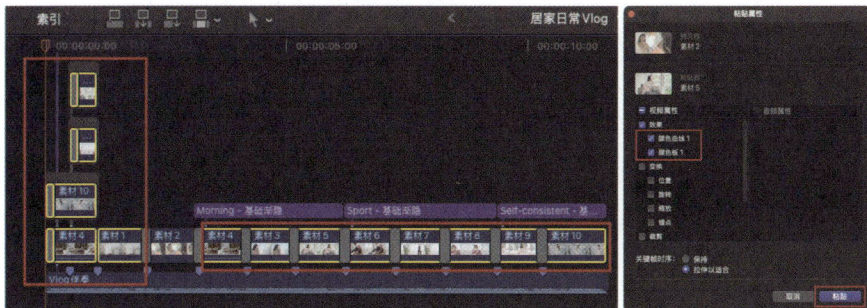

图 6-28

06 统一复制、粘贴调色效果，不一定适用所有素材。分别选中"素材 4.mp4""素材 3.mp4"，取消"颜色曲线 1"的勾选，如图 6-29 所示。

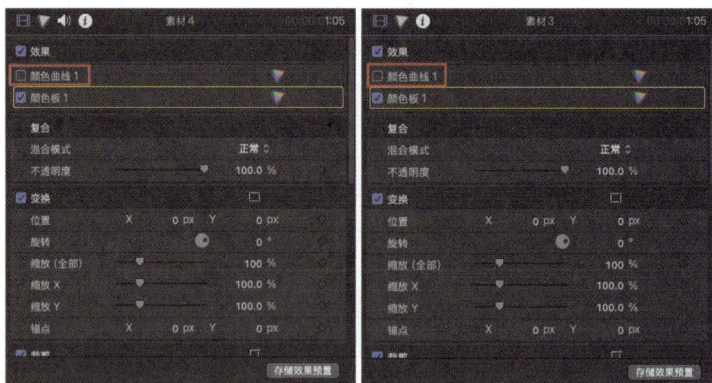

图 6-29

6.1.5 导出影片

所有素材内容剪辑完成后，需要将视频内容导出。

01 在工作区的右上角，单击"共享项目、事件片段或时间线范围"按钮 □，展开列表框，选择"Apple 设备 1080p"，如图 6-30 所示，即可打开"Apple 设备 1080p"对话框。单击"设置"按钮，设置视频项目格式为"Apple 设备"、分辨率为 1280×720，如图 6-31 所示，单击"下一步"按钮。

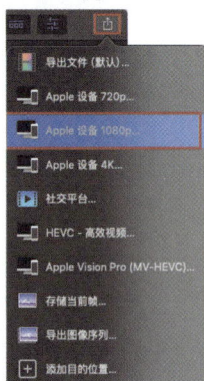

图 6-30

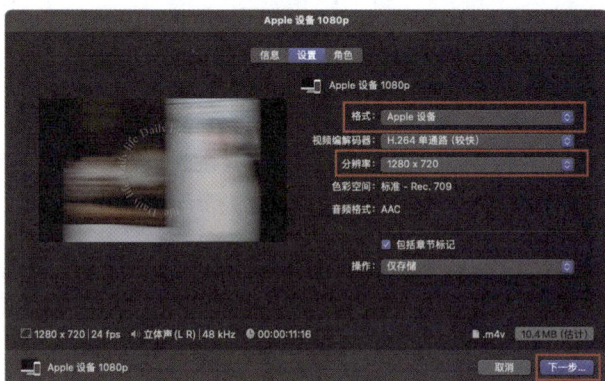

图 6-31

02 进入存储对话框，设置好文件名、存储路径，单击存储按钮，即可将视频导出，如图 6-32 所示。

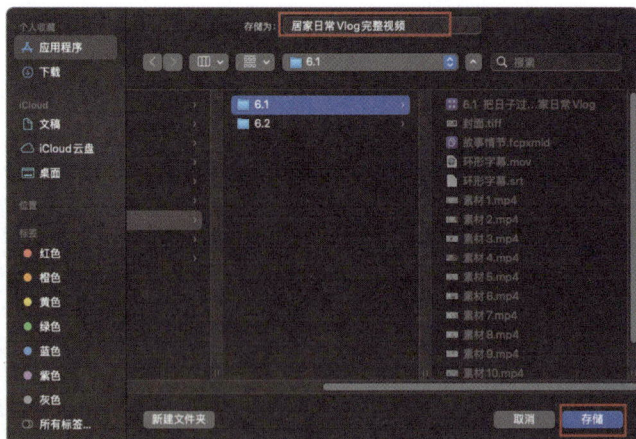

图 6-32

6.2　当偶像剧照进现实，制作浪漫婚礼MV

MV 即音乐视频，是通过音乐旋律串联婚礼高光时刻的视听叙事形式。本节案例将制作浪漫婚礼 MV 短片，适配短视频平台，通过柔和浪漫的钢琴旋律，营造出偶像剧般的氛围，视频效果如图 6-33 所示。

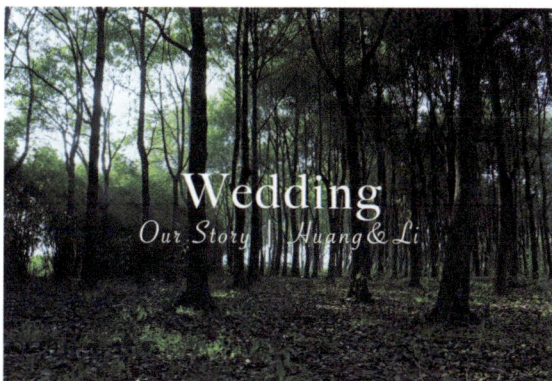

图 6-33

6.2.1　制作主要故事情节

主要故事情节是时间线中的主序列，承载视频的核心叙事，所以我们需要首先在主要故事情节中对素材进行粗剪。创建资源库"6.2 当偶像剧照进现实，制作浪漫婚礼 MV"，创建事件"6.2 制作浪漫婚礼 MV"，在该事件中创建项目"制作浪漫婚礼 MV"。按快捷键 Command+I，导入本节案例素材至事件中，根据表 6-3 在主要故事情节中进行粗剪。

表 6-3

序号	景别	素材顺序	片段内容	入点和出点	转场
1	空镜	素材 1.mp4	阳光照进晨雾未散的森林	00:00:00:00— 00:00:00:05	
2	特写	素材 2.mp4 （速度：150%） （缩放：110%）	男生递给女生一枝玫瑰	00:00:00:22— 00:00:06:12	交叉叠化 00:00:00:20
3	全景	素材 3.mp4	男生拉着女生的手走过	00:00:05:12— 00:00:17:26	镜头眩光 00:00:01:00
4	近景	素材 4.mp4	女生和男生在玩旋转木马	00:00:00:00— 00:00:05:20	交叉叠化 00:00:00:20
5		素材 5.mp4		00:00:00:17— 00:00:04:04	渐变图像 00:00:01:00
6	中景	素材 6.mp4	男生牵着女生从旋转木马上走下	00:00:00:00— 00:00:06:04	
7		文本与副标题	We're meant be together Love is composed of a single soul inhabiting two bodies	00:00:00:00— 00:00:07:22	
8	中景	素材 7.mp4	女生和男生手牵手在草坪肆意奔跑	00:00:00:01— 00:00:05:09	

续表

序号	景别	素材顺序	片段内容	入点和出点	转场
9	近景	素材 8.mp4 （速度：200%）	镜头缓缓旋转，捕捉到女生和男生洋溢着幸福笑容的瞬间	00:00:09:06— 00:00:19:13	
10	特写	素材 9.mp4 （速度：200%）	男生取出一枚戒指，准备为女生戴上	00:00:01:14— 00:00:11:06	渐变图像 00:00:00:15
11	近景	素材 10.mp4	男生为女生佩戴上戒指后，两人紧紧相拥	00:00:03:10— 00:00:14:24	
12	中景	素材 11.mp4 （变速）	两人相拥并旋转	00:00:00:05— 00:00:12:08	
13	空镜	素材 12.mp4	森林	00:00:00:00— 00:00:07:09	
14	全景	素材 13.mp4	女生拿着捧花在森林旋转奔跑	00:00:00:00— 00:00:05:02	光流 00:00:00:10
15	中景	素材 14.mp4	女生蹲在树旁	00:00:00:00— 00:00:05:11	
16	近景	素材 15.mp4	男生和女生开心地依偎在一起	00:00:02:20— 00:00:09:14	光躁 00:00:00:22
17	全景	素材 16.mp4	男生和女生开心地走向森林	00:00:05:09— 00:00:16:02	
18	空镜	素材 17.mp4	城堡	00:00:06:23— 00:00:20:06	

从表 6-3 中可知，有些片段不是单纯地对素材进行裁剪，如序号 7 为添加文字。接下来，将详细介绍操作步骤。

01　在根据表剪辑完"素材 6.mp4"和"素材 7.mp4"后，在"字幕和发生器"窗口的"字幕"列表中，单击"基本文本"选项，在打开的列表框中，选中字幕"文本与副标题"，将其添加至"素材 6.mp4"后方，时长为 00:00:07:22，如图 6-34 所示。

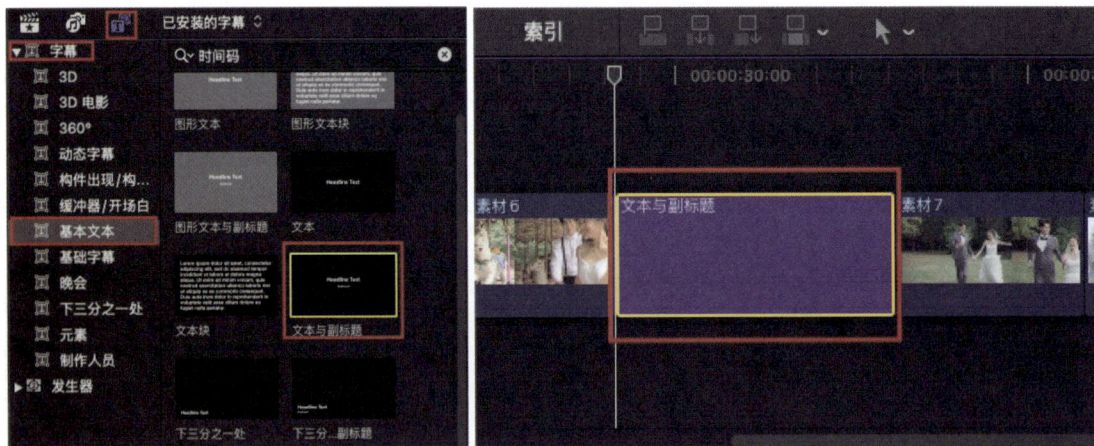

图 6-34

02　选中字幕"文本与副标题"，打开"字幕检查器"窗口。在"文本入场动画（Text Build In Animation）"选项中选择"渐变和缩放（Fade and Scale）"，其余设置维持默认不变，如图 6-35 所示。

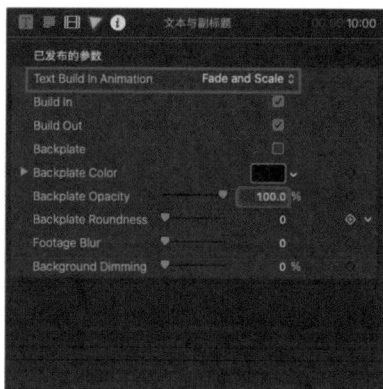

图 6-35

03　继续选中字幕"文本与副标题"，并确保播放指示器在字幕"文本与副标题"上，在"监视器"画面中单击文本框"Headline Text"，即可编辑主标题字幕。将主标题文本更改为"We're meant be together"，字体更改为"Beaufort Pro"，大小更改为 254.3，行间距为 –19.0，位置大小中 Y 坐标为 1.61px，如图 6-36 所示。

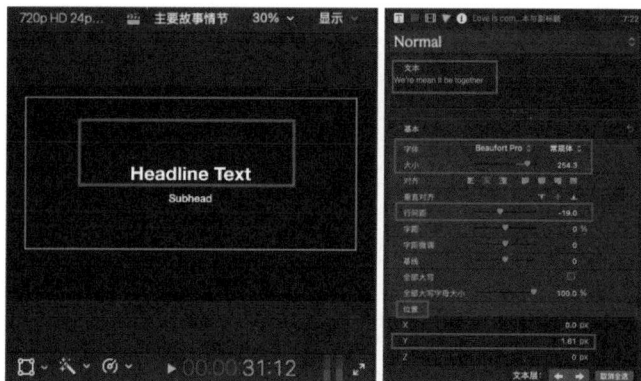

图 6-36

04　在"监视器"画面中单击副标题，即可编辑副标题字幕。将副标题文本内容更改为"Love is composed of a single soul inhabiting two bodies"，字体更改为"VIP"，大小更改为 109.0，位置大小中，X 坐标更改为 –1.2px，Y 坐标更改为 545.55px，如图 6-37 所示。

图 6-37

05　在"效果浏览器"中选中"老化纸张"效果，如图 6-38 所示，将其添加至字幕"文本与副标题"中，在"效果检查器"中选中"老化纸张"选项，将"数量（Amount）"数值更改为 100.0，"蒙版大小（Mask Size）"数值更改为 89.09，如图 6-39 所示。

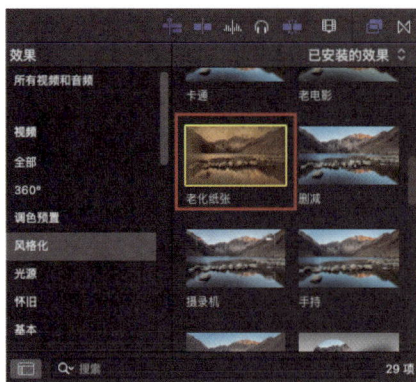

图 6-38

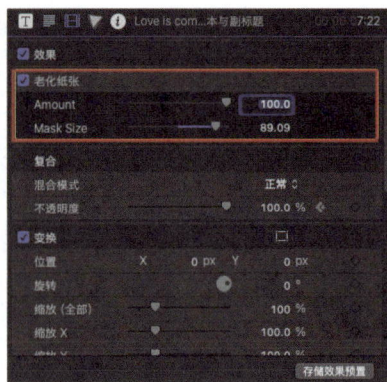

图 6-39

06　序号 12 中，需为"素材 11.mp4"制作变速效果。

07　"素材 10.mp4"剪辑完成后，根据表调整"素材 11.mp4"入点时间为 00:00:00:05，再将其添加至"素材 10.mp4"后方位置。

08　按快捷键 Command+R，显示"重新定时编辑器"，将播放指示器移动至画面中人物将要旋转的位置，选中"素材 11.mp4"，按快捷键 Shift+B，在此处切割速度，如图 6-40 所示。

图 6-40

09　将切割后的第一段速度调整为 2 倍速，双击速度之间的区域，打开"速度转场"窗口，单击"编辑"按钮即可在速度转场处出现一个图标，将该图标移动至 00:01:14:22 处，并缩小速度转场灰色部分范围，如图 6-41 所示。

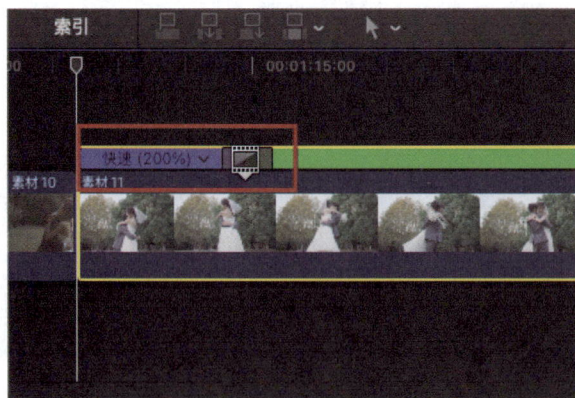

图 6-41

10　完成上述操作后，将播放指示器移动至 00:01:24:12 处，选中"素材 11.mp4"，按快捷键 Command+B 在此处切割，并删除切割后右侧多余部分。

11　剩余部分根据表格进行剪辑即可。

6.2.2　制作次要故事情节

在完成核心故事情节的制作之后，我们可以在次要情节中加入更多特效，并对主要情节进行补充，下面介绍具体操作方法。

01　将"光纤光晕光斑转场.mov"添加至次级故事情节轨道中，入点时长为 00:00:00:10，出点时长为 00:00:01:12，总时长为 00:00:01:02，如图 6-42 所示。

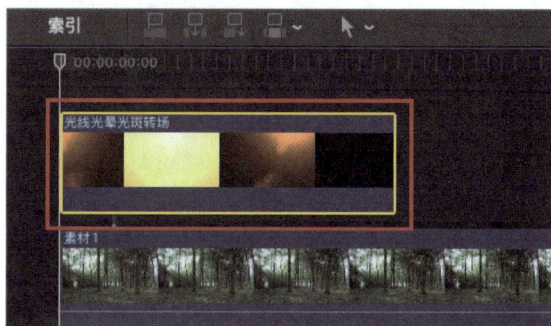

图 6-42

02　将播放指示器移动至 00:00:00:00 处，选中"素材 1.mp4"，添加"不透明度"关键帧，数值为 0%，将播放指示器移动至 00:00:00:10 处，添加"不透明度"关键帧，数值为 100.0%，如图 6-43 所示。

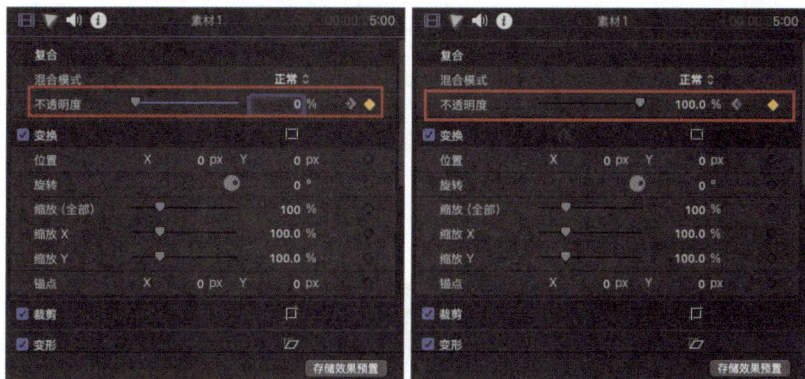

图 6-43

03　将播放指示器移动至"素材 4.mp4"处，按 Option 键，在次级故事情节中复制、粘贴"素材 4.mp4"，如图 6-44 所示。

04　根据第 5 章第 1 节拓展练习介绍抽帧效果要点，为次级故事情节中"素材 4.mp4"制作抽帧效果。以 5 帧为 1 组，保留第 1 帧，删除其余 4 帧内容，复制、粘贴 4 次第 1 帧，以此类推，如图 6-45 所示。

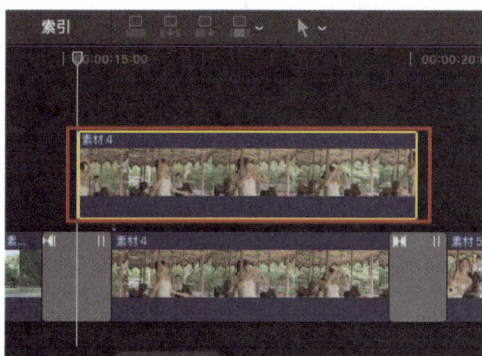

图 6-44

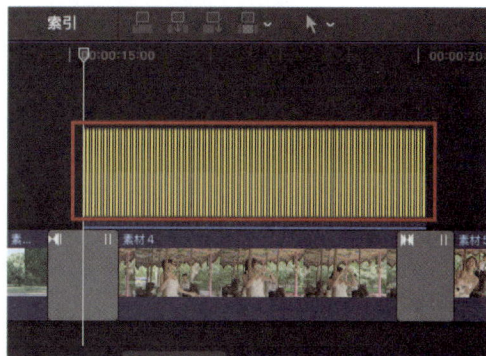

图 6-45

提示：若最后多余了 3 帧，则保留第 1 帧，删除其余 2 帧，并对第 1 帧进行粘贴复制 2 次。

05 选中次级故事情节中制作好抽帧效果的"素材 4.mp4"，单击右键，执行"新建复合片段（Option+G）"命令，如图 6-46 所示。

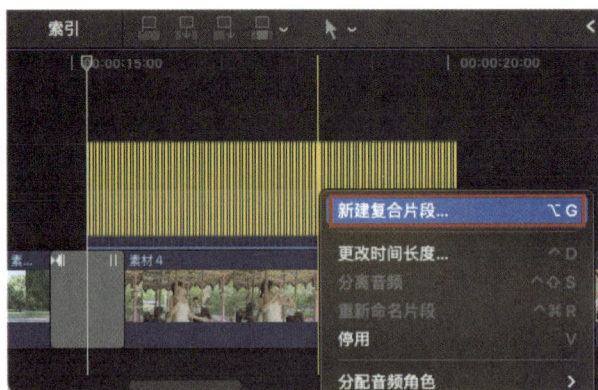

图 6-46

06 在打开的"复合片段"编辑窗口中，将"复合片段名称"设置为"抽帧 1"，如图 6-47 所示，单击"好"按钮，即可创建复合片段"抽帧 1"。

图 6-47

07 根据上述方法为"素材 5.mp4""素材 6.mp4"分别制作复合片段"抽帧 2"和"抽帧 3"，如图 6-48 所示。

图 6-48

08 有时添加转场可能会因为片段边缘之外没有足够的额外媒体来创建转场，从而导致项目的总时长缩短，例如本节案例"素材 4.mp4""素材 5.mp4""素材 6.mp4"均如此。在"素材 4.mp4""素材 5.mp4""素材 6.mp4"制作抽帧效果时，是添加了转场效果后进行制作，主故事情节中的"素材 4.mp4""素材 5.mp4""素材 6.mp4"与次级故事情节制作抽帧效果的"素材 4.mp4""素材 5.mp4""素材 6.mp4"的出入点时长会不一致。在制作抽帧效果后，为了让画面过渡像主故事情节一样自然，需要对次级故事情节中的抽帧效果进行时长上的调整。

09 在"事件浏览器"中单击复合片段"抽帧 1"，即可打开"抽帧 1"编辑窗口，如图 6-49 所示。

图 6-49

10　选中第 1 个"素材 4.mp4"片段，将鼠标指针移动至左侧边缘处，用"选择工具"按钮🔼工具向左移动，入点时长更改至 00:00:00:00，可在"信息检查器"窗口中查看入点（开始）出点（结束）时间，并辅助修改，如图 6-50 所示。

图 6-50

11　从表 6-3 可知，主要故事情节中"素材 4.mp4"出点时长为 00:00:05:20，选中"抽帧 1"最后一个片段，将出点时长更改为 00:00:05:20，如图 6-51 所示。

图 6-51

12　根据上述操作，参照表 6-3 更改复合片段"抽帧 2""抽帧 3"出入点时长。

13　完成上述操作后，单击工具栏"抽帧"左侧按钮◀，即可返回项目编辑界面。

14　将次级故事情节没有更改出入点的复合片段"抽帧 1""抽帧 2""抽帧 3"删除，从"事件浏览器"中，按照顺序将"抽帧 1""抽帧 2""抽帧 3"导入至次级故事情节中，开始位置为 00:00:14:17，如图 6-52 所示。

图 6-52

15　框选"抽帧 1""抽帧 2""抽帧 3"，按快捷键 Command+G 创建故事情节，并将主要故事情节中"素材 4.mp4""素材 5.mp4""素材 6.mp4"的转场效果，复制、粘贴至"抽帧 1""抽帧 2""抽帧 3"中，如图 6-53 所示。

图 6-53

16　选中字幕"文本与副标题"在上层轨道中复制、粘贴，如图 6-54 所示。将播放指示器移动至 00:00:31:02 处，在此处进行切割，并对切割后前面部分内容删除，如图 6-55 所示。

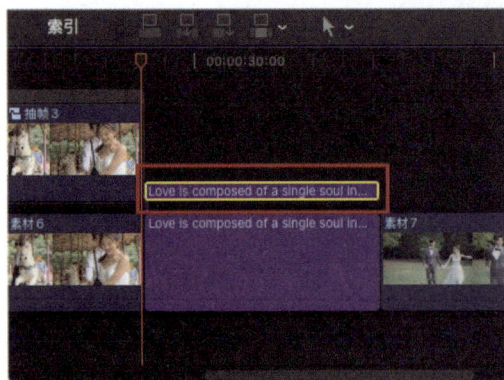

图 6-54

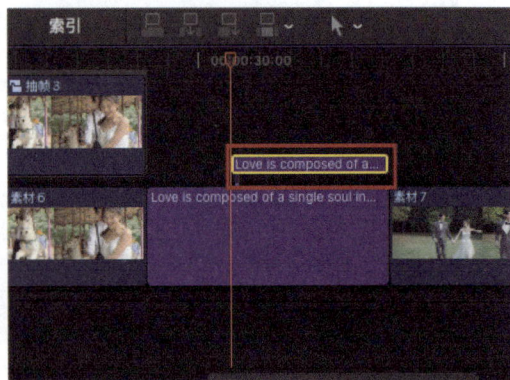

图 6-55

17　选中主要故事情节中字幕"文本与副标题"，取消效果"老化纸张"的勾选，如图 6-56 所示，此时字幕"文本与副标题"中文字颜色变回白色。

18　分别选中主要故事情节和刺激故事情节中字幕"文本与副标题"，创建复合片段"文字 1""文字 2"，如图 6-57 所示。

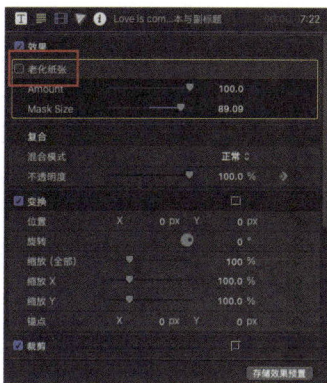

图 6-56

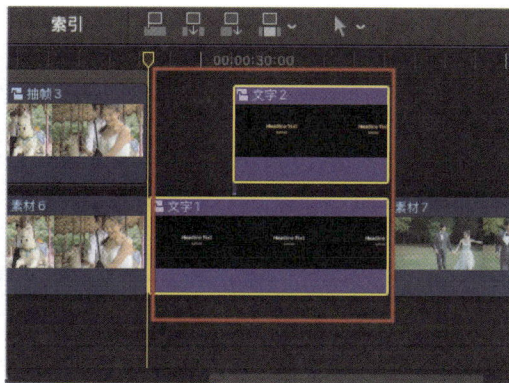

图 6-57

19　将"绘制蒙版"添加至复合片段"文字 1""文字 2"中，在"文字 1"中框选"We're meant be together"，"文字 2"框选"Love is composed of a single soul inhabiting two bodies"，如图 6-58 所示。

图 6-58

6.2.3　制作形状和字幕

为了让视频内容更加丰富，还需为视频开头和结尾添加字幕，从而让视频信息更明确，突出婚礼 MV。本小节内容将讲解开头结尾字幕制作方法，具体操作如下。

01　在"字幕和发生器"窗口的"字幕"列表中，单击"构件出现 / 构件消失"选项，在打开的列表框中，选中字幕"打字机"，如图 6-59 所示，将其添加至开始位置。文本内容为"Wedding"，字体字样更改如图 6-60 所示。在"字幕检查器"中，将打字效果更改如图 6-61 所示。

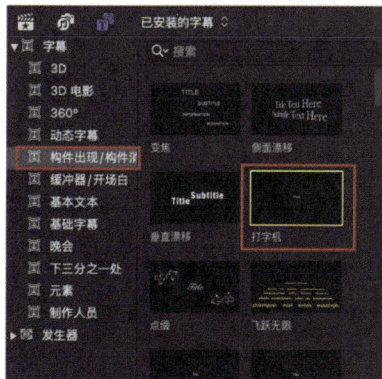

图 6-59

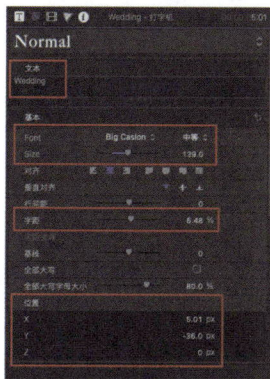

图 6-60

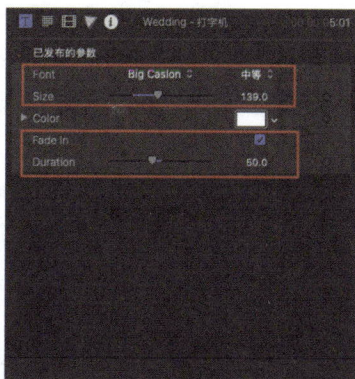

图 6-61

02　在"字幕和发生器"窗口的"字幕"列表中，单击"基本文本"选项，在打开的列表框中，选中字幕"文本"，如图 6-62 所示，将其添加至字幕"打字机"下方轨道中。文本内容为"Our

Story|Huang&Li",字体字样更改如图 6-63 所示。在"字幕检查器"中,将字母效果更改如图 6-64 所示。

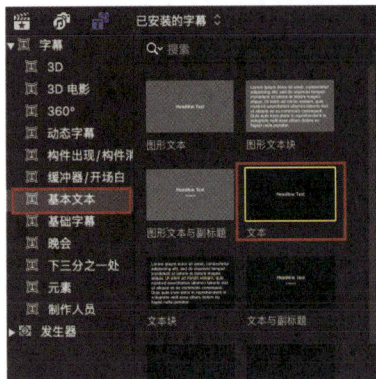
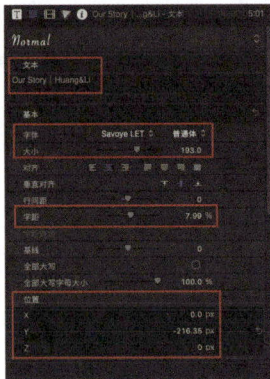
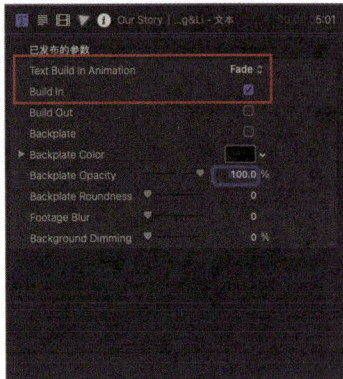

图 6-62　　　　　　　　　　图 6-63　　　　　　　　　　图 6-64

03　完成上述操作后,将字幕调整至"光纤光晕光斑转场.mov"下方轨道,时长与"素材 1.mp4"对齐,如图 6-65 所示。

图 6-65

04　将播放指示器移动至结尾"素材 17.mp4"处,添加字幕"基本名单",在"监视器"窗口,单击画面中文本框,更改文本内容,具体内容更改如图 6-66 所示。

图 6-66

05　在"字幕检查器"中将"背景不透明度（Background Opacity）"数值调整为 0%，如图 6-67 所示。

06　字幕效果参考图 6-68。

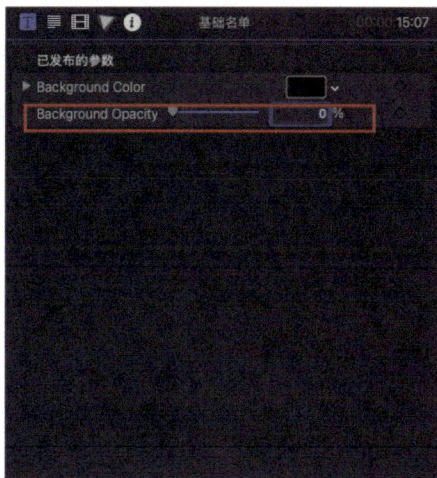

图 6-67

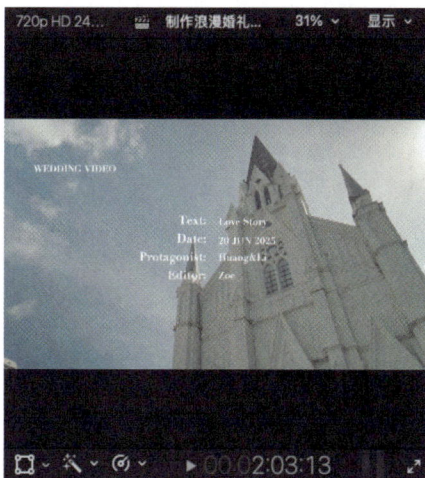

图 6-68

07　字幕"基本名单"结尾时长为 00:02:04:09。

6.2.4　为视频调色

完成视频内容制作后，为视频进行调色。本小节将介绍"婚礼 MV"调色制作流程，具体操作如下。

01　选中"素材 2.mp4"，添加"色轮 1"，将"色温"调整为 6228.0，"色调"调整为 5.0。在"全局"选项框的"颜色"选项中，R 值为 13，G 值为 8，"饱和度"数值为 1.23，"亮度"数值为 –0.08，如图 6-69 所示。

02　在"素材 2.mp4"中添加"投影仪""添加噪点""摄录机"效果，具体设置如图 6-70 所示。

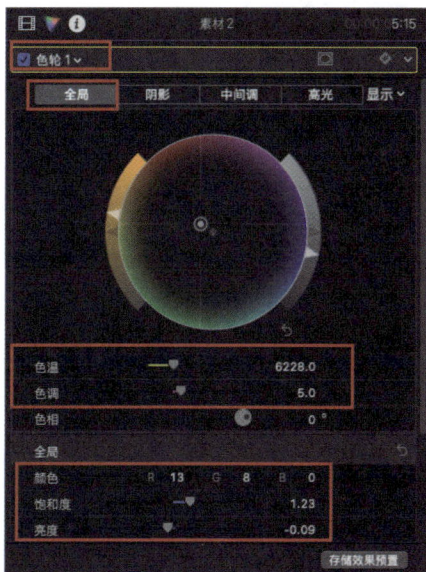

图 6-69

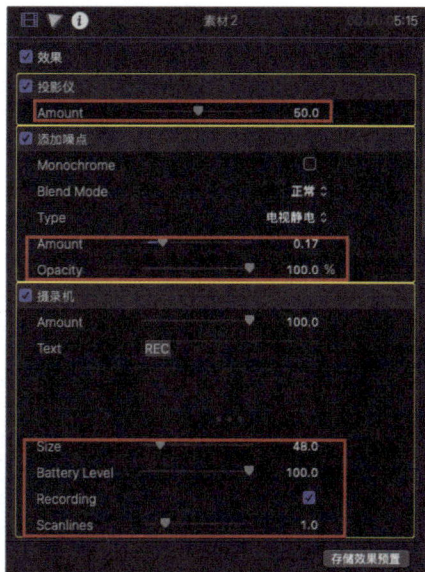

图 6-70

03　按快捷键 Command，选中"素材 3.mp4""素材 7.mp4""素材 8.mp4""素材 9.mp4""素材 10.mp4""素材 11.mp4""素材 12.mp4""素材 13.mp4""素材 14.mp4""素材 15.mp4""素材 16.mp4""素材 17.mp4"，执行"匹配颜色"命令，选择"素材 1.mp4"为参考颜色，然后单击"应用匹配"按钮，如图 6-71 所示。

图 6-71

04 对个别素材进行修改。选中"素材 10.mp4"，添加"颜色曲线 1"，将"亮度"曲线调整如图 6-72 所示。

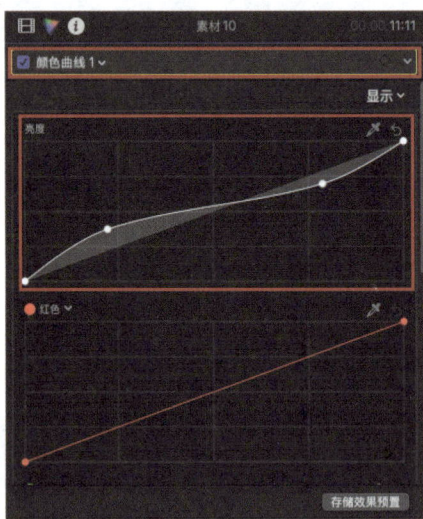

图 6-72

05 在复合片段"抽帧 1"中添加"光晕""超级 8 毫米""老电影""摄录机"效果，添加"颜色板 1"，具体数值调整如图 6-73 所示。按快捷键 Command+C 复制复合片段"抽帧 1"，选中复合片段"抽帧 2""抽帧 3"，按快捷键 Shift+Command+V，打开"粘贴属性"窗口，粘贴"抽帧 1"设置好的效果，如图 6-74 所示。

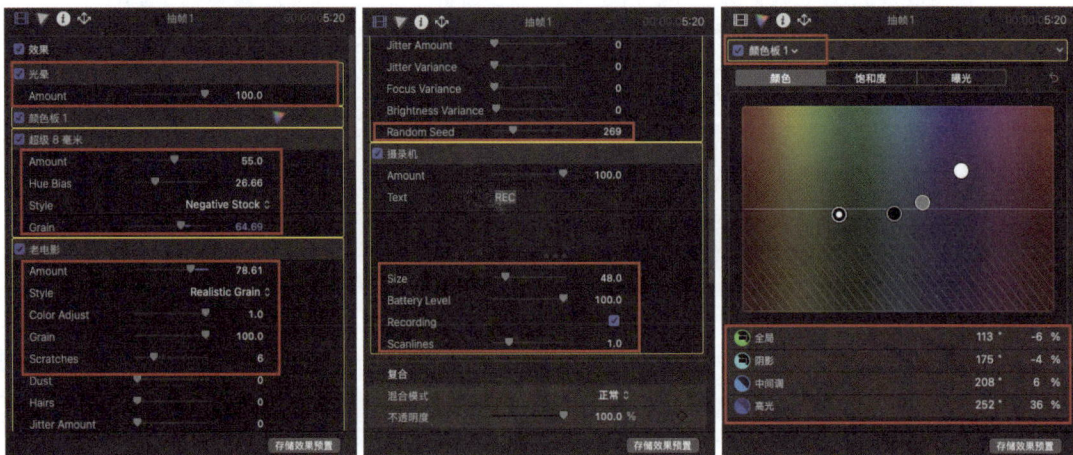

图 6-73

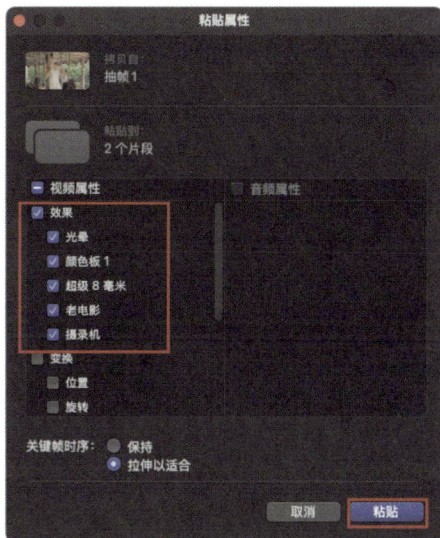

图 6-74

6.2.5　添加与编辑音乐

完成视频片段内容制作后，需添加背景音乐和音效为视频内容增添色彩。本小节音乐制作较为简单，根据表 6-4 进行裁剪。

表 6-4

序号	素材顺序	时长
1	Always by your side.mp3	00:00:00:00—00:02:33:06
2	森林鸟鸣 .mp3	00:00:00:00—00:00:05:17

为了让音效"森林鸟鸣 .mp3"过渡更自然，为其设置淡入淡出效果。向右移动开始滑块，时长为 +00:04.03，如图 6–75 所示。向左移动结尾滑块，时长为 –00:03.12，如图 6–76 所示。

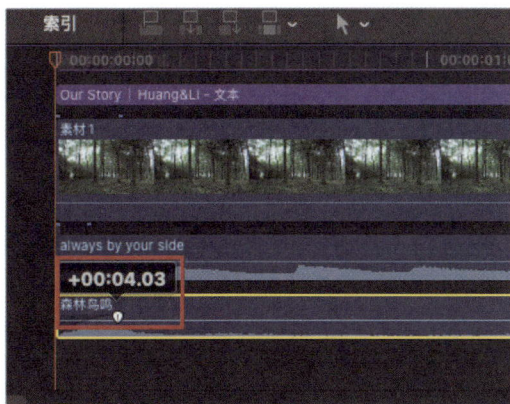

图 6-75

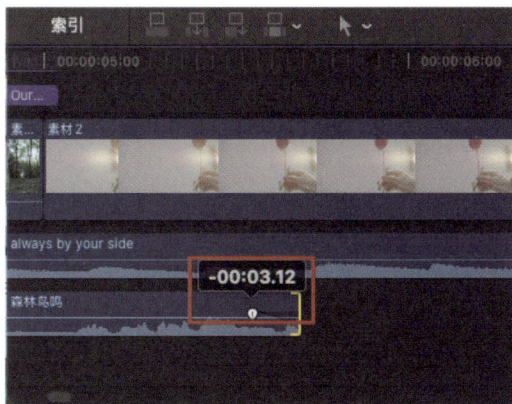

图 6-76

6.2.6　导出影片

所有素材内容剪辑完成后，需要将视频内容导出。

01　在工作区的右上角，单击"共享项目、事件片段或时间线范围"按钮 ，展开列表框，选择"导出文件（默认）"，如图 6–77 所示，即可打开"导出文件"对话框。单击"设置"按钮，设置视频项目格式为"视频和音频"、分辨率为 1280×720，如图 6–78 所示，单击"下一步"按钮。

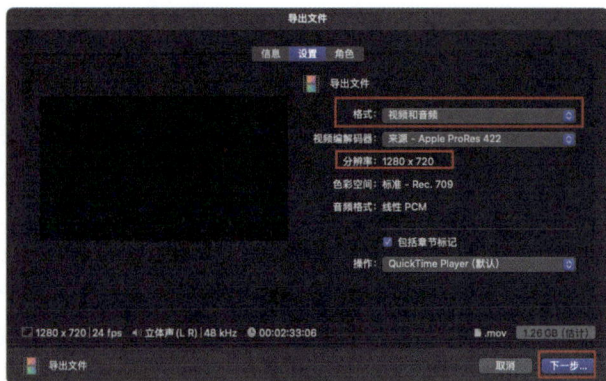

图 6-77 图 6-78

02 进入存储对话框，设置好存储名，存储路径，单击存储按钮，即可将视频导出，如图 6-79 所示。

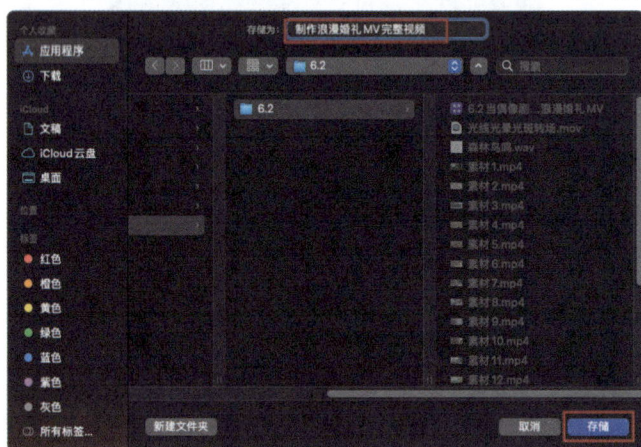

图 6-79

07

第7章

广告视频剪辑实操，用
技术赢得广告主的青睐

本章导读

广告视频是以动态影像和声音为手段来宣传产品、服务、品牌理念或活动等的视听传播形式，有着明确的营销推广目的。其内容多种多样，涵盖产品展示、品牌形象塑造、服务推广等类型，制作时要注重视觉、听觉以及创意等要素，且能通过电视、互联网等众多渠道广泛传播，以吸引目标受众，实现推广效果。在当今信息爆炸人人自媒体的时代，人人都可以是卖家，宣扬自己的产品、品牌形象，甚至是推广自己。本章案例将通过Final Cut Pro制作两个简单且基础的广告视频，向读者介绍广告视频的剪辑要点。

7.1 好吃到停不下来，制作休闲零食广告

本小节详细解析休闲零食广告制作全流程。从原料镜头的质感呈现，到成品食用场景的多角度捕捉，演示分镜设计、节奏剪辑、音效同步等技巧。通过薯片广告实例，展示如何运用软件功能实现原料处理、油炸特效、咀嚼音效与画面的配合，以及不同人群食用场景的快速切换技巧，帮助掌握商业广告剪辑中视觉冲击与情感共鸣的平衡方法，视频效果如图 7-1 所示。

图 7-1

7.1.1 导入素材进行剪辑

本节案例将从素材剪辑开始讲解。创建资源库"7.1 好吃到停不下来，制作休闲零食广告"，创建事件"7.1 制作休闲零食广告"，在该事件中创建项目"制作休闲零食广告"。按快捷键 Command+I，导入本节案例素材至事件中，根据表 7-1 在主要故事情节中进行粗剪。

表 7-1

序号	景别	素材顺序	片段内容	入点和出点	转场
1	空镜	素材 1.mp4（速度：300%）	无人机拍摄广袤的土豆农场	00:00:00:00—00:00:05:03	交叉叠化 00:00:00:20
2	空镜	素材 2.mp4	向土豆农场拉近	00:00:01:01—00:00:05:13	
3	全景	素材 3.mp4（速度：200%）	农民在土豆地里耕种	00:00:02:12—00:00:05:21	缩放 Out 00:00:00:10
4	特写	素材 4.mp4	农民将土里的土豆挖出来	00:00:00:10—00:00:06:13	
5	近景	素材 5.mp4（速度：140%）	农民收集土豆	00:00:01:22—00:00:04:23	渐变图像 00:00:00:20
6	近景	素材 6.mp4	农田里挖出的土豆	00:00:00:02—00:00:04:06	
7	中景	素材 7.mp4	农民展示新鲜的土豆	00:00:00:17—00:00:03:17	闪光灯 00:00:00:15
8	特写	素材 8.mp4	将土豆扔进水中	00:00:00:04—00:00:01:11	
9	特写	素材 8.mp4	将土豆扔进水中	00:00:07:16—00:00:09:18	缩放 In 00:00:00:10
10	特写	素材 9.mp4	滚动的土豆	00:00:01:14—00:00:11:06	

续表

序号	景别	素材顺序	片段内容	入点和出点	转场
11	特写	素材 10.mp4	削皮的土豆	00:00:04:08— 00:00:06:24	缩放 In 00:00:00:10
12	近景	素材 9.mp4	滚动的土豆	00:00:06:12— 00:00:08:21	交叉叠化 00:00:00:15
13	特写	素材 11.mp4	展示薯片制作的过程	00:00:04:08— 00:00:07:19	渐变图像 00:00:00:15
14	特写	素材 14.mp4	从碗中拿起薯片	00:00:00:01— 00:00:00:27	
15	中景	素材 16.mp4	女生拿着薯片放入嘴中	00:00:01:21— 00:00:05:00	
16	中景	素材 18.mp4	坐在泳池边吃薯片	00:00:11:09— 00:00:12:04	
17	近景	素材 15.mp4	两位女生享受着轻松时刻，一边聊天一边吃薯片	00:00:15:10— 00:00:18:20	
18	特写	素材 19.mp4	人物嚼薯片	00:00:02:12— 00:00:06:14	
		素材 20.mp4		00:00:02:02— 00:00:05:18	
19	近景	素材 12.mp4	薯片堆叠	00:00:00:06— 00:00:03:00	
20	特写	素材 13.mp4	展示薯片	00:00:00:00— 00:00:02:12	

01　选中"素材 1.mp4"，在 00:00:00:00、00:00:00:20 处分别添加"不透明度"关键帧，00:00:00:00 处关键帧数值为 0.0%，00:00:00:20 处关键帧数值为 100.0%。

02　选中"素材 1.mp4"，在"磁性时间线"窗口打开"视频动画"窗口，双击展开"复合：不透明度"，将关键帧调整为"减速"，如图 7-2 所示。

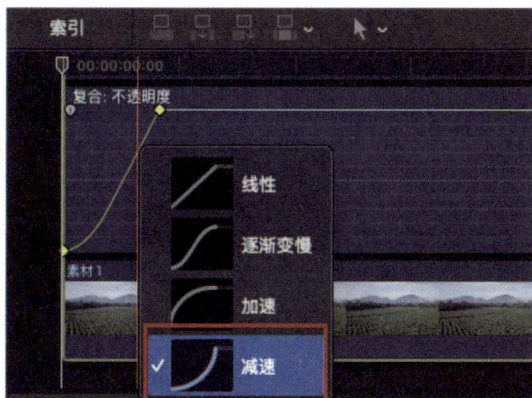

图 7-2

03　"素材 20.mp4""素材 19.mp4"为同一时间段内容，其中"素材 19.mp4"位于主要故事情节轨道中，"素材 20.mp4"位于上方次级故事情节轨道中，如图 7-3 所示。

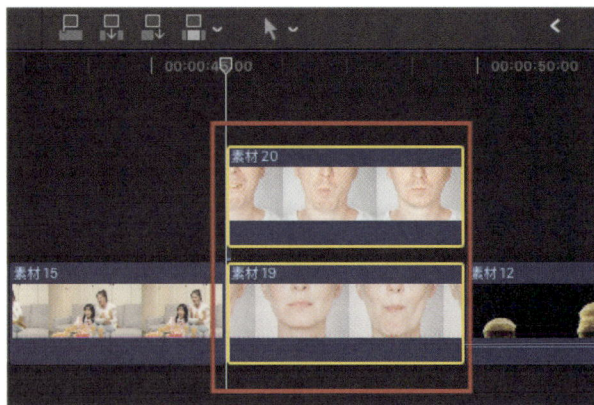

图 7-3

04 选中"素材 20.mp4","缩放"数值更改为 142.0%，位置 X 坐标数值更改为 –43.0px，位置 Y 坐标数值更改为 –9.5px，如图 7-4 所示。在"素材 20.mp4"中添加"角蒙版"和"翻转"效果，具体数值更改如图 7-5 所示。

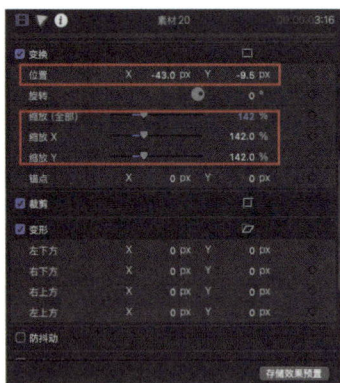

图 7-4

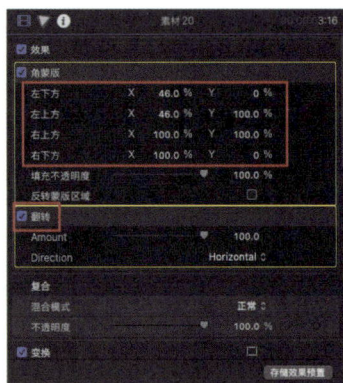

图 7-5

7.1.2 为视频调色

完成视频片段粗剪后，为视频进行整体调色，具体操作如下。

01 选中"素材 4.mp4"，在"监视器"窗口中执行"优化光线和颜色（Shift+Option+Command+G）"命令，如图 7-6 所示。打开"颜色监视器"，即可看到添加"颜色调整 1"，在其中进行细节调整，如图 7-7 所示。

图 7-6

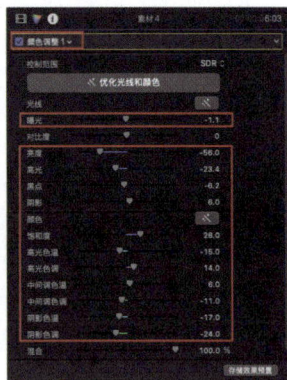

图 7-7

02 按快捷键 Command，选中剩余所有素材，粘贴"素材 4.mp4"设置好的"颜色调整 1"属性，如图 7-8 所示。

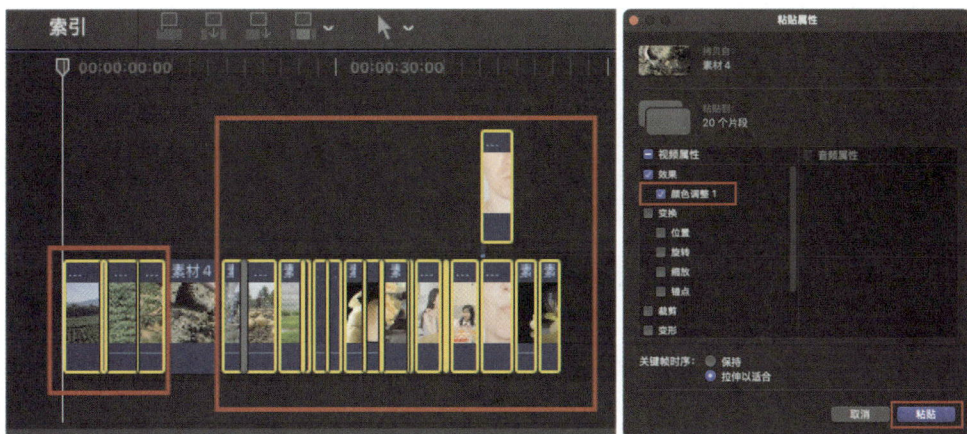

图 7-8

03　选中"素材 1.mp4"，打开"颜色检查器"窗口，对其进行细节调整，如图 7-9 所示。

图 7-9

04　由于对整体画面调色后，天空会稍微失真。在"颜色调整 1"选项区中单击"应用形状、颜色或磁性蒙版，或者反转应用的蒙版"按钮■，展开列表框，单击"添加磁性蒙版"选项，在"监视器"窗口中选中除天空外的所有元素，如图 7-10 所示。

图 7-10

05　分别选中"素材 3.mp4""素材 5.mp4""素材 6.mp4""素材 7.mp4""素材 11.mp4""素材 18.mp4""素材 15.mp4"，打开"颜色检查器"，对"颜色调整 1"进行调整，如图 7-11 所示。

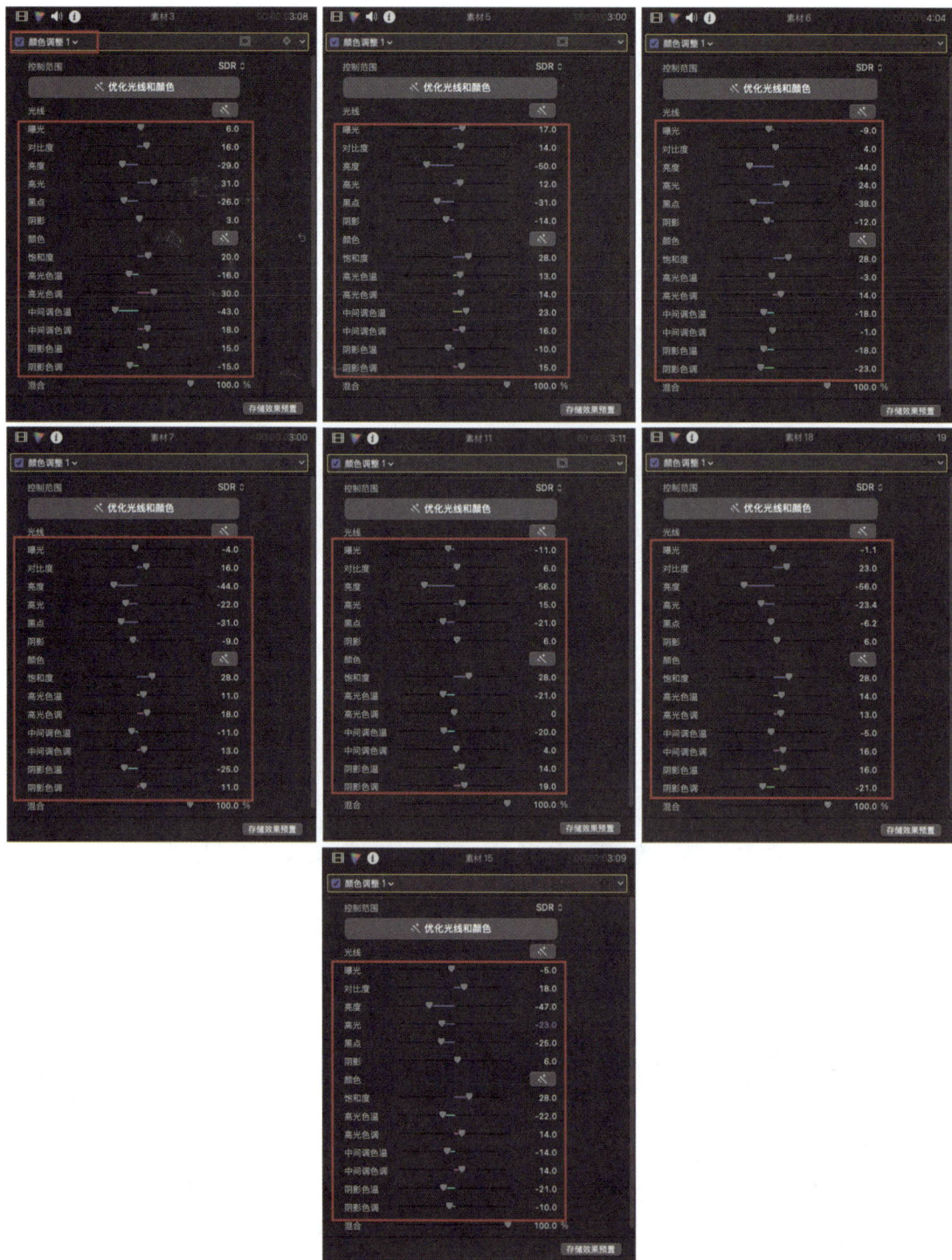

图 7-11

7.1.3 制作形状和字幕

在本小节中，将着手制作字幕，以进一步丰富视频内容，使其更加生动有趣，具体操作如下。

01 在"字幕和发生器"窗口的"字幕"列表中，单击"基本文本"选项，在打开的列表框中，选中字幕"文本"，将其添加至 00:00:00:22 次级故事情节轨道中，如图 7-12 所示。

02　选中字幕"文本"，在"文本检查器"窗口中，将文本内容更改为"源自新鲜农场"，字体选择"方正细等线简体"，大小为 196.0，行间距数值为 18.51%，其余数值不变，具体如图 7-13 所示。

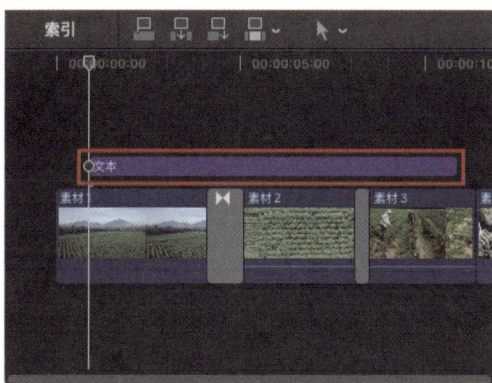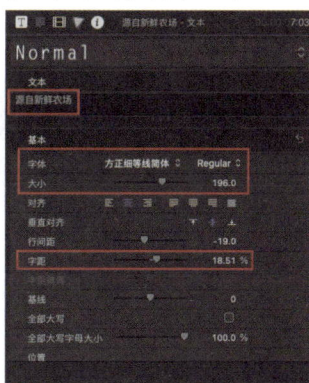

图 7-12　　　　　　　　　　　　　　　　　　图 7-13

03　将播放指示器移动至 00:00:08:01 处，选中字幕"源自新鲜农场"，在此处进行切割，将多余的部分进行删除。按快捷键 Command+C 复制字幕"源自新鲜农场"，然后粘贴该字幕，并对字幕内容进行修改，具体参考表 7-2，其中序号 1-7 字幕无须进行字体字样修改。

表 7-2

序号	字幕	开始和结束
1	源自新鲜农场	00:00:00:22—00:00:08:01
2	严格把控每个环节	00:00:08:13—00:00:15:16
3	精选优质土豆	00:00:17:23—00:00:23:18
4	深度清洗	00:00:27:13—00:00:30:19
5	去除杂质	00:00:31:08—00:00:34:14
6	工厂原切	00:00:35:14—00:00:38:00
7	享受"嘎嘣脆"的快感	00:00:46:04—00:00:49:20
8	原薯记 品质之选，值得信赖	00:00:52:14—00:00:58:02

04　将播放指示器移动至 00:00:52:14 处，在"发生器" | "元素"列表框中，选中发生器"形状"将其添加至次级故事情节轨道 1 中。将字幕"文本与副标题"添加至次级故事情节轨道中发生器"形状"上方。再将"土豆 .png"添加至发生器"形状"和字幕"文本与副标题"中间位置。轨道素材排列具体如图 7-14 所示。

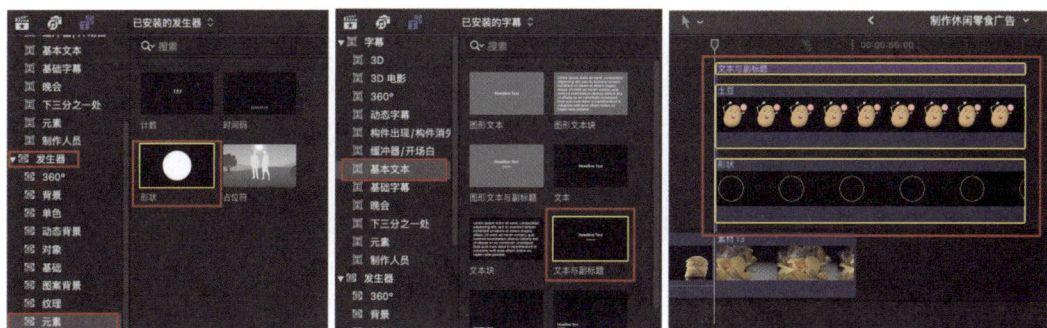

图 7-14

05　选中发生器"形状"，在"发生器检查器"中将有填充的圆形更改为无填充的黄色圆圈，具体如图 7-15 所示。将播放指示器分别移动至 00:00:52:14、00:00:53:11 处，在"视频检查器"中添加"位置""缩放（全部）""不透明度"关键帧，00:00:52:14 处"位置""缩放（全部）""不透明度"数值如图 7-16 所示。00:00:53:11 处"位置""缩放（全部）""不透明度"数值如图 7-17 所示。

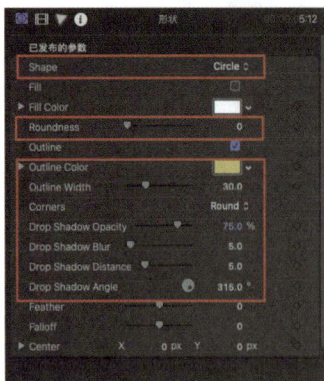
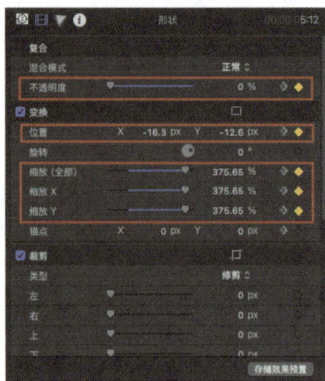
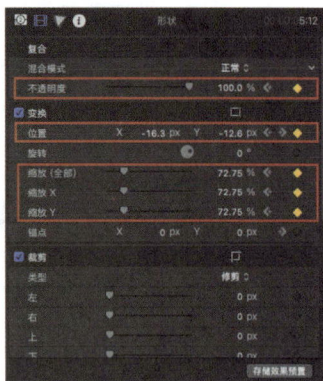

图 7-15　　　　　　　　　　　　图 7-16　　　　　　　　　　　　图 7-17

06　选中"土豆 .png"，将播放指示器分别移动至 00:00:52:19、00:00:52:23、00:00:53:03、00:00:53:07、00:00:53:11 处，添加"变形"选项中"右上方""左上方"关键帧。00:00:52:19 处数值如图 7-18 所示，00:00:52:23 处数值如图 7-19 所示，00:00:53:03 处数值如图 7-20 所示，00:00:53:07 处数值如图 7-21 所示，00:00:53:11 处数值如图 7-22 所示。

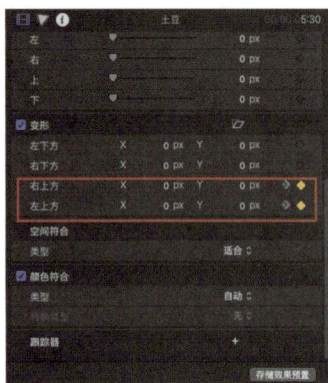
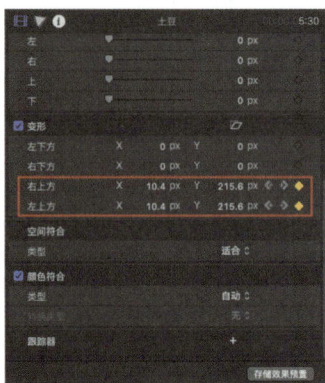
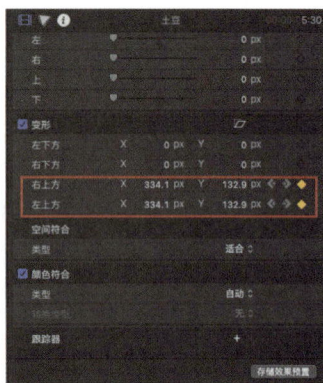

图 7-18　　　　　　　　　　　　图 7-19　　　　　　　　　　　　图 7-20

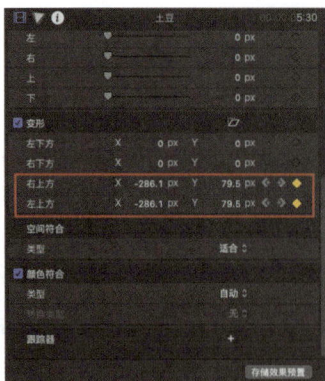
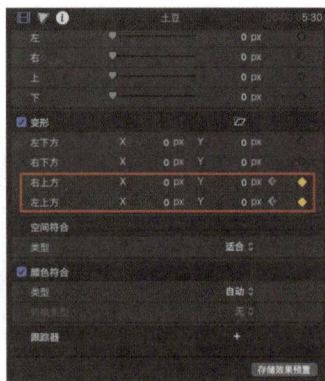

图 7-21　　　　　　　　　　　　图 7-22

07　在"磁性时间线"窗口中打开"土豆 .png"视频动画，展开"复合：不透明度"动画，向右移动左侧滑块，时长 00:10，如图 7-23 所示。

图 7-23

08　选中字幕"文本与副标题"，在"文本检查器"窗口中，根据表更改文本内容。其中字幕"原薯记"字样设置如图 7-24 所示。字幕"品质之选，值得信赖"字样设置如图 7-25 所示。

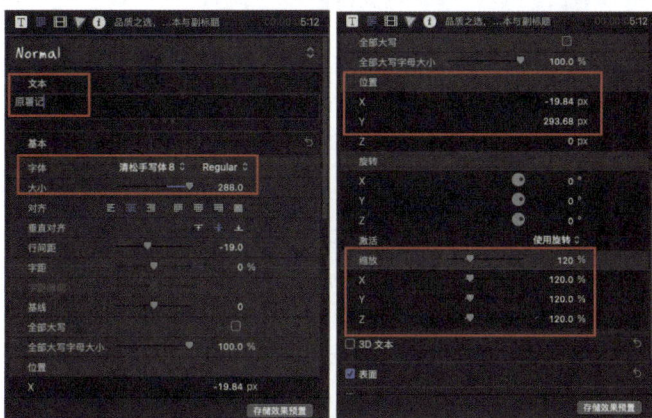

图 7-24

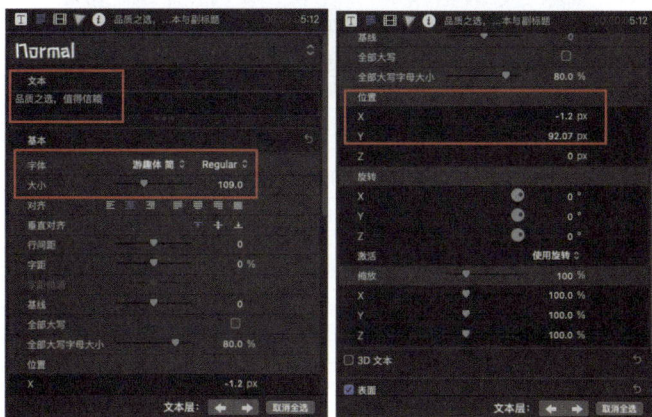

图 7-25

提示：为了让结尾出场更自然，需要为发生器"形状"和"土豆.png"在结尾处添加"不透明度"关键帧，制作渐隐效果。

7.1.4　添加与编辑音乐

完成视频片段内容制作后，需添加背景音乐和音效为视频内容增添色彩。本节案例视频设置了两段背景音乐，并根据画面内容巧妙融入了音效，将薯片的脆响特性转化为听觉体验，通过视听结合的方式，进一步增强了薯片的诱惑力。

01 将"春天.mp3"添加至主要故事情节下方轨道中，将播放指示器移动至00:00:26:08处，选中"春天.mp3"，按快捷键Command+B进行切割，将切割后右侧内容删除，如图7-26所示。

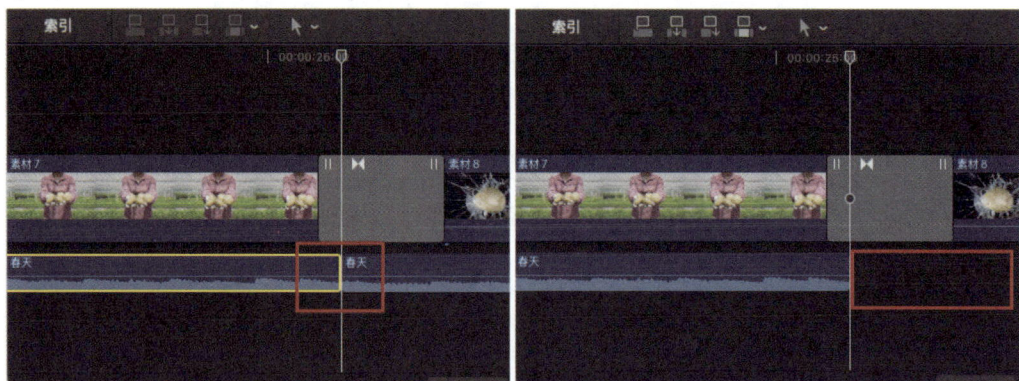

图 7-26

02 将播放指示器移动至00:00:25:03处，添加背景音乐"Coffee Shops.mp3"，并在00:00:58:02处切割，将多余部分删除，向左移动结尾滑块，时长00:16.33，如图7-27所示。

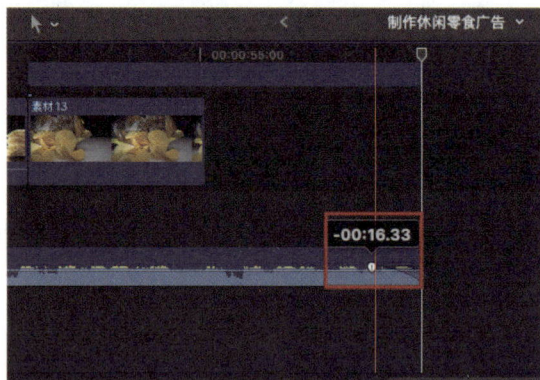

图 7-27

03 将播放指示器移动至00:00:26:08处，选中背景音乐"春天.mp3"，移动结尾滑块，时长——00:10.08，如图7-28所示。将播放指示器移动至00:00:25:03处，选中背景音乐"Coffee Shops.mp3"，移动起始右侧滑块，时长+01:19.06，如图7-29所示。

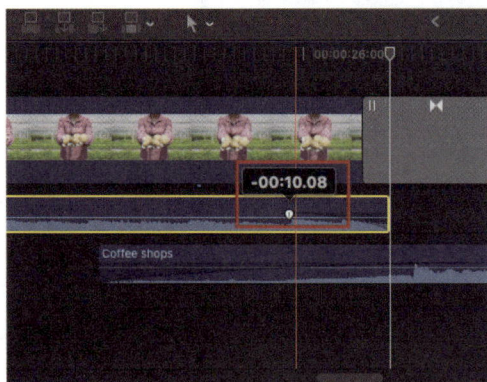

图 7-28

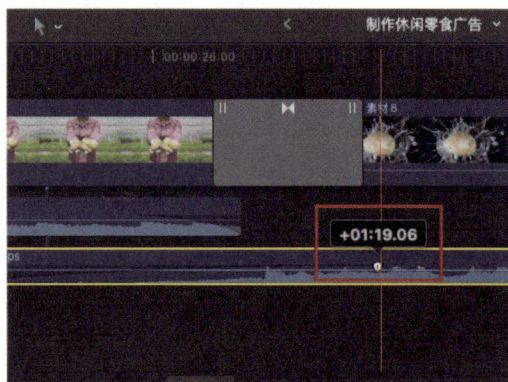

图 7-29

04 完成背景音乐制作后，添加音效素材，具体如表7-3所示。

表 7-3

序号	音效素材	开始和结束	入点和出点	淡出时长	音量
1	鸟鸣 .mp3	00:00:00:00— 00:00:05:17	00:00:00:00— 00:00:05:44	01:10.42	0.0dB
2	挖掘 .mp3	00:00:11:10— 00:00:14:02	00:00:00:00— 00:00:02:41		0.0dB
3	落入水中 .mp3	00:00:26:12— 00:00:30:07	00:00:00:00— 00:00:03:53		7.7dB
4	在水中滑过 .mp3	00:00:29:13— 00:00:31:05	00:00:00:00— 00:00:01:41		0.0dB
5	旋转声 .mp3	00:00:33:10— 00:00:35:02	00:00:00:00— 00:00:01:41		0.0dB
6	吃薯片 .mp3	00:00:46:04— 00:00:48:14	00:00:00:00— 00:00:02:27		12.0dB
7	Whoosh.mp3	00:00:52:09— 00:00:53:12	00:00:00:00— 00:00:01:08		0.0dB

7.1.5　导出影片

所有素材内容剪辑完成后，需要将视频内容导出。

01　在工作区的右上角，单击"共享项目、事件片段或时间线范围"按钮⬆️，展开列表框，选择"Apple 设备 1080P"，如图 7-30 所示，即可打开"Apple 设备 1080P"对话框。单击"设置"按钮，设置视频项目格式为"Apple 设备"、分辨率为 1280×720，如图 7-31 所示，单击"下一步"按钮。

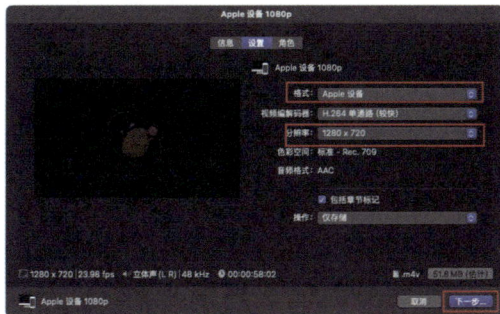

图 7-30　　　　　　　　　　　　　　图 7-31

02　进入存储对话框，设置好存储名，存储路径，单击存储按钮，即可将视频导出，如图 7-32 所示。

图 7-32

7.2 谁穿谁好看，制作潮流女装广告

无论在哪个时代，女装市场总是极为广阔。在当前的自媒体时代，我们同样能够制作出既简洁又引人入胜的女装广告视频。本节案例将制作旗袍广告视频，通过美丽的旗袍女子展现旗袍的魅力，视频效果图 7–33 所示。

图 7-33

7.2.1 导入素材进行剪辑

本节案例制作旗袍广告时，将根据背景音乐"国风 .mp4"进行剪辑。创建资源库"7.2 谁穿谁好看，制作潮流女装广告"，创建事件"7.2 制作潮流女装广告"，在该事件中创建项目"制作潮流女装广告"。按快捷键 Command+I，导入本节案例素材至事件中，根据表 7–4 在主要故事情节中进行粗剪。

表 7-4

序号	景别	素材顺序	片段内容	入点和出点	转场
1	空镜	素材 1.mp4	庭院屋檐一角	00:00:00:00—00:00:06:04	简单 00:00:01:00
2	特写	素材 2.mp4	旗袍女子脚步特写	00:00:00:03—00:00:03:00	
3	中景	素材 3.mp4（速度：150%）	旗袍女子背影	00:00:02:08—00:00:04:21	
4	近景	素材 4.mp4（速度：150%）	旗袍女子侧面身影	00:00:00:26—00:00:05:24	
5	近景	素材 8.mp4	旗袍女子抚摸树叶	00:00:02:09—00:00:07:23	交叉叠化 00:00:00:10
6	远景	素材 5.mp4（变速）	旗袍女子在庭院池塘边看鱼	00:00:00:00—00:00:04:27	
7	中景	素材 6.mp4	旗袍女子在庭院扇风	00:00:01:12—00:00:06:10	
8	特写	素材 9.mp4	旗袍女子靠在门边	00:00:00:00—00:00:02:17	
9	特写	素材 7.mp4	旗袍女子背影	00:00:00:00—00:00:02:10	
10	特写	素材 9.mp4	旗袍女子转头看向镜头	00:00:02:18—00:00:07:01	淡入淡出到颜色（出点）00:00:01:00

01　根据表 7-4 表可知，其中"素材 5.mp4"为变速效果，将"素材 5.mp4"添加至磁性时间线后，选中"素材 5.mp4"，按快捷键 Command+R，显示"重新定时编辑器"，将播放指示器移动至 00:00:24:10 处，按快捷键 Shift+B，分割速度，如图 7-34 所示。

02　将分割后的第一段速度更改为 400%，并调整速度点至 00:00:21:15，缩小灰色部分，如图 7-35 所示。

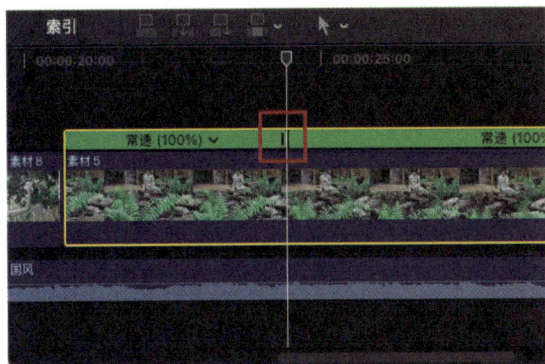

图 7-34

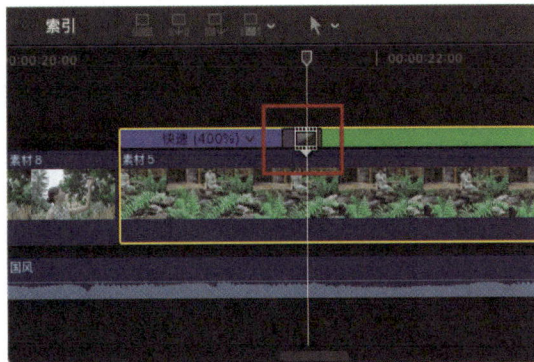

图 7-35

03　完成上述操作后对画面色彩进行基础修改。选中"素材 1.mp4"，在"颜色检查器"中添加"颜色调整 1"，具体数值更改如图 7-36 所示。

04　选中"素材 2.mp4"和"素材 3.mp4"，执行"匹配颜色"命令，打开匹配颜色窗口，选择"素材 1.mp4"画面内容，单击"应用匹配项"按钮即可，如图 7-37 所示。

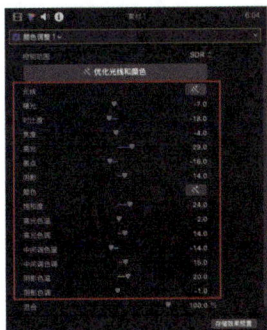

图 7-36

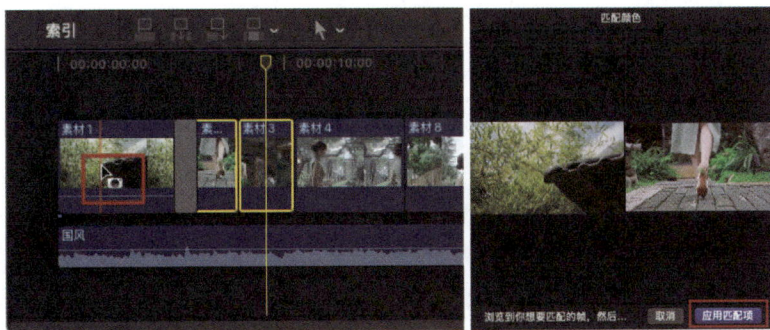

图 7-37

05　选中剩余素材，打开匹配颜色窗口，选择"素材 3.mp4"画面内容，单击"应用匹配项"按钮即可，如图 7-38 所示。

06　选中"素材 8.mp4"，添加"颜色调整 1"，调整颜色数值，如图 7-39 所示。

图 7-38

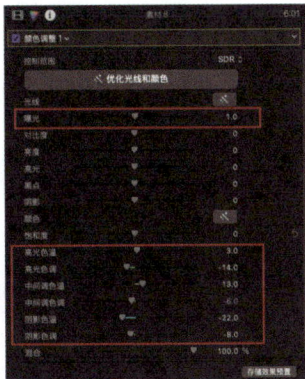

图 7-39

7.2.2　制作形状和字幕

文字在广告中扮演着至关重要的角色，为视频提供关键信息，帮助观众了解品牌特性，并揭示品牌名称。本小节将为旗袍广告制作形状和字幕，具体操作如下。

01 在"字幕和发生器"窗口的"字幕"列表中，单击"基本文本"选项，在打开的列表框中，选中字幕"文本"，将其添加至 00:00:08:01 次级故事情节轨道中，结束时间为 00:00:15:09，如图 7-40 所示。

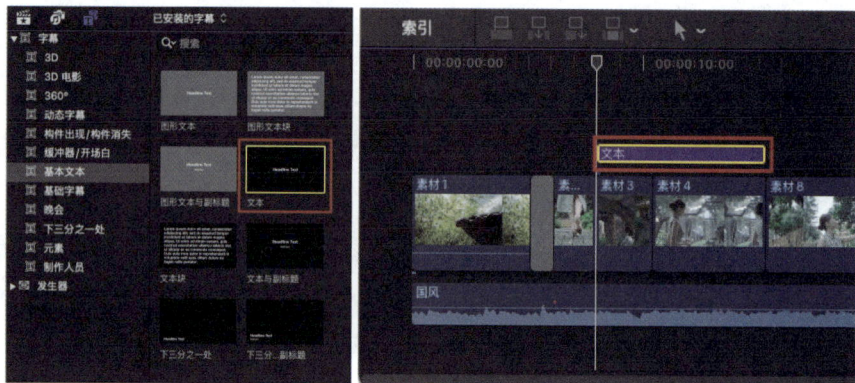

图 7-40

02 选中字幕"文本"，在"文本检查器"窗口中，将文本内容更改为"一眼千年，东方韵致自流转"，字体选择"楷体"，在"监视器"画面中双击文字，即可出现文字调整框，移动文字调整框右侧中间控制点，将其调整至如图 7-41 所示，文本内容即可竖向排列。然后调整文字具体大小和位置，如图 7-42 所示。

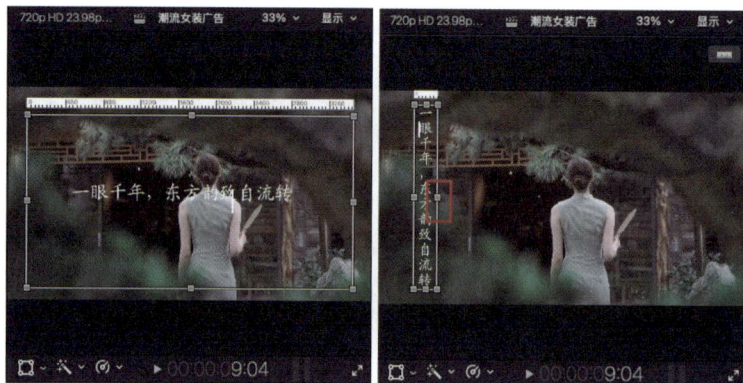

图 7-41

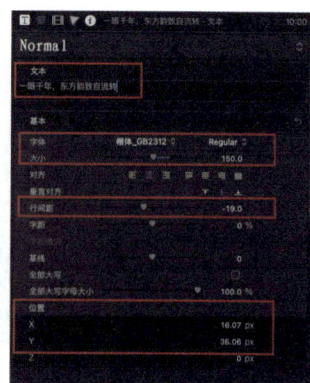

图 7-42

03 打开"字幕检查器"，选择"渐变和缩放（Fade and Scale）"，如图 7-43 所示。

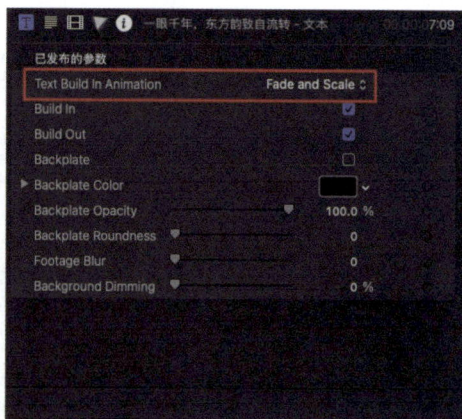

图 7-43

04　完成上述操作后，复制字幕"一眼千年，东方韵致自流转"，根据下表 7-5 进行粘贴并修改文本内容。

表 7-5

序号	字幕	开始和结束
1	一眼千年，东方韵致自流转	00:00:08:01—00:00:15:10
2	当旗袍遇见未来，优雅从不设限	00:00:21:11—00:00:28:20
3	美，是穿上旗袍时，你成为自己的光	00:00:35:05—00:00:41:20

05　选中第 2 段字幕"当旗袍遇见未来，优雅从不设限"，调整文本位置，如图 7-44 所示。

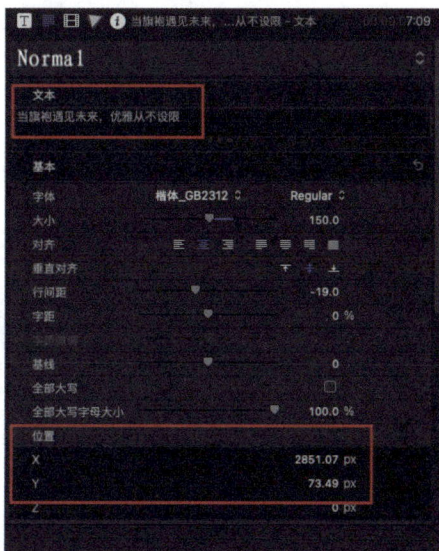

图 7-44

06　选中第 3 段字幕"美，是穿上旗袍时，你成为自己的光"，将文本调整框更改如图 7-45 所示，将文本大小更改为 175.0，如图 7-46 所示。

图 7-45

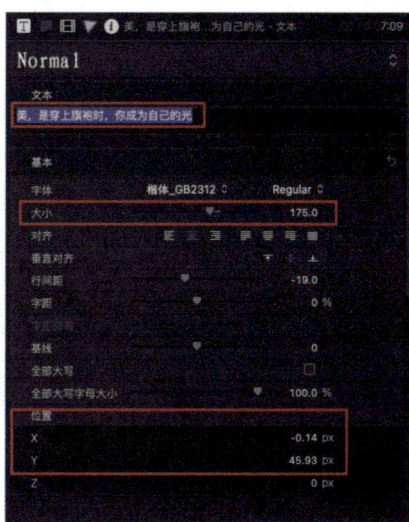

图 7-46

07　将播放指示器移动至 00:00:39:15 的位置，按快捷键 Control+T，即可添加"基本字幕"，主要故事情节轨道中会自动生成空隙。选中"基本字幕"和空隙，在 00:00:41:20 处切割，如图 7-47 所示。

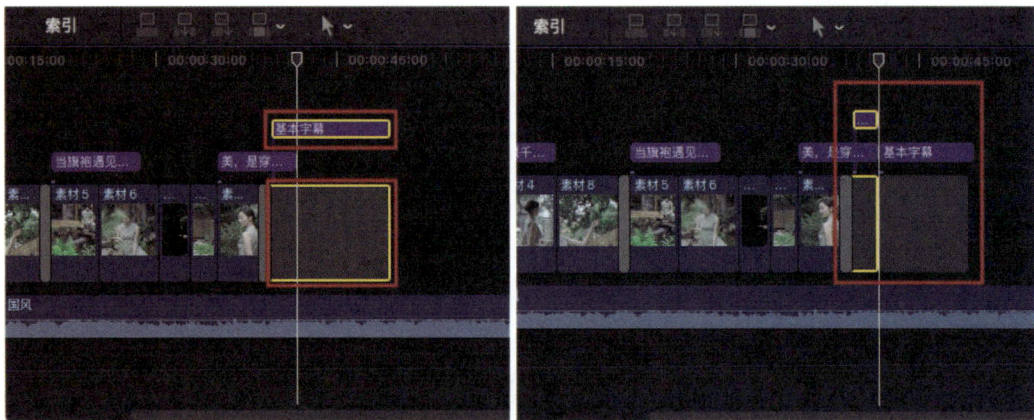

图 7-47

08　将"基本字幕"多余的部分删除,如图 7-48 所示。

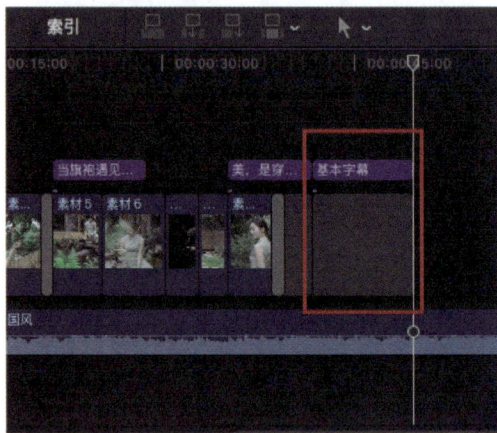

图 7-48

09　在"字幕和发生器"窗口的"发生器"列表中,选中"形状",将其添加至"基本字幕"下方的空隙中,如图 7-49 所示。选中"形状",在"发生器检查器"窗口中进行修改,如图 7-50 所示。

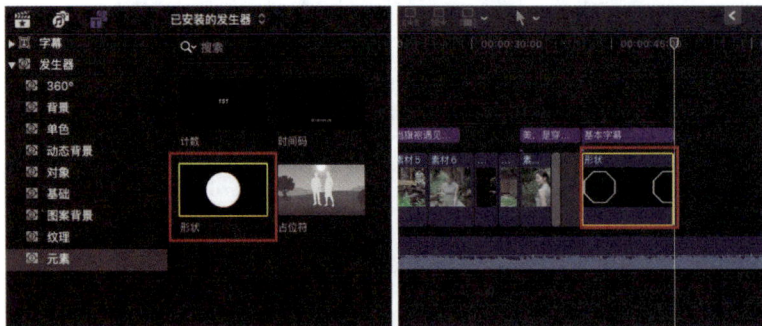

图 7-49

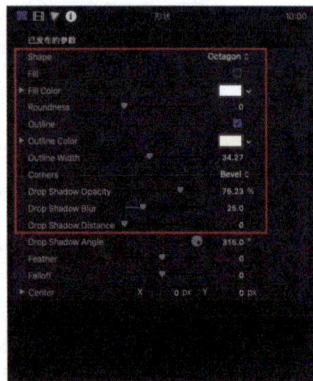

图 7-50

10　选中"基本字幕",将文本内容更改为"韵形",其余设置如图 7-51 所示。

11　选中"形状",根据字幕"韵形"将"缩放"数值调整为 39.0%,如图 7-52 所示。

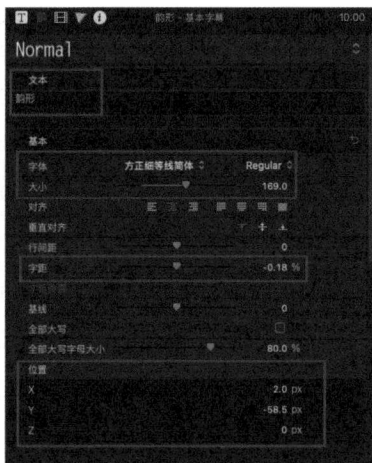
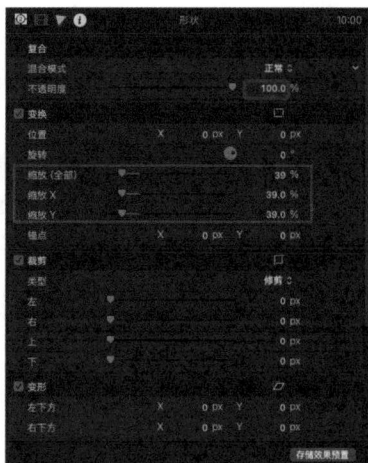

图 7-51　　　　　　　　　　　图 7-52

12　选中字幕"韵形"和"形状"，单击右键执行"新建复合片段"命令，设置复合片段"logo"，如图 7-53 所示。

图 7-53

13　在复合片段"logo"上方添加"图标 .png"和两段"基本字幕"，时长与复合片段"logo"一致。

14　选中次级故事情节轨道 2"基本字幕"，将文本内容改为"CHARMORPH"，设置文本字体为"Apple SD Gothic Neo"，"大小"数值为 86.0，"字距"为 11.85%，具体设置如图 7-54 所示。

15　选中次级故事情节轨道 3"基本字幕"，将文本内容改为"每一面，诗风韵"，设置文本字体为"楷体"，"大小"数值为 52.0，"字距"为 21.64%，具体设置如图 7-55 所示。

16　选中"图标 .png"，将其放置在画面右侧，"缩放（全部）"数值更改为 106.74%，"缩放（X）"数值更改为 103.46%，"缩放（Y）"数值更改为 106.74%，如图 7-56 所示。

17　选中复合片段"logo"，"缩放"数值更改为 64.15%，在"监视器"画面中。将其放置在字幕"CHARMORPH"上方，具体设置如图 7-57 所示。

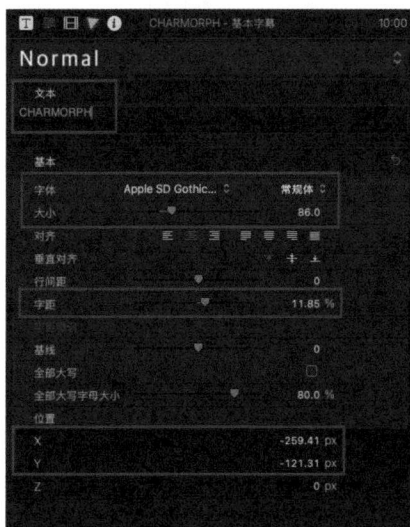
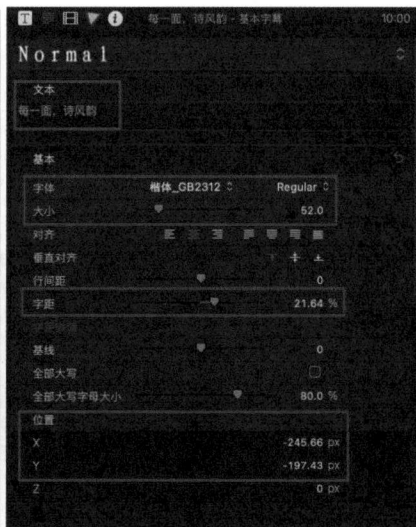

图 7-54　　　　　　　　　　　图 7-55

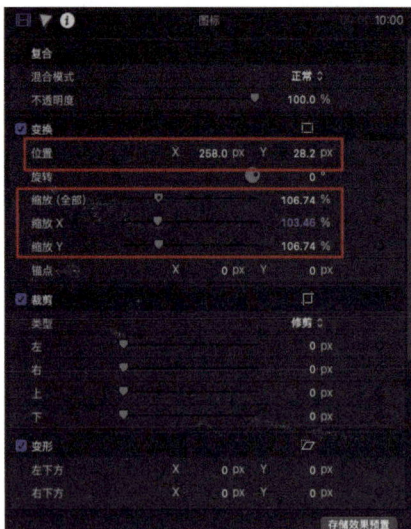
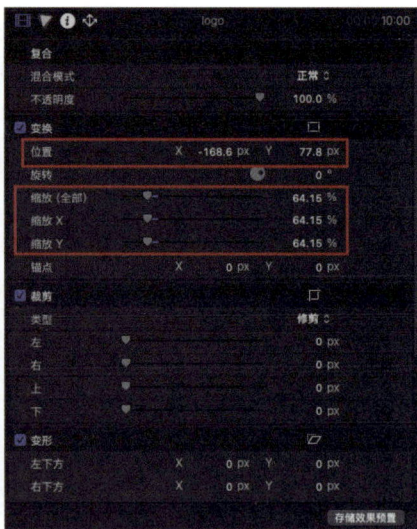

图 7-56　　　　　　　　　　　　　图 7-57

18　选中复合片段 "logo"、字幕 "CHARMORPH"、字幕 "每一面，诗风韵" "图标 .png"，创建复合片段 "品牌标语"，如图 7-58 所示。

图 7-58

7.2.3　添加与编辑音乐

完成所有画面制作工作后，则是添加合适的音乐。本节案例在第 1 小节已添加背景音乐 "国风 .mp3"，还需配合视频添加两段音效，下面将介绍具体操作方法。

01　根据表 7-6 中内容添加和编辑音效。

表 7-6

序号	音效素材	开始和结束	入点和出点	淡出时长	音量
1	森林鸟鸣 .mp3	00:00:00:00— 00:00:07:06	00:00:00:23— 00:00:07:40	0	0.0dB
2	河流声 .mp3	00:00:21:11— 00:00:24:11	00:00:00:00— 00:00:03:00	00:13.05	0.0dB

02　将播放指示器移动至 00:00:49:06 处，选中 "国风 .mp3" 和复合片段 "品牌标语"，在此处进行裁切。

03　向左移动 "国风 .mp3" 结尾处滑块，时长为 –02:11.05，如图 7-59 所示。

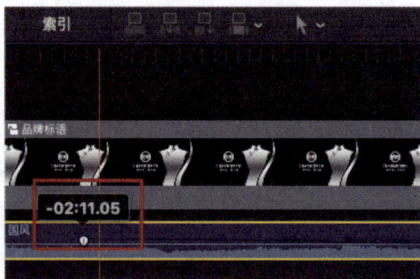

图 7-59

7.2.4　导出影片

所有素材内容剪辑完成后，需要将视频内容导出。

01　在工作区的右上角，单击"共享项目、事件片段或时间线范围"按钮，展开列表框，选择"Apple 设备 1080P"，如图 7-60 所示，即可打开"Apple 设备 1080P"对话框。单击"设置"按钮，设置视频项目格式为"Apple 设备"、分辨率为 1280×720，如图 7-61 所示，单击"下一步"按钮。

图 7-60

图 7-61

02　进入存储对话框，设置好存储名，存储路径，单击存储按钮，即可将视频导出，如图 7-62 所示。

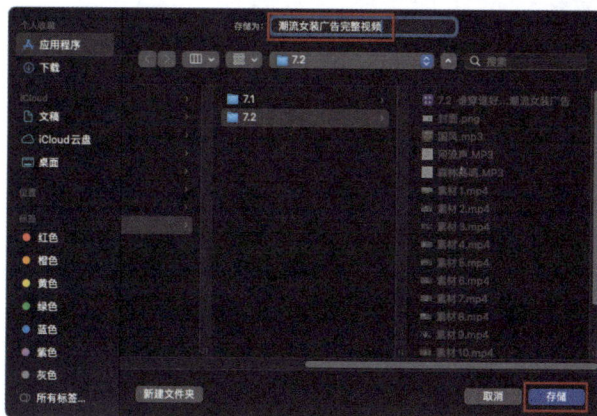

图 7-62

08

第8章

综艺感短片剪辑实操，教你轻松抓住观众的眼球

本章导读

　　本章将介绍如何运用技巧制作出既有趣味性又能够吸引观众，且综艺感十足的短片。通过案例，拆解剪辑流程，包括素材筛选、结构搭建、高光片段提取及片头片尾创新设计，激发观众观看欲望，传递视频背后的故事与情感。

8.1　宣传小能手，制作"营销号"视频

营销号是互联网时代的特殊产物，通过工业化手段批量生产内容的账号。用最低成本复制传播性强的内容。其一般搜寻互联网实时热点，挖掘爆款话题，适用于各个行业，各个场景。由于信息集中，且将信息用最简单的方式传递给观众，传播力极强，是短视频时代不可缺少的产物。因此，2024 年刮起了一股"伪营销号"剪辑风潮，通过"伪营销号"剪辑，为个人 IP 或品牌宣传，创造巨大热点话题。本节将拆解"营销号"视频剪辑，制作个人装修博主宣传短片，效果如图 8-1 所示，下面介绍具体操作方法。

图 8-1

8.1.1　搭建视频结构

本案例还从搭建视频结构开始制作视频。短视频"营销号"视频一般较为简单，但为了给观众较强情绪输出，往往内容多且切换较快。在进行剪辑前，我们需要确定视频内容撰写脚本，本案例确定视频内容如表 8-1 所示。

表 8-1

序号	画面	台词
1	惊讶的表情包	不是，真的有这么牛的装修博主吗？
2	和朋友一起装修的场景	刷到一位博主，为了和朋友一起装出梦中情房
	装修好的房屋场景	
3	学习建筑设计时的场景	花 6 个月时间学会设计全屋图纸
4	装修时粉刷墙壁的场景	还学会自己刮腻子
5	表情包	为了不让粉丝踩雷
6	和朋友一起装修的场景	亲力亲为
7	装修好的房屋场景	就为打造适合当代年轻人最具性价比的舒适小屋
8	装修攻略表格	流程攻略直接抄
9	表情包	姐妹们，关注他
		装修不怕啦

8.1.2 素材精细化处理

搭建视频结构后，本小节开始根据内容制作和筛选素材。"营销号"视频应采用具有强烈视觉冲击力的背景色彩，并且需要丰富的视觉表达，素材处理如下。

01 创建资源库"8.1 宣传小能手，制作'营销号'视频"，然后创建事件"8.1'营销号'装修剪辑"，在该事件中创建项目"'营销号'装修剪辑"。按快捷键 Command+I，导入本节案例素材至事件中，

02 本节案例需制作竖屏视频，所以在创建项目时，需要进入"自定义设置"窗口，在"视频"选项中选择"垂直"格式，分辨率为 1080×1920，速率为 25p，如图 8-2 所示。完成上述设置后，单击"好"创建项目。

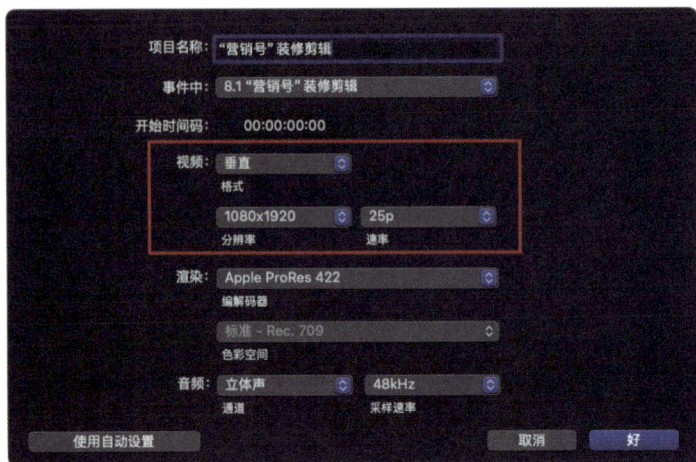

图 8-2

03 进入工作界面，"监视器"窗口中画面显示为竖屏，如图 8-3 所示。

04 在主故事情节轨道中导入"背景 .png"，将其在轨道时长稍微延长至 00:01:00:00 左右，由于尺寸与"监视器"窗口中画面尺寸不一致，在"视频检查器"窗口中进行修改，"旋转"数值为 90°，"缩放"数值为 180.0%，如图 8-4 所示。

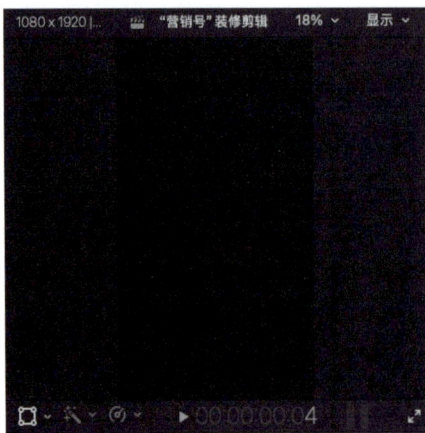

图 8-3

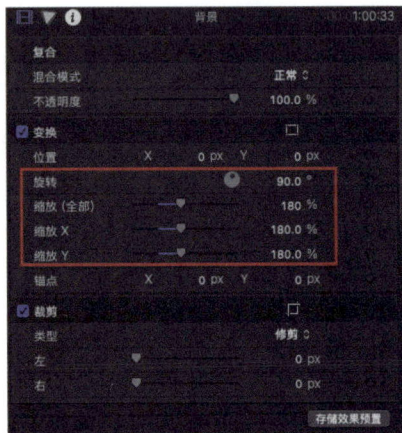

图 8-4

05 在次级故事情节轨道 1 中添加"黑场 .png"，将其与"背景 .png"时长对齐。"黑场 .png"放置在画面中间，"缩放"数值更改为 127.0%，如图 8-5 所示。

06 在次级故事情节轨道 2 中添加"文本框 1.mov"，与"背景 .png"时长对齐，将"位置"选项中 Y 坐标更改为 −154.7px，"缩放 X"值更改为 159.53%，"缩放 Y"值更改为 62.88%，如图 8-6 所示。

07 在次级故事情节轨道 3 中添加"文本框 2.png"，与"背景 .png"时长对齐，将其放置在画面上方，具体如图 8-7 所示。

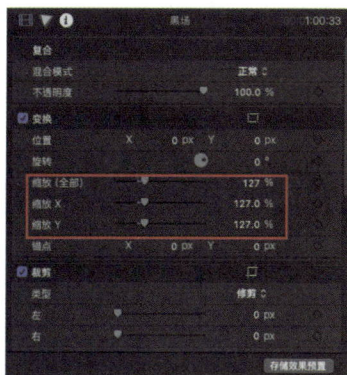
图 8-5

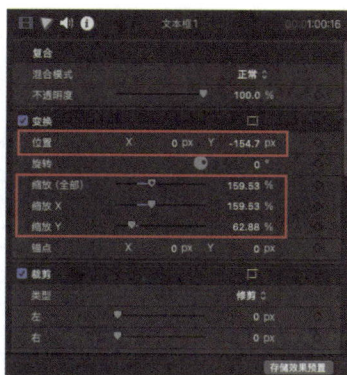
图 8-6

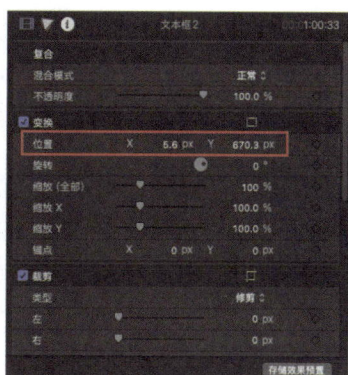
图 8-7

08 为了后续素材剪辑更便捷，选中"背景 .png""黑场 .png""文本框 2.png"，单击右键执行"新建复合片段（快捷键 Option+G）"命令，创建复合片段"剪辑背景"，如图 8-8 所示。

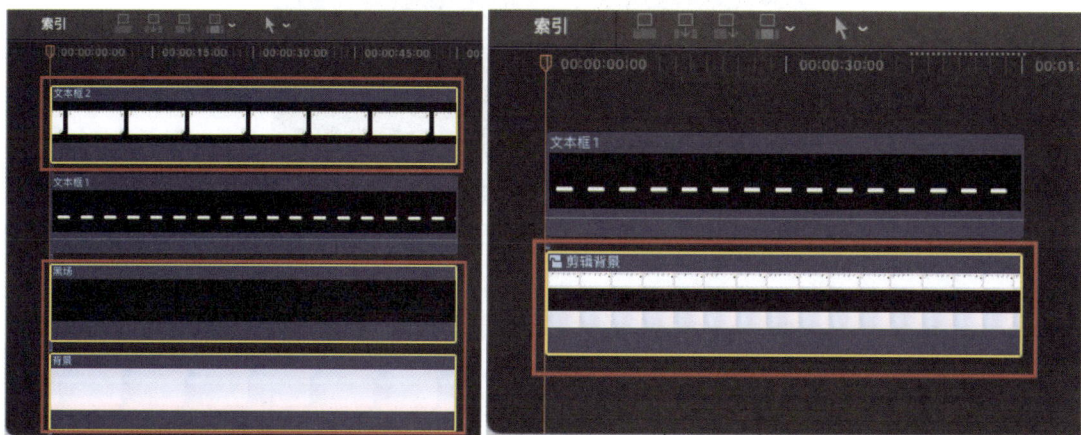
图 8-8

09 完成上述操作后，将播放指示器移动至开始位置，在"文本框 1.mov"上方添加字幕"文本"，结束位置为 00:00:00:12。在"文本检查器"窗口中将字幕内容更改为"不是"，字体设置为"游趣体 简"，文字大小为 212.0，将其放置在"文本框 1.mov"上，文字颜色设置为黑色，勾选"投影"复选框，颜色设置为金黄色，具体如图 8-9 所示。

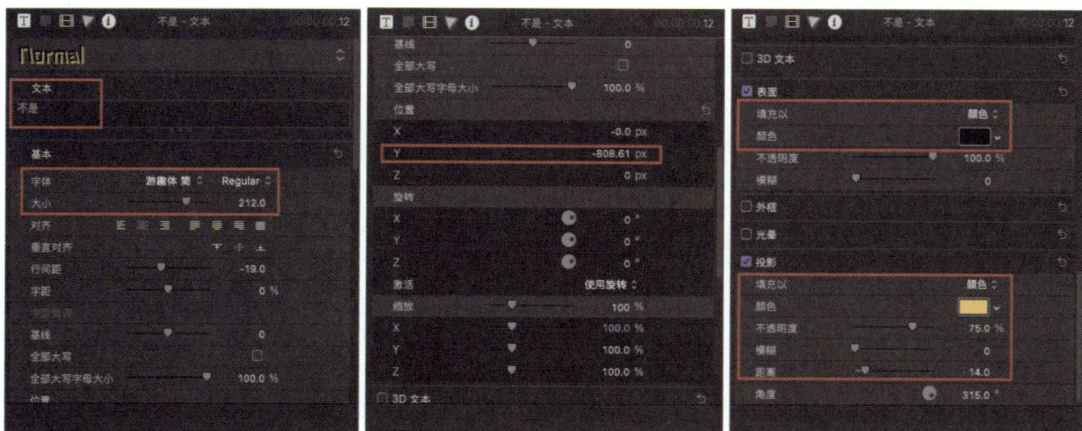
图 8-9

10 选中设置好的字幕"不是"，按 Option 键，在后方复制、粘贴，将文本内容更改为"真的有这么牛的装修博主吗？"，将字体大小更改为 165.0，如图 8-10 所示。

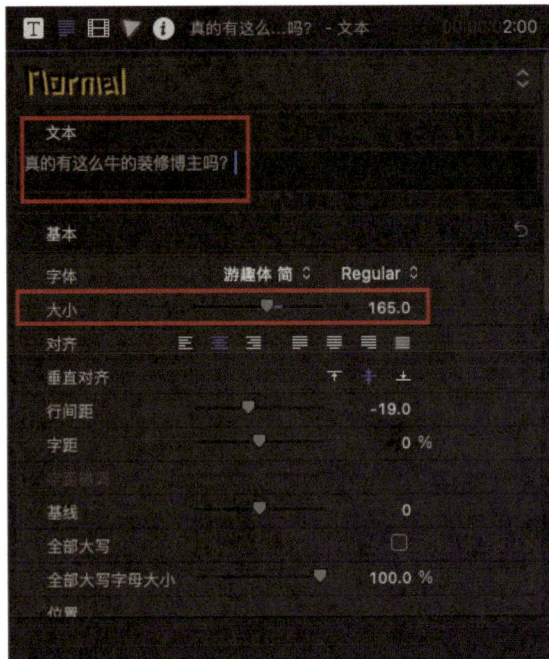

图 8-10

11 本案例字幕内容和时长参考表 8-2，复制字幕"真的有这么牛的装修博主吗？"，在后方根据表 8-2 字幕时长进行粘贴，并修改文本内容。

表 8-2

序号	字幕	开始和结束
1	不是	00:00:00:00—00:00:00:12
2	真的有这么牛的装修博主吗？	00:00:00:12—00:00:02:12
3	刷到一位博主	00:00:03:05—00:00:04:06
4	为了和朋友一起装出梦中情房	00:00:04:06—00:00:06:03
5	花 6 个月时间学会设计全屋图纸	00:00:06:11—00:00:08:14
6	还学会自己刮腻子	00:00:08:14—00:00:09:23
7	为了不让粉丝踩雷	00:00:09:23—00:00:11:02
8	亲力亲为	00:00:11:02—00:00:11:20
9	就为打造	00:00:12:04—00:00:12:17
10	适合当代年轻人最具性价比的舒适小屋	00:00:12:17—00:00:15:11
11	流程攻略直接抄	00:00:15:11—00:00:17:01
12	姐妹们	00:00:17:01—00:00:17:17
13	关注他	00:00:17:17—00:00:18:08
14	装修不怕啦～	00:00:18:08—00:00:19:15

12 选中字幕"适合当代年轻人最具性价比的舒适小屋"，由于其内容偏长，需将字体大小调整为 128.0，如图 8-11 所示。

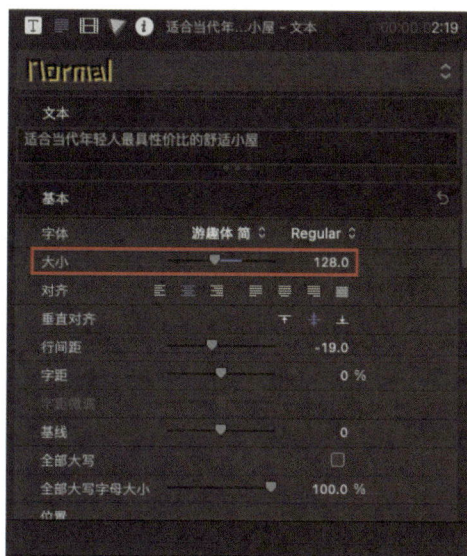

图 8-11

13　为了不让"文本框 1.mov"中出现空白的情况，选中"文本框 1.mov"，将根据表 8-2 内容裁剪成 4 份，如图 8-12 所示。

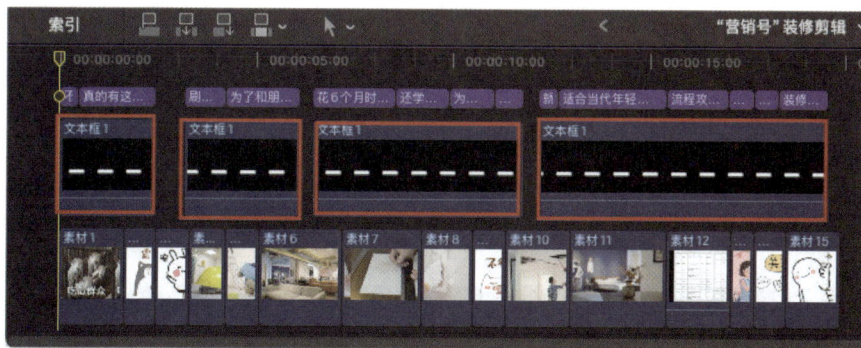

图 8-12

14　完成上述操作后，可以朗读文本内容，或通过 AI 将文本内容转化为"营销号"风格语音。本节案例已将字幕内容转化语音，为"旁白 .mp3"。

15　本节案例需要根据台词语音内容"旁白 .mp3"对视频和图片素材进行裁剪，将"旁白 .mp3"添加至复合片段"剪辑背景"下方音频轨道中。完成上述操作后，在"文本框 1.png"下方的次级故事情节轨道中对其余素材进行剪辑，具体参考如表 8-3 所示。

表 8-3

序号	素材	入点和出点
1	素材 1.gif （速度：150%）	00:00:00:00—00:00:01:38
2	素材 2.gif （速度：80%）	00:00:00:00—00:00:00:50
3	素材 3.gif （速度：80%）	00:00:00:00—00:00:00:50
4	素材 4.mp4 （速度：150%）	00:00:00:00—00:00:00:23

序号	素材	入点和出点
5	素材 5.mp4	00:00:04:17—00:00:05:14
6	素材 6.mp4 （变速）	00:00:00:00—00:00:02:02
7	素材 7.mp4	00:00:04:10—00:00:06:11
8	素材 8.mp4	00:00:02:23—00:00:04:09
9	素材 9.gif	00:00:00:00—00:00:00:40
10	素材 10.mp4	00:00:11:05—00:00:11:21
11	素材 11.mp4	00:00:00:00—00:00:02:11
12	素材 12.mp4	00:00:00:22—00:00:02:13
13	素材 13.jpg	
14	素材 14.gif	00:00:00:14—00:00:01:04
15	素材 15.gif	00:00:00:00—00:00:01:24

提示：由于序号 13 中"素材 13.jpg"为图片，没有入点和出点，可以随意调整其时长。"素材 13.jpg"总时长为 00:00:00:15，开始位置为 00:00:17:02，结束位置为 00:00:17:16。

16　为了在开头代入感更强烈，选中"素材 1.gif"，将播放指示器分别移动至 00:00:00:00、00:00:00:03 处，添加"缩放"关键帧，00:00:00:00 处"缩放"X 和 Y 数值分别为 12.49%、−12.49%，00:00:00:03 处"缩放"数值均为 54.22%，"位置"选项中 X 坐标数值调整为 1.3px，Y 坐标数值调整为 −17.4px，具体如图 8-13 所示。

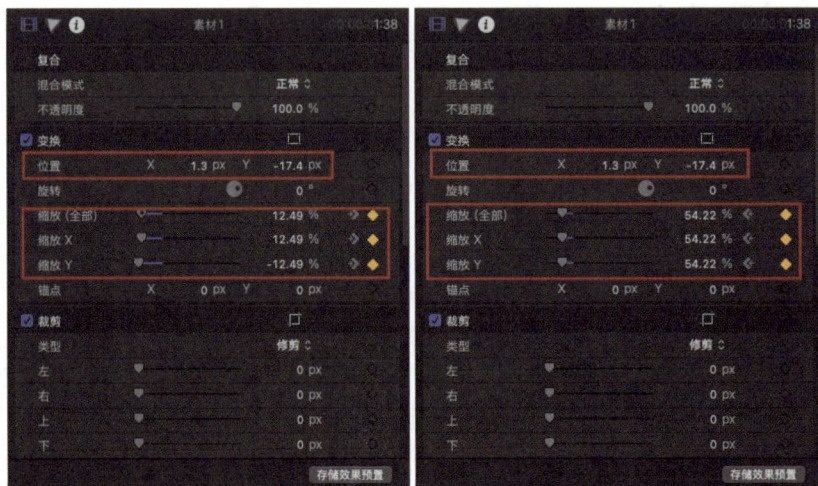

图 8-13

17　分别选中"素材 4.mp4""素材 5.mp4""素材 6.mp4""素材 7.mp4""素材 8.mp4""素材 10.mp4""素材 11.mp4""素材 13.gif"，其"缩放"数值均为 126%。

18　由于"素材 6.mp4"速度过于缓慢，为其制作变速效果。添加"素材 6.mp4"至"素材 5.mp4"后方，按快捷键 Command+R，打开"重新定时编辑器"。将播放指示器移动至 00:00:12:04 的位置，按快捷键 Shift+B，在此处进行速度切割，如图 8-14 所示。

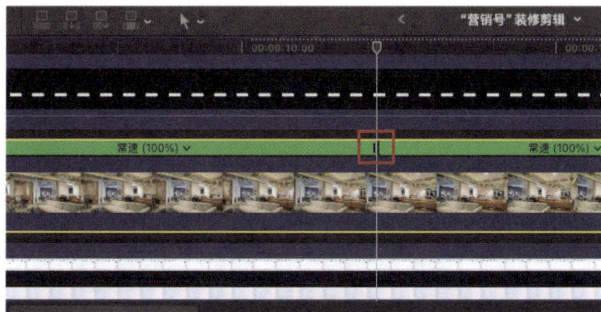

图 8-14

19　将切割后的第 1 段速度更改为 600%，缩小速度转场时长，将播放指示器移动至 00:00:07:05，按快捷键 Command+B 对"素材 6.mp4"进行切割，如图 8-15 所示。

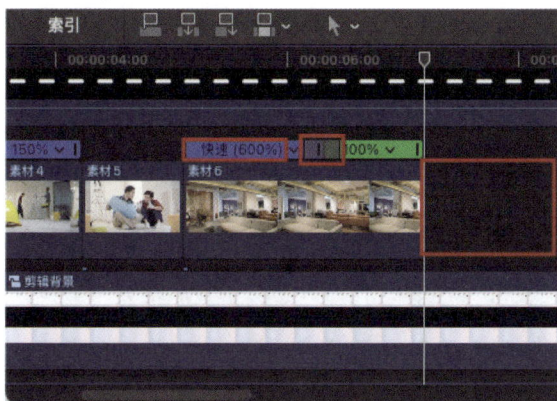

图 8-15

20　完成上述操作后，将播放指示器移动 00:00:19:23 处，选中"背景 .png"，按快捷键 Command+B，在此处切割，将多余的部分删除。

8.1.3　制作综艺花字

具有综艺感且充满趣味的视频，往往离不开引人注目的综艺花字。"营销号"类短视频通常会将重点内容通过花字形式加以强调。本小节将介绍花字制作方法，具体操作如下。

01　将播放指示器移动至 00:00:00:00 处，按快捷键 Control+T，在"字幕"上方添加基本字幕，与"背景 .png"时长对齐。在"文本检查器"中将文本内容更改为"利利娱乐"，字体更改为"清松手写体 8"，大小为 90.0，放置在画面中右下方，文字颜色更改为白色，勾选"外框"复选框，将外框颜色更改为"白色"，"宽度"为 12.0，如图 8-16 所示。

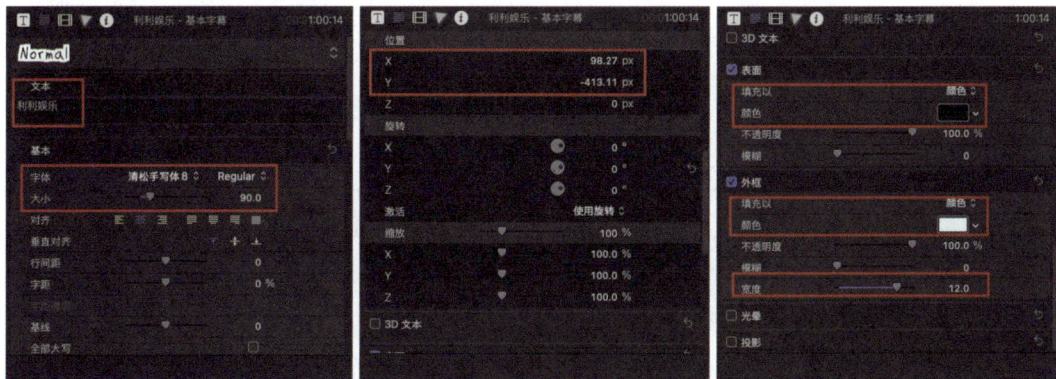

图 8-16

02 在字幕"利利娱乐"轨道上方添加"logo.png",与"背景 .png"时长对齐,在"监视器"画面中,将其放置在字幕"利利娱乐"左侧,具体如图 8-17 所示。

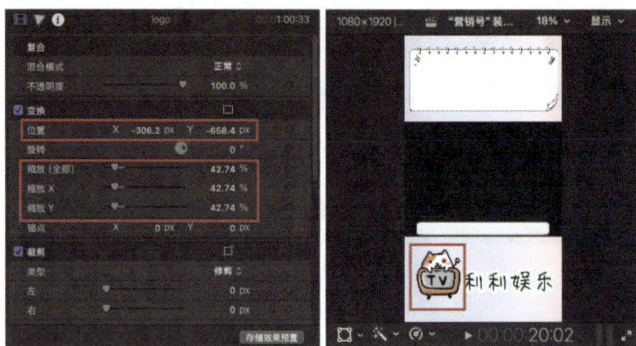

图 8-17

03 将播放指示器移动至 00:00:00:00 处,按快捷键 Control+T,添加基本字幕,与"背景 .png"时长对齐。在"文本检查器"中将文本内容更改为"爆火装修博主",字体更改为"演示佛系体",首先将"大小"更改为 63,再单独在文本框中框选"装修",将字体"大小"更改为 96,"字距"更改为 23.96%,放置在"文本框 2.png"中,文字颜色更改为黄色,勾选"外框"复选框,将外框颜色更改为"黑色","宽度"为 7.0,如图 8-18 所示。

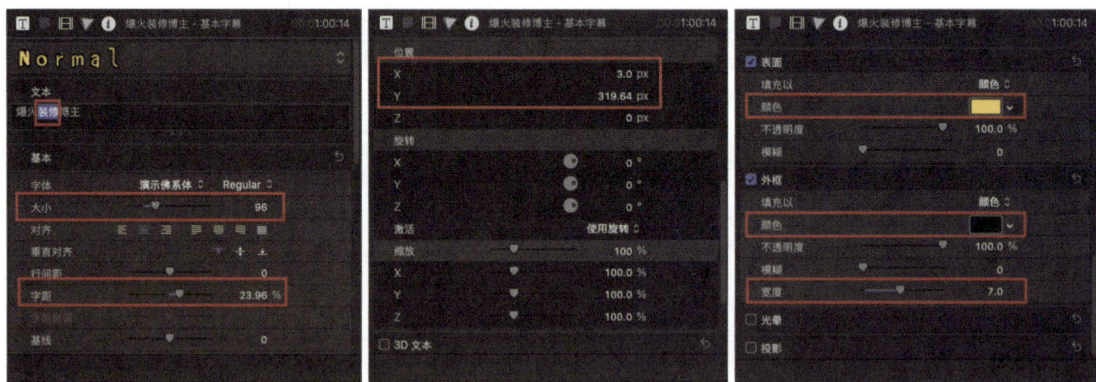

图 8-18

04 将播放指示器移动至 00:00:17:02 处,添加字幕"基础标题",结束位置为 00:00:17:17,在"文本检查器"窗口中,将文本内容更改为"Bestie!",字体更改为"Herculanum",字体大小为 128.0,字体颜色为玫粉色,勾选"外框"选项框,选择外框颜色为黑色,宽度为 4.0,将其放置在"素材 13.gif"画面中间偏上的位置,打开"视频检查器"窗口,将"旋转"数值更改为 12.0°,具体如图 8-19 所示。

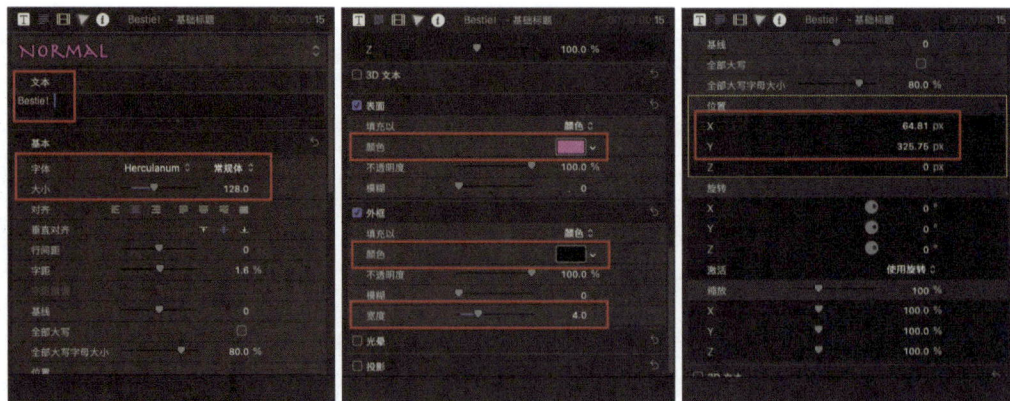

图 8-19

图 8-19（续）

8.1.4　添加背景音乐和音效

除了画面效果的制作，背景音效也是增强视频内容层次感和吸引力的关键一环。正所谓"视听并重"，一个优秀的视频，不仅要求画面具备强烈的视觉冲击力，其音效也应当能够瞬间抓住观众的注意力，与之产生共鸣。本小节背景音乐和音效如表 8-4 所示。

表 8-4

序号	音效素材	开始和结束	淡出时长	音量
1	疑问 .mp3	00:00:02:07— 00:00:03:11		−2.0dB
2	魔法音效 .mp3	00:00:05:03— 00:00:07:05		0.0dB
3	啵 .mp3	00:00:08:07— 00:00:08:17		0.0dB
4	哇哦 .mp3	00:00:09:17— 00:00:10:15		−3.0dB
5	叮叮 .mp3	00:00:10:17— 00:00:11:23		−4.0dB
6	good.mp3	00:00:11:15— 00:00:12:06		0.0dB
7	nice.mp3	00:00:13:19— 00:00:16:07		6.0dB
8	匆忙 .mp3	00:00:16:14— 00:00:17:05		0.0dB
9	叮叮叮 .mp3	00:00:18:02— 00:00:20:03		−5.0dB
10	鼓点 .wav	00:00:00:00— 00:00:20:02	00:04.30	−5.0dB
11	旁白 .mp3	00:00:00:00— 00:00:19:03		5.0dB

8.1.5　导出影片

所有素材内容剪辑完成后，需要将视频内容导出。

01　在工作区的右上角，单击"共享项目、事件片段或时间线范围"按钮 ，展开列表框，选择"Apple 设备 1080P"，如图 8-20 所示，即可打开"Apple 设备 1080P"对话框。单击"设置"按钮，设置视频项目格式为"Apple 设备"、分辨率为 1280×720，如图 8-21 所示，单击"下一步"按钮。

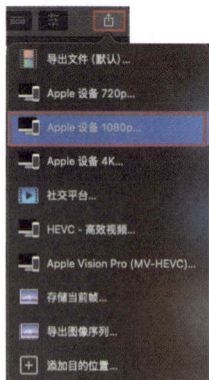

图 8-20　　　　　　　　　　　　　　图 8-21

02　进入存储对话框，设置好存储名、存储路径，单击存储按钮，即可将视频导出，如图 8-22 所示。

图 8-22

8.2　神秘大咖精彩来袭，制作综艺人物介绍视频

在综艺制作中，人物介绍视频是快速展现嘉宾特色、吸引观众的重要内容。本节将制作综艺人物出场视频，围绕综艺人物介绍视频的制作流程、创意技巧、内容编排等方面展开讲解，效果如图 8-23 所示，下面介绍具体操作方法。

图 8-23

8.2.1　导入素材进行剪辑

人物出场的方式有很多种，有直接出场，有间接出场，可以制作前后反差，也可以通过声音或场

景引出人物。本节案例为简单的人物出场视频，从环境引出人物。创建资源库"8.2 神秘大咖精彩来袭，制作综艺人物介绍视频"，创建事件"8.2 制作综艺人物介绍视频"，在该事件中创建项目"制作综艺人物介绍视频"。按快捷键 Command+I，导入本节案例素材至事件中，根据表 8-5 对视频素材进行剪辑。

表 8-5

序号	景别	素材顺序	片段内容	入点和出点	转场
1	空镜	素材 1.mp4	雨天对屋檐。	00:00:00:00— 00:00:04:15	交叉叠化 00:00:00:20
2	空镜	素材 2.mp4	雨天的拍摄环境。	00:00:04:06— 00:00:08:16	镜头眩光 00:00:00:20
3	中全景	素材 3.mp4 （速度：400%）	走过阁楼的美丽古装女子。	00:00:00:12— 00:00:04:06	交叉叠化 00:00:00:15
4	特写	素材 4.mp4 （速度：150%）	在台阶走路的古装女子。	00:00:04:02— 00:00:06:00	镜头眩光 00:00:00:15
5	中景	素材 5.mp4 （速度：200%）	从镜头前走过的古装女子。	00:00:02:00— 00:00:04:17	
6	中景	素材 6.mp4 （速度：150%）	古装女子背影。	00:00:04:18— 00:00:08:22	光躁 00:00:00:20
7	特写	素材 7.mp4	女子写字。	00:00:07:20— 00:00:09:23	
8	中景	素材 8.mp4	身着古装的女子倚靠在庭院的柱子旁。	00:00:04:12— 00:00:06:17	交叉叠化 00:00:00:20
9	远景	素材 9.mp4	古装女子在庭院里读书。	00:00:07:12— 00:00:09:14	高斯曲线 00:00:00:15
10	中全景	素材 10.mp4	古装女子走过来。	00:00:02:05— 00:00:06:09	镜头眩光 00:00:00:15
11	近景	素材 11.mp4 （变速）	看向镜头的古装女子。	00:00:03:12— 00:00:05:15	

01　在剪辑"素材 11.mp4"时，需制作变速效果。将"素材 11.mp4"添加至轨道中，选中"素材 11.mp4"，按快捷键 Command+R，打开"重新定时编辑器"，将播放指示器移动至画面中人物回头的位置 00:00:36:06，按快捷键 Shift+B 在此处对速度进行切割，如图 8-24 所示。

02　将第一段速度调整为 300%，缩短速度转场的时间，将播放指示器移动至 00:00:34:07 处，在此处裁切，如图 8-25 所示。

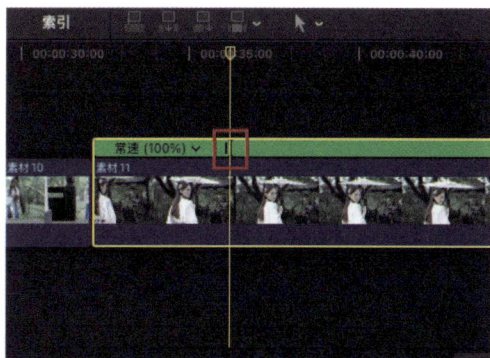

图 8-24

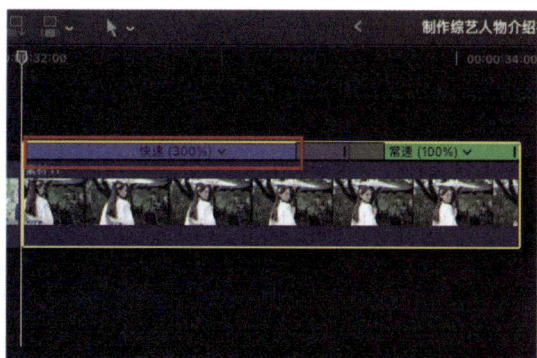

图 8-25

03 将"方向模糊"转场添加至"素材 1.mp4"开始位置，时长为 00:00:00:20，如图 8-26 所示。单击"磁性时间线"轨道中的"方向模糊"转场，在"转场检查器"窗口中将"角度（Angle）"数值设置为 256.0°，如图 8-27 所示。

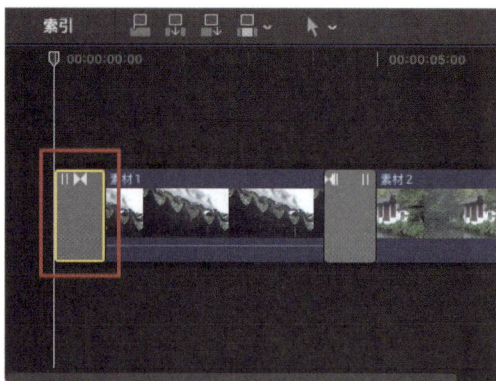

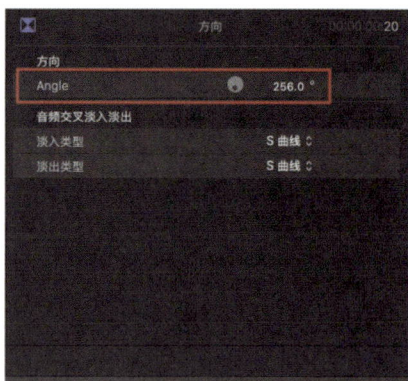

图 8-26   图 8-27

8.2.2 制作人物抠像效果

我们可以通过人物定格的方式，制作出场效果，展示人物信息，以突出角色，这需要运用人物抠像技术。本小节将讲解如何制作人物抠像效果，具体操作方法如下。

01 将播放指示器移动至 00:00:34:06 处，此处为"素材 11.mp4"的最后 1 帧。选中"素材 11.mp4"，按快捷键 Shift+H，或执行"静止"命令，即可将该帧变为帧定格，如图 8-28 所示。

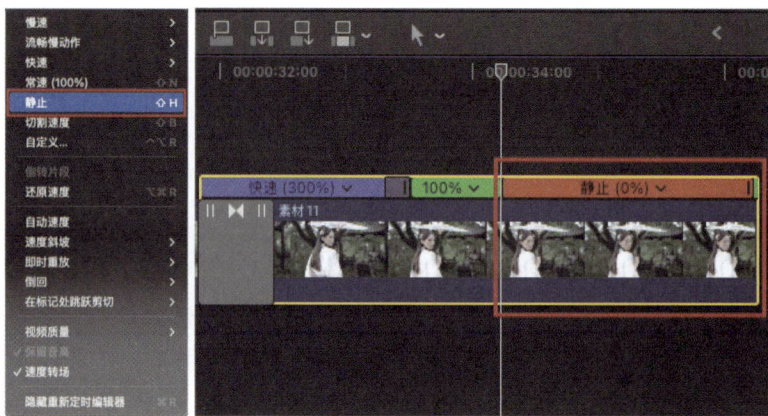

图 8-28

02 将播放指示器移动至定格帧开始位置 00:00:34:06 处，按快捷键 Command+B，在此处切割，如图 8-29 所示，并在上方轨道复制、粘贴该帧，如图 8-30 所示。

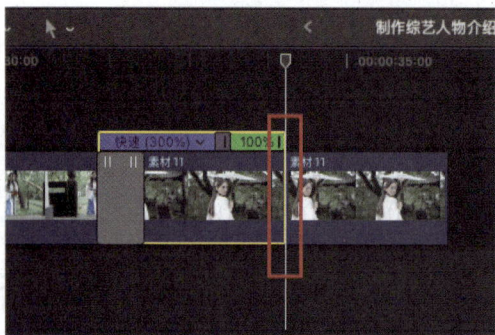

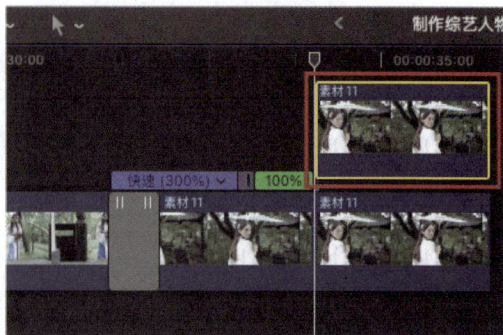

图 8-29   图 8-30

03　将"缩放""高斯曲线"效果添加至主要故事情节的定格帧中，如图 8-31 所示。

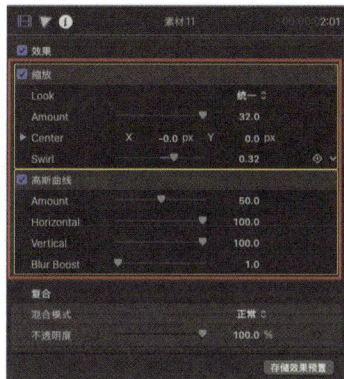

图 8-31

04　将"磁性蒙版"添加至次级故事情节轨道定格帧中，如图 8-32 所示。在"监视器"窗口中通过控制点和笔刷框选出画面中的人物，单击"分析"按钮后，再单击"完成"按钮，即可将人物抠出，如图 8-33 所示。

图 8-32

图 8-33

05　将人物抠出后，将"羽化"数值更改为 -31.0，在 00:00:34:06、00:00:34:12 处添加"位置""缩放"关键帧。00:00:34:06 处"位置""缩放"数值不变，如图 8-34 所示。00:00:34:12 处"位置""缩放"数值更改如图 8-35 所示。

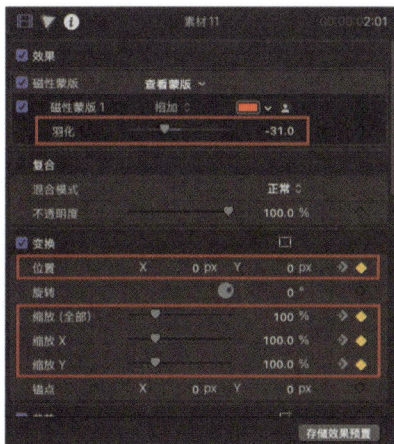

图 8-34

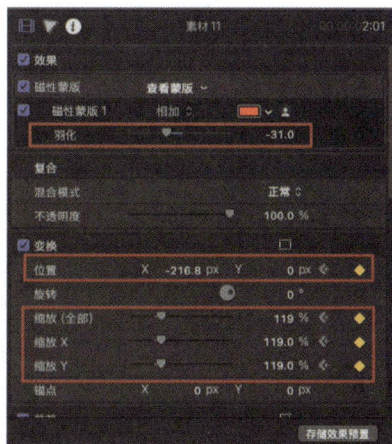

图 8-35

06　完成上述设置后，为人物制作边框。选中次级故事情节中定格帧，按快捷键 Option 键，在上层轨道中复制、粘贴，如图 8-36 所示。

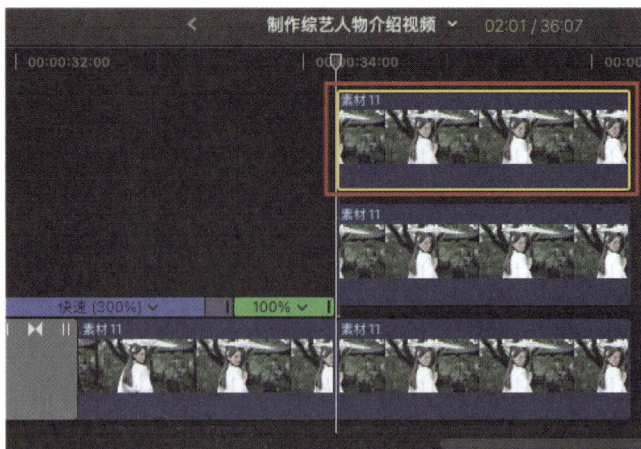

图 8-36

07　选中次级故事情节轨道 1 中定格帧，将播放指示器移动至第 2 个关键帧处，将其"缩放"值更改为 128.0%，并适当移动其位置，如图 8-37 所示。打开"颜色检查器"窗口，添加"颜色板 1"，在"曝光"选项框中，将"全局"数值调整至 100%，即可为人物制作白色边框，如图 8-38 所示。

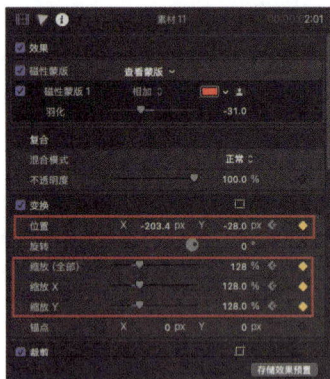

图 8-37

图 8-38

8.2.3　制作综艺花字

制作完人物抠像效果后，需要在人物旁边制作人物信息，具体操作如下。

01　在次级故事情节定格帧上方轨道中添加"文本框 .png""基本字幕"，如图 8-39 所示。

02　将"文本框 .png"的"不透明度"调整至 96.0%，"缩放"数值调整至 79.25%，将其放置在画面的右侧位置，如图 8-40 所示。

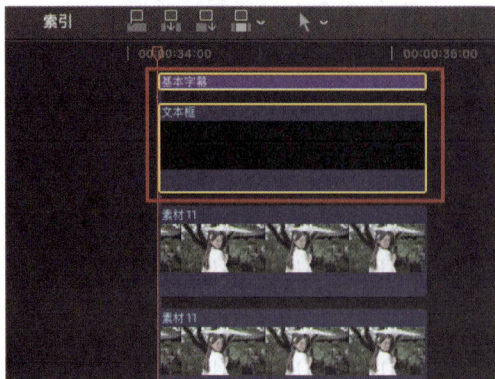

图 8-39

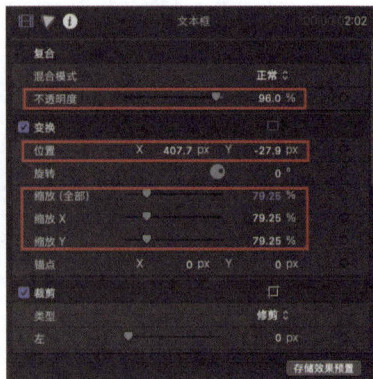

图 8-40

03　选中"基本字幕"，按照图在文本框中输入人物基本信息，将字体更改为"翩翩体－简"，文字大小更改为77.0，对齐方式为"向左对齐"，文本位置设置在画面中"文本框.png"上方，文本"缩放"数值更改为109.0%，具体设置如图8-41所示。

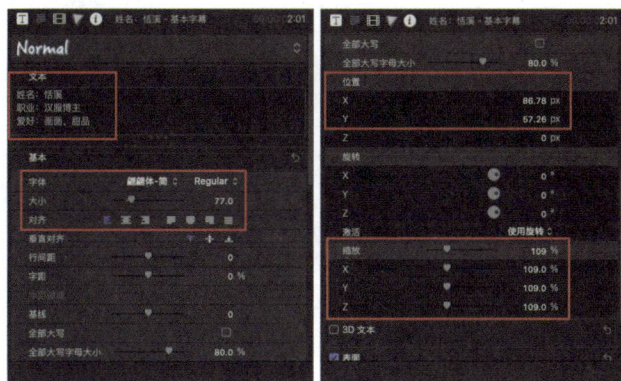

图 8-41

04　继续选中"基本字幕"，在"文本检查器"中勾选"投影"复选框，设置投影颜色为浅蓝色，"距离"数值为9.0，如图8-42所示。

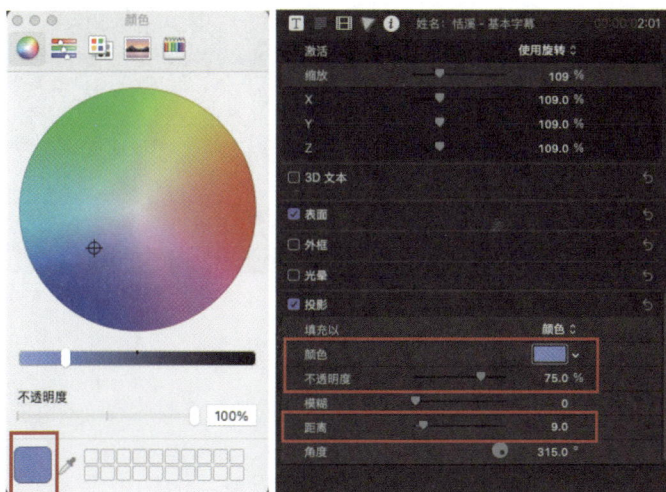

图 8-42

05　完成文字设置后，将"糕点.png"添加至"基本字幕"下方轨道中，具体设置如图8-43所示。

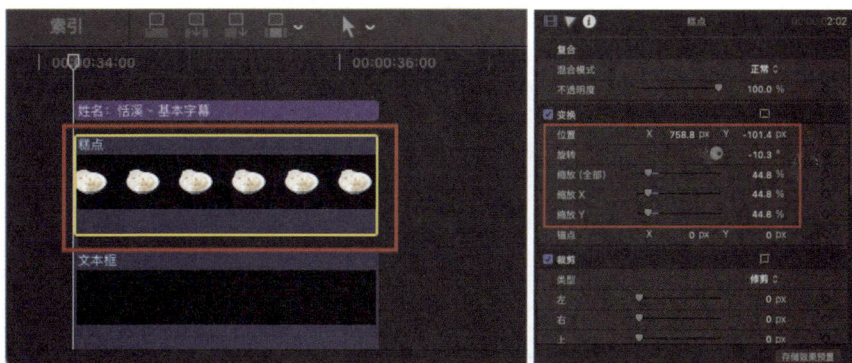

图 8-43

06　选中"基本字幕""糕点.png""文本框.png"，单击右键执行"新建复合片段"命令，新建"介绍文本"复合片段，如图8-44所示。

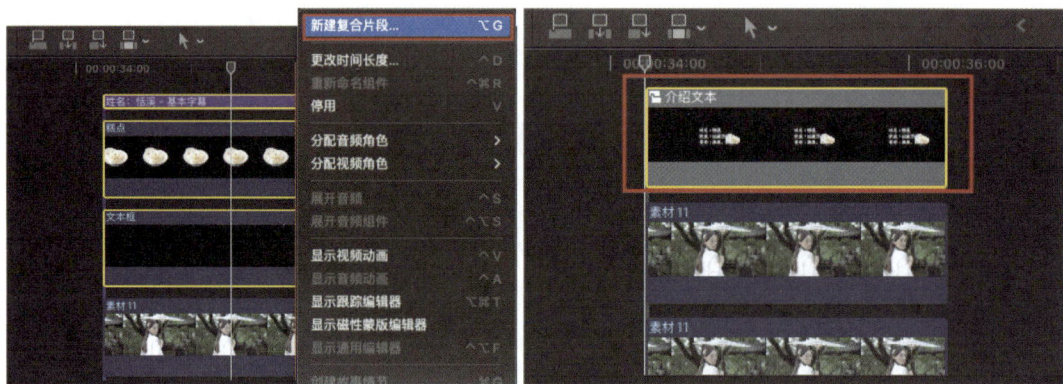

图 8-44

07 在 00:00:34:06、00:00:34:12 处添加"不透明度"关键帧，00:00:34:06 处"不透明度"数值为 0%，如图 8-45 所示。

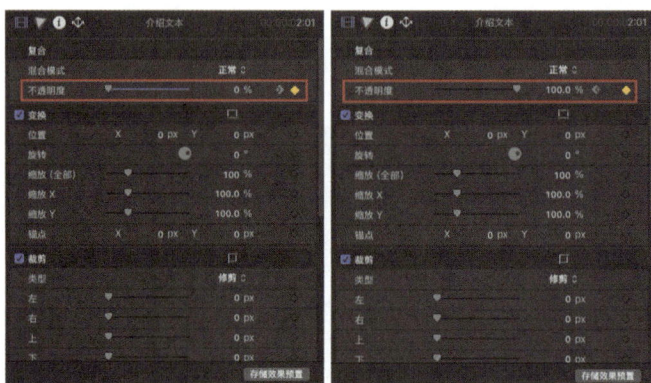

图 8-45

8.2.4 添加背景音乐

完成所有画面制作工作后，则是添加合适的音乐，完成整体氛围的最后一块拼图。本节案例将配合视频添加两段音乐，下面将介绍具体操作方法。

01 将"长笛.wav"添加至开始位置，将播放指示器移动至 00:00:08:15 处，选中"长笛.wav"，在此处进行裁切，如图 8-46 所示。

02 将播放指示器移动至 00:00:06:22 处，在此处添加"国风青年.wav"，将播放指示器移动至 00:00:36:07 处，选中"国风青年.wav"，在此处进行裁切，如图 8-47 所示。"国风青年.wav"音量设置为 −6.0dB。

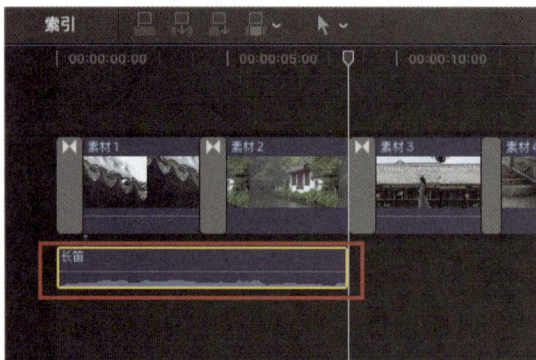

图 8-46

图 8-47

03　选中"长笛 .wav"，向左移动结尾处滑块，时长为 –00:18.38，如图 8-48 所示。

04　选中"国风青年 .wav"，向左移动结尾处滑块，时长为 –00:24.39，如图 8-49 所示。

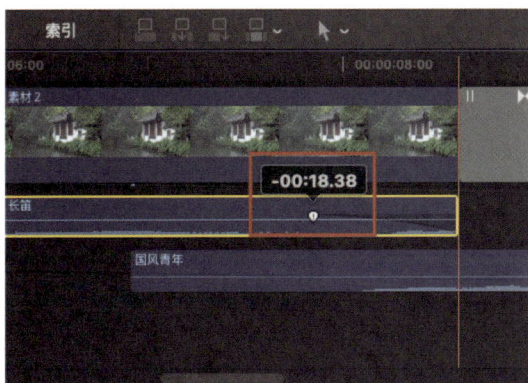
图 8-48

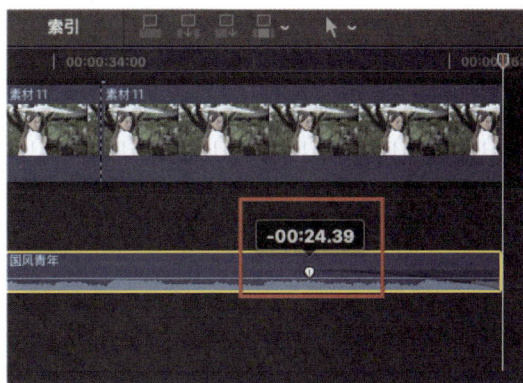
图 8-49

8.2.5　导出影片

所有素材内容剪辑完成后，需要将视频内容导出。

01　在工作区的右上角，单击"共享项目、事件片段或时间线范围"按钮 ，展开列表框，选择"Apple 设备 1080P"，如图 8-50 所示，即可打开"Apple 设备 1080P"对话框。单击"设置"按钮，设置视频项目格式为"Apple 设备"、分辨率为 1280×720，如图 8-51 所示，单击"下一步"按钮。

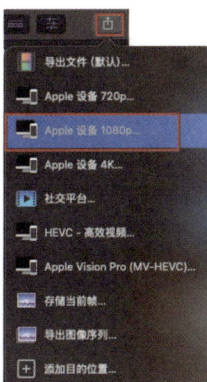
图 8-50

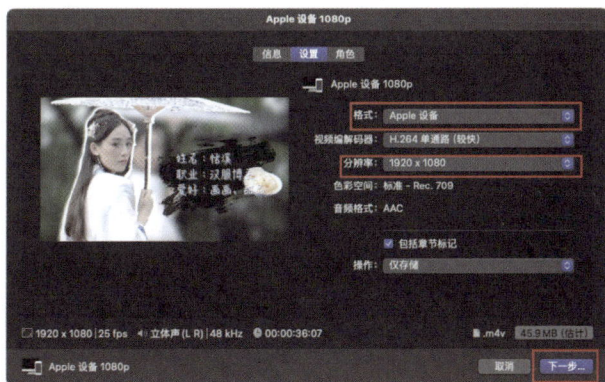
图 8-51

02　进入存储对话框，设置好存储名，存储路径，单击存储按钮，即可将视频导出，如图 8-52 所示。

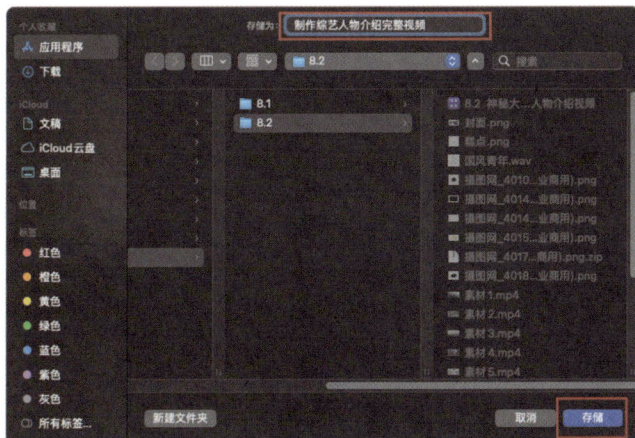
图 8-52